倡导理性　恪守逻辑　正确思维

逻辑的社会功能

王习胜　张建军　⊙著

北京大学出版社
PEKING UNIVERSITY PRESS

图书在版编目(CIP)数据

逻辑的社会功能/张建军等著. —北京:北京大学出版社,2010.1
(逻辑时空丛书)
ISBN 978-7-301-16517-1

Ⅰ.逻… Ⅱ.张… Ⅲ.逻辑-社会功能-研究 Ⅳ.B81-05

中国版本图书馆 CIP 数据核字(2009)第 231015 号

书　　　名：逻辑的社会功能
著作责任者：王习胜　张建军　著
责 任 编 辑：张　雪
标 准 书 号：ISBN 978-7-301-16517-1/B·0874
出 版 发 行：北京大学出版社
地　　　址：北京市海淀区成府路 205 号　100871
网　　　址：http://www.pup.cn　电子邮箱：weidf02@sina.com
电　　　话：邮购部 62752015　发行部 62750672　编辑部 62750673
　　　　　　出版部 62754962
印 　刷 　者：北京飞达印刷有限责任公司
经 　销 　者：新华书店
　　　　　　730 毫米×980 毫米　16 开本　20.5 印张　315 千字
　　　　　　2010 年 1 月第 1 版　2010 年 1 月第 1 次印刷
定　　　价：41.00 元

未经许可,不得以任何方式复制或抄袭本书之部分或全部内容。
版权所有,侵权必究
举报电话:010-62752024　电子邮箱:fd@pup.pku.edu.cn

总序

发挥逻辑的社会功能
推动全社会健康有效的思维

（一）

2003年4—5月间，首都10多家主流媒体纷纷在显著位置、以醒目标题报道了10位著名逻辑学家和语言学家发出的强烈呼吁：社会生活中逻辑混乱和语言失范现象令人担忧。

《人民日报》（记者苏显龙）在要闻版报道说，专家们从不同角度探讨了当前社会生活中存在的不重视逻辑、不能正确使用祖国语言的现象，并就如何提高人们的逻辑水平和语言表达能力，提出了富有建设性的意见。

《人民日报》（海外版）（记者刘国昌）教科文卫版头条的大字标题是：《逻辑混乱、语言失范现象亟待改变》。文章说，专家们对社会生活方方面面存在的逻辑混乱、语言失范现象表示担忧，强烈呼吁进一步净化逻辑语言环境，提高人们的思维能力和表达水平。

《光明日报》(记者李瑞英)在理论版显著位置指出,逻辑是人类长期思维经验的总结,是正确思维与成功交际的理论与工具,它以特有的性质和功能服务于社会,对提高人的基本素质、培育人的理性和科学精神都有重要作用。专家呼吁人们要学习逻辑知识,自觉培养逻辑思维习惯,学会逻辑分析方法。

《中国教育报》(记者潘国霖)以《呼唤全社会关注逻辑、语言》的大字标题,用2/3版面刊登了专家们发言详细摘要。编者特别在按语里提示说,专家们重申逻辑与语言的社会功能和作用,从政治、经济、文化等不同角度阐述了学习、推广逻辑科学的现实意义,对于我们做好教育教学工作具有一定的帮助。

《法制日报》(通讯员梅淑娥)以《逻辑性是立法与司法公正性的内在要求》为题强调指出,我国在立法和司法领域里发生问题的重要原因之一,是我们的某些立法司法人员没有逻辑意识,缺乏逻辑素养和逻辑思维能力。

《工人日报》(记者王金海)在《新闻观察》栏目里刊出通栏标题:《让逻辑学从"象牙塔"中走出来》。文章提要说:"我们今天正面临着某种程度的逻辑混乱、语言失范的危险,而大多数人对此还根本没有意识到。"文章说,逻辑学不是少数专家们研究的学问,它同每个人的生活和切身利益息息相关,要大力提倡逻辑学的大众化。

《北京日报》(记者戚海燕)在头版用大字标题《逻辑缺失现象令人担忧》报道了专家的意见,强调"普及逻辑知识,规范思维与语言是当务之急"。

……

专家们的呼吁是在中国逻辑与语言函授大学建校21周年之际所举办的"逻辑语言与社会生活"座谈会上发出的。我本人参加了这个座谈会,并在会上作了主题发言。从专家们的强烈呼吁和媒体的强劲报道中,我们可以感悟到:

——逻辑学作为正确思维和成功交际的理论,它是一门基础科学和工具性科学。逻辑思维与人类为伴,渗透在社会生活的方方面面,无处不在,无时不在。然而当今我国社会生活中,逻辑混乱和语言失范现象具有一定程度的严重性。不论是法律条文、经济合同、决策论证、广告说明,还是官员讲话、教师授课、传媒报道,几乎时时处处都能看到概念不明确、推理不正确、论证不科学、语言不规范的现象。这些逻辑语言方面的问题妨碍着人们的正常生活,有时甚至造成极为严重的后果。

——令人高兴的是,一批有责任感的学者已经关注和重视到社会生活中的逻辑混乱和语言失范的问题,他们发出了呼吁,进而提出了解决的办法。同样令人高兴的是,一批敏感的新闻工作者已经关注和重视到专家们的意见,及时反映了他们的心声。我再补充一点,在座谈会上,有关方面的领导同志也都发表了很好的意见,与专家们有高度的共识。我觉得,如果大家共同行动起来,一块来推动逻辑的普及工作,充分发挥逻辑的社会功能,在不久的将来,社会生活中逻辑混乱、语言失范的现象就会有所改观。

(二)

我们编撰《逻辑时空》丛书可以说是落实专家呼吁的一个具体行动。我们的出发点就是向社会普及逻辑知识,发挥逻辑的社会功能,推动全社会健康有效的思维,培育人们的理性品格和科学精神,服务于国家的经济建设和社会的和谐发展。

15年前,我有机会阅读吕叔湘先生翻译的英国逻辑学家L.S.斯泰宾著《有效思维》的手稿。该书是针对20世纪30年代英国社会不讲逻辑、甚至反对讲逻辑的情况而写的。但作者没有把它写成讲授逻辑学的教科书,而是从更广阔的视野即有效思维的层面上,指明人们进行思维时所经常遇到的来自内心的和外界的种种障碍和干扰；并且强调指出，不排除这些障碍和干扰，人们就不可能进行有效的思维，就会妨碍人们做出正确的行动。该书立论紧密联系当时社会生活及人们日常思维的典型实例，分析中肯，好读好用。我觉得，该书虽然是作者在半个多世纪前针对英国社会写的，但今天的中国也很需要这本书。我还提出："中国的学者应该结合当今中国的实际写一本类似《有效思维》的书，它对中国人进行有效的思维肯定会有帮助的。"《逻辑时空》丛书的出版，也是我15年前上述想法的一个延伸。

《逻辑时空》丛书的基本定位是大众读物和教学参考书。

《逻辑时空》丛书的主要内容是探索和阐释人们社会生活各个领域里的逻辑问题。具体写法是：针对社会生活某个特定领域里的思维实际，突出该领域里最常见的逻辑问题，结合具体的典型的案例进行阐释，介绍相关的逻辑知识。介绍逻辑知识时不求逻辑体系完备，力求突出重点，也就是说在某特定的领域里，有什么突出的逻辑问题，我们就重点写什么。在说明逻辑知识时，为方便读者理解，必要时适当介绍相关的预备知识。

《逻辑时空》丛书也精选了近20年来在国内产生较大影响的几部逻辑普及读物。这几部读物都请作者做了新的修订。

《逻辑时空》丛书包括13本书。它们是：

1.《逻辑的社会功能》，作者张建军，南京大学哲学系副主任，教授，博士生导师，中国逻辑学会副会长；王习胜，安徽师范大学马克思主义研究中心研究员，政法学院教授。

2.《逻辑的训诫》，作者王洪，中国政法大学逻辑研究所所长，教授。

3.《经济与逻辑的对话》，作者傅殿英，首都经济贸易大学教授。

4.《校园逻辑》，作者韦世林，云南师范大学教授。

5.《博弈思维》，作者潘天群，南京大学哲学系教授，博

6.《咬文嚼字的逻辑》,作者李衍华,中华女子学院逻辑教研室主任,教授,中国逻辑与语言函授大学教授。

7.《演讲、论辩与逻辑》,作者谭大容,重庆市社会科学联合会年鉴编辑室主任,副教授。

8.《古诗词中的逻辑》,作者彭漪涟,华东师范大学哲学系教授,原中国逻辑学会副会长。

9.《逻辑思维训练》,作者陈伟,复旦大学哲学系逻辑学讲师。

10.《逻辑与智慧新编》,作者郑伟宏,复旦大学古籍研究所研究员。

11.《趣味逻辑》,作者彭漪涟,华东师范大学哲学系教授,原中国逻辑学会副会长;余式厚,浙江大学城市学院传媒分院教授,兼任浙江省逻辑学会副会长等。

12.《笑话、幽默与逻辑》,作者谭大容,重庆市社会科学联合会年鉴编辑室主任,副教授。

13.《中华先哲的思维艺术》,作者孙中原,中国人民大学哲学系教授,中国逻辑学会副会长。

(三)

《逻辑时空》丛书很快就要和广大读者见面了。此时此刻,我由衷地感谢丛书策划杨书澜女士。书澜女士是北京大学出版社资深的编辑和策划专家,有丰富的出版经验;她又在高校教过多年逻辑学,对逻辑的功能和作用有深刻的理解。2003年9月30日,当我在电话中同书澜女士谈到社会生活中的逻辑混乱,以及人们渴望学习逻辑知识时,她说和我有同感。20天后,我们就形成了编撰《逻辑时空》丛书的设想。她作为策划,提出了选题基本构想和写作基本要求,还帮助我物色了几位作者,并和作者保持着经常的联系。我毫不夸张地说,如果没有书澜女士的高度社会责任感和远见卓识，《逻辑时空》丛书就不可能如此顺利问世。

我由衷地感谢丛书的各位作者。他（她）们都是我国逻辑学界有成就有影响力的学者，都有很重的教学和科研任务。但他（她）们愿意为《逻辑时空》丛书撰稿，并且按计划完成了写作。我敢说，所有作者都是尽了力的。

丛书中有几本是新修订的再版著作。原版权享有者同意将它们收入本丛书出版，我向他们致以谢忱。

我希望读者能够喜欢《逻辑时空》丛书，企盼《逻辑时空》丛书在向全社会普及逻辑知识方面能发挥一点作用。我要说明的是，《逻辑时空》丛书的写作思路对于我还是一种尝试。这种尝试是否成功，要请读者去评判。我真诚地请求读者朋友能把你读《逻辑时空》丛书的感受、意见和建议告诉我们*。我在这里向你致敬了。

中国社会科学院研究员
中国逻辑与语言函授大学董事长
北京创新研究所名誉所长
刘培育
2005 年 3 月

---

* 读者反馈意见请寄发：
① 北京市北三环西路 43 号中国逻辑与语言函授大学（邮编：100086）
　　E-mail：liupy188@sina.com　刘培育收
② 北京海淀区成府路 205 号北京大学出版社（邮编：100871）
　　E-mail：YangShuLan@yeah.net　杨书澜收

目录

导言 …………………………………………… (1)
  1. 转型社会:呼唤逻辑理性的规约 ………… (2)
  2. 逻辑史话:千锤百炼的理性工具 ………… (12)

第一章　失范失序:社会需要"逻辑" ………… (51)
  1. 激情的悲歌 ………………………………… (52)
  2. 利令智昏 …………………………………… (55)
  3. 法理项背 …………………………………… (58)
  4. "颠覆"与"恶搞" …………………………… (64)
  5. 警世箴言 …………………………………… (67)

第二章　演绎求"真":形式理性的法庭 ……… (73)
  1. "真理"之假 ………………………………… (75)
  2. 演绎的特质 ………………………………… (78)
  3. 以规则保证 ………………………………… (89)
  4. 预见的方式 ………………………………… (100)
  5. 质疑的工具 ………………………………… (103)
  6. 创新之利器 ………………………………… (110)

第三章　归纳求"信":合理置信的底蕴 ……… (115)
  1. 偏好与臆断 ………………………………… (116)
  2. 归纳与置信 ………………………………… (124)

3. 直觉与合理 …………………………………… (142)
　　4. 信度与确证 …………………………………… (148)
　　5. 多数与民主 …………………………………… (151)
　　6. 归纳意识与归纳域 …………………………… (159)

第四章　辩证求"和"：条件链上的动态平衡 ……… (163)
　　1. "辩证"溯源 …………………………………… (164)
　　2. 辩证要义 ……………………………………… (182)
　　3. 何以辩证 ……………………………………… (189)
　　4. 辩证误识 ……………………………………… (195)
　　5. 悖论与辩证 …………………………………… (203)
　　6. 动态的和谐 …………………………………… (214)

第五章　逻辑精神：社会理性的内核 ………………… (223)
　　1. 社会理性的特质及其取向 …………………… (224)
　　2. 以逻辑分析考辨社会共识 …………………… (231)
　　3. 以逻辑论证审议民主法治 …………………… (245)
　　4. 以逻辑素养支撑科技人文 …………………… (254)

附录

关于开展逻辑社会学研究的构想 ………… 张建军 (262)
真正重视"逻先生"
　　　　——简论逻辑学的三重学科性质 ……… 张建军 (267)
从"逻先生"看"德先生"与"赛先生"
　　——关于逻辑的社会文化功能的对话
　　………………………… 张建军　张斌峰 (269)
逻辑精神与和谐社会的构建 ……………… 张建军 (281)
逻辑与宗教对话 …………………………… 张建军 (283)
关于普通高中实验课程"科学思维常识" …… 张建军 (290)

后记（王习胜）………………………………………… (309)
后记（张建军）………………………………………… (311)

导言

2002年,以"逻辑教育家"著称的美国学者欧文·M.柯匹(Irving M. Copi)以85岁高龄谢世,此前他刚刚将其著名教材《逻辑学导论》第十一版书稿校订完毕。这部教材的第一版于1953年出版后即受到普遍好评,不但在英语世界被广泛采用为高校逻辑基础课程教材,得以不断修订再版,而且迄今已有十余种文字的译本问世。有些美国学者认为,柯匹的《逻辑学导论》已成为有史以来受众最多的逻辑学读物,读者人数或许只有亚里士多德的《工具论》可与之匹敌。不论这种论断是否确切,这部教材所产生的广泛影响是毋庸置疑的。在已成为柯匹"遗作"的第十一版中我们看到,柯匹将美国《独立宣言》起草人托马斯·杰弗逊(Thomas Jefferson)的如下论断置于全书之开篇:

> 在一个共和国,由于公民所接受的是理性与说服力而不是暴力的引导,推理的艺术就是最重要的。

柯匹把"推理的艺术"的学习与训练,定位为逻辑学基础教育的核心目标,体现了逻辑学的基本功能。正如柯匹所强调,正确推理与论证在任何认知领域都不可或缺。"无论在科学研究中,在政治生活中,还是在个人生活管理方面,我们都需要运用逻辑以达致可靠的结论。学习逻辑学,可以帮助我们确认好的论证以及它们为什么好,亦可帮助我们确认坏的论证以及它们为什么坏。没有什么研究会有比之更广大的用途。"在阐明逻辑的认知功能的同时,柯匹也着重地强调了其在民主政治与社会生活中作用,他指出:"当前,民主的理念已得到几近普遍的拥护,而要使之付诸实践,社会公民须能有效地参与到公共事务中来。而要实现这种有效参与,就要求公民能够正确评估我们的领导人或候选领导人的不同主张。因此,民主的成功乃依赖于公民做出可靠判断的能力,从而也就依赖于人们合理地评估证据与各种论证的能力。可见,逻辑不仅对于促进我们个人目标的实现,而且对于促进我们与他人分享的民主目标的实现,都是至关重要的。"①正是基于这种认识,柯匹在 1990 年从夏威夷大学退休后,即邀请他的学生、政治哲学家卡尔·科恩(Carl Cohen)加盟《逻辑学导论》的修订再版工作。科恩的加盟使得这部教材在体现逻辑的社会功能方面,特色更为突出。

正如柯匹所引用的杰弗逊的名言所昭示,逻辑推理是"理性与说服力"之基石。逻辑的社会功能,来源于"社会理性化"的现实需要。

1. 转型社会:呼唤逻辑理性的规约

1853 年,清政府在给美国华盛顿纪念塔的汉字碑上,铭镌了我国"睁眼看天下的先觉"徐继畬所著《瀛寰志略》的部分文字。文称,华盛顿领导起义勇于中国陈胜、吴广,开拓疆土雄于曹操、刘备,他虽然拿起武器,开辟了广阔领地,但他并不称帝为王,也不传位给子孙,而是创立了美利坚民主制度,做到了"天下为公"。又文:"美利坚不设王侯之号,不循世袭之规,公器付之公论,创古今未有之局,一何奇也。"②

2008 年,长期从事中国政治与社会改革研究的《人民日报》评论部马立诚出版新著——《历史的拐点:中国历朝改革变法实录》。马立诚发现:中国历史上十几次大的改朝换代都成功了,而十几次大的改革却大多失败了。虽然改朝换代的努力不止这十几次,但毕竟有十几次成功;改革当然也不止这十几次,可大多失败了。他将这种现象归因为:国人可以向暴力

---

① 柯匹、科恩:《逻辑学导论(第 11 版)》,张建军、潘天群等译,中国人民大学出版社 2007 年版,"前言"第 1—2 页。
② 转引自《华盛顿纪念塔上的汉字碑》,载《宁波日报》2005 年 12 月 9 日。

屈服,却拙于以理性探索见长的制度创新。①

诚哉斯言!在我国社会转型进入到新的"拐点"——构建以民主法治为首要因素之和谐社会的关键时期,需要真正把握人类历史发展已清楚揭示的一个基本法则:一个民主化社会的良序运行,决然离不开理性之"公器"。

何谓理性?这是一个长期莫衷一是、很难简单说明的问题。在人们经常谈论的理性与感性、理性与意志、理性与激情、理性与信仰等对子中,所使用的显然不是同一个"理性"概念。限于本书宗旨,我们在这里不能进行繁复的学理讨论。不过,万变不离其宗,任何"理性"的界说都必定以人的推理与论证能力为本质要素,换言之,其根基都在于逻辑理性。如前面提到的美国政治哲学家和逻辑教育家科恩所说:"一般说来,我们可以接受古代即已规定的尺度。一个有理性的人,至少应该具备两种能力:(1)设想一种计划或掌握判断或行动规则的能力;(2)在具体情况下运用规则或按行动计划办事的能力。由于在民主体制中,这些规则大多都是在人与人之间起作用的,我们可以增加一点:(3)清楚表达思想,与人讲理的能力。"②美国著名哲学家桑塔亚纳(George Santayana)亦言:"一旦人类不再完全沉浸于感觉之中,他就会前瞻未来、回顾以往而有所悔恨和企慕;与关注当下的感觉奔流相反,……当生命冲动经过反思改造而对以往经历所作的判断产生同情时,我们就可以很恰当地把它称之为理性。理性的生活取决于反思所产生并证明有效的那些环节。通过这种方式,不在场的成分即作用于当下,而一时难以感知的价值亦得到了估量。"③柯匹则在《逻辑学导论》中如此开宗明义:"当人们需要做出可靠判断,以决定在复杂情势中应如何行动,或者在重重疑团中如何判定真伪,理性都是最可信赖的工具。非理性工具(诸如预感与习惯之类)虽亦常被征用,但是当事关重大之时,或者当成败取决于所下判断的关头,诉诸理性无疑最易获得成功。我们已拥有一

---

① 参见马立诚:《历史的拐点:中国历朝改革变法实录》,浙江人民出版社2008年版。
② 科恩:《论民主》,聂崇信、朱秀贤译,商务印书馆1988年版,第59页。译文略有改动。科恩在此指出:"社会共同体"和"理性"是民主政治的两个基本的前提条件:"社会作为第一前提所涉及的是人与人的关系。理性所涉及的则是这种关系的性质。没有这两个前提,就不可想象会有民主。社会是民主进程的基本结构,在这个结构内,必须假定所有成员至少具有参与共同事物所要求的基本能力。这些基本能力概括起来就是理性。"
③ 桑塔亚纳:《常识中的理性》,张沛译,北京大学出版社2008年版,第2页。

些经受了长期检验的合理方法,能够用来判定究竟何者为宜、何者为真;也拥有一系列业已得到确立的原理,可以指导我们从已知的东西引申推论。"①粗略而不失真地说,人类理性体现于对既往得失的审慎反思,对当下抉择的利弊权衡,对未来变化后果的合乎逻辑的推理,对社会规则的论证和遵守,对不同意见者有理有据的论证的尊重并经过认真审思后的包容。反思、权衡、推理、论证既是理性思维的过程,又是理性的基本特征。

历史表明,一个文明开放、自由民主、和谐稳定的社会必然是一个尊重理性和崇尚理性的社会,也可称之为"理性化"的社会。社会大变革的时代,既是一个理性经受炼狱和洗礼的时代,也是一个呼唤理性规约的时代。当下的中国社会正处在一个大变革、大发展、大转型的时代,也正是一个呼唤社会理性归位和逻辑理性规约的时代。

当代中国社会的转型几乎是多方位同时铺展的——从以政治挂帅、以阶级斗争为纲、政治权力主导社会资源分配的政治性社会向以经济建设为中心、以"三个有利于"为标准的经济性社会,再到向以人为本、全面协调可持续发展的科学发展社会迈进;从僵化的、封闭半封闭的社会向动态的、全方位开放的流动性社会转变;从以农业生产方式占主体地位的社会向以工商业生产方式占主体地位的社会转折;从同质性、单一性社会向异质性、多样性社会转换;从人情面子重于一切的传统道德性社会向利益博弈主导的法治性社会变革……在这样一个立体性的大转型中,经济政策在调整,法律制度在变更,道德规范在变化,社会成员的地位和身份在"洗牌",传统文化对现代社会植根基础和整合作用弱化了,新的文化范型又没有得到系统重构与确立。于是,在反理性的"经学独断论与权威主义"被解构之后,在另一极端上同样反理性的"相对主义与虚无主义"思潮得以盛行。生活在这个时代的人们,有的不再考虑禁忌,"玩的就是心跳";有的不管社会的未来和子孙后代的幸福,要的就是自己能够"潇洒走一回";有的不讲诚信和守诺,"只在乎曾经拥有",家庭和个人生活弄得"一地鸡毛";一些政府官员,官德失范,一旦权力在手,唯恐"过期作废",疯狂敛财,生活糜烂;一些学者丧失了起码的学术良心,背离了学术求真的本

---

① 柯匹、科恩:《逻辑学导论(第11版)》,张建军、潘天群等译,中国人民大学出版社2007年版,"前言"第1页。

义,为了功名利禄,不惜出卖灵魂,大肆造假;有的人为了钱财,不惜违背道德,践踏法律,为了一己私利甚至蝇头小利,大片污染江河湖泊、山川良田……

在很多人看来,市场经济应该是法治经济,社会"乱象"源于法治的不健全和不完善。其实,强化法治仍然只在治标,不在治本。因为"法律和警察虽然能够一时保持社会秩序,却如同捆在玻璃器皿上的铁链,一旦有类似跌落那样的震荡,不但无法避免器皿粉碎,还会起到加剧的作用。"①社会的良序运行,必须建基于社会理性的认同和回归。

回想那场轰轰烈烈但已渐渐远去的"五四"运动,其突出成果就是引进了西方的两位"先生"——"德先生"和"赛先生",即"民主"和"科学"。然而,由于那个时代的知识分子只认识到"要'匡时救国'及'创造新社会'必须求之于中国传统里所没有的东西。科学与民主是中国所没有的'西来法',因此被热烈提倡。至于中国人的价值取向、思想模态是否适于一步登天似的学习科学,中国的社会结构、基本观念、权威性格、行为模式是否宜于骤然实行西式民主,这些深进一层的问题,当时一般知识分子在意兴高潮激荡之下是考虑不到的。于是,提倡科学之最直接的结果之一是把科学看作唯物论或科学主义(Scientism)。推行西式民主的结果更是悲惨得很。"②西方科学之所以在中国遭到误解,西式民主之所以在中国遭遇惨烈命运,是因为那个时代的中国尚不具备支撑科学和民主健康运行的基本的理性思维基础。

支撑西方科学的思维底蕴是什么?1953 年,爱因斯坦在致斯威泽(J. E. Switzer)的信中说得很清楚:"西方科学的发展是以两个伟大的成就为基础,那就是:希腊哲学家发明形式逻辑体系(在欧几里得几何学中),以及发现通过系统的实验有可能找出因果关系(在文艺复兴时期)。"③就是说,支撑西方科学的思维基础有二,一是希腊哲学家发明的形式逻辑体系,这主要是由亚里士多德所创立并由后继者所发展的演绎逻辑体系,作为这种逻辑知识的系统应用,突出的成就是欧氏几何学;二是在文艺复兴时期发现

---

① 刘智峰:《道德中国:当代中国道德伦理的深重忧患》,中国社会科学出版社 1999 年版,第 14 页。
② 殷海光:《五四的再认识》,载《殷海光哲学与文化思想论集》(张建军、从丛编),南京大学出版社 2008 年版,第 41 页。
③ 《爱因斯坦文集》第一卷,许良英等编译,商务印书馆 1976 年版,第 574 页。

的通过系统的实验有可能找出因果关系,这就是弗兰西斯·培根所创立的传统归纳逻辑的核心内容。这两个伟大成就完全可以归属一个学科,那就是"逻辑"!

再看看"民主"的思维基础。关于西方民主,最显然的表现形式是论辩和投票。虽然用强权、威胁和恫吓甚或花言巧语的欺骗也能够进行辩论,但那不是民主"论辩"的本义,而在刺刀尖下的投票和选举虽然也能够举行,但那肯定也不是真正的民主选举。民主的论辩和选举,其本质性的东西是尊重合理论证、是理解、是协商,是在尽可能公平、公正的基础上达致"自由地表示同意"①。辩论与尊重论证之间是有区别的,这里的差异或如卡尔·波普尔(Karl Popper)所指出的:"差别在于一种平等交换意见的态度,在于不仅准备说服别人,而且也可能被别人说服。我所称的合乎理性的态度可以这样来表征:'我认为我是正确的,但我可能是错的,而你可能是正确的,不管怎样,让我们进行讨论罢,因为这样比各自仅仅坚持认为自己正确可能更接近于正确的理解。'"②亦如科恩所阐明:"正如科学探讨的性质是要小心翼翼、不偏不倚地衡量有利于和不利于候选者的各种根据一样,民主过程的性质也应该是在环境允许的情况下,慎之又慎地权衡待选的各种方案与每个候选人的价值。……不只是因为有了一堆个人意见才显示出民主的优越性,而是因为通过社会的思考与辩论能产生经过锤炼的集体的意志。这种相互影响与争论的过程一旦中止,民治政府的智慧也必然停止发展。这就是为什么言论与出版、建议与反对的自由系民主法治条件的原因。如果堵塞了说理争论的渠道,社会的相互影响就会采取不讲道理的形式,我们就可能看到人民消极地服从或者任性妄为。"③

这样看来,"五四"运动所引进的"德先生"和"赛先生"是需要有共同的思维基础支撑的,这个基础就是逻辑理性或逻辑精神("逻先生")。"橘生淮南则为橘,生于淮北则为枳,叶徒相似,其实味不同。所以然者何?水土异也。"④同样,没有必要的逻辑理性为基础,徒具形式和外表,"德先生"

---

① 胡克:《理性、社会神话和民主》,金克、徐崇温译,上海人民出版社1965年版,第285页。
② 波普尔:《猜想与反驳》,傅季重等译,上海译文出版社1986年版,第507—508页。
③ 科恩:《论民主》,聂崇信、朱秀贤译,商务印书馆1988年版,第178、218页。译文略有改动。
④ 《晏子使楚》,载《晏子春秋·内篇杂下》。

和"赛先生"是不可能在中华大地上生根、开花、结果的。大张旗鼓的"洋务运动"引进了国人渴望的西方技术,得到了坚船利炮,但中国社会的境况却并没有因此而发生质的改变,这是历史已经给出的例证。或许,正是因为认识到了逻辑理性之于社会变革的重要性,以严复为代表的近代启蒙思想家,在艰苦探索中国社会变革的多种路径之后,终于颖悟:中国社会的变革首先必须对传统思维方式进行变革,那就是变"惟圣"、"惟古"为创新自得;变臆断为实证;变模糊为清晰;变零散之说为系统之学。这些"变"的目的,不外乎是要追求并塑造一种支持社会制度变革的逻辑理性或逻辑精神。

在现代中国学人中,以"五四之子"自视的殷海光是长期致力于逻辑的社会文化功能研究的"第一人",他倡言"逻辑乃天下之公器",强调把逻辑工具作为"跟反理性主义、蒙昧主义、褊狭思想、独断教条作毫无保留奋战"的利器。① 对于逻辑在文化发展中的重要地位和中国缺乏逻辑传统的认识,无疑是造成殷海光长期多从负面评估中国传统文化的一个原因。但是,殷海光在其生命晚期对中国传统文化的态度发生了重要转变,即致力于挖掘中国传统文化的珍宝,然而其对逻辑的社会文化功能的认识看法并未改变。在其晚期论述中,殷海光仍一再强调逻辑乃"西洋文明中最厉害的东西",要在当代真正高扬中华文化之长,必须补救缺乏逻辑传统这一最大之短。实际上,殷海光的晚年转变,正是其真正彻底贯彻以逻辑精神为基底的理性精神的结果。他通过审视上世纪60年代初在台湾发生的"中西文化论战",发现论战双方都缺乏真正的理性精神,也就是他所谓的基于逻辑精神的"理知的态度"。殷海光把自己的晚期转变称为从"反传统主义"向"非传统主义"的转变,而不是向"传统主义"的转变。他认为,"传统主义"和"反传统主义"虽然尖锐对立,但有着共同"非理知态度"。而真正的理知态度恰恰是逻辑精神所要求的"求通":"我们的运思在于求通,求通在于求解问题。既然如此,我们只要想通了就行,管他古、今、中、外,乐观、悲观做什么呢?"② 显然,其中的"理知的态度"就是殷海光在他向晚期思想转型阶段所提出的"八不思想模态"的彻底贯彻。这"八不思想模态"

---

① 参见张建军:《简论殷海光的逻辑观》,载《哲学研究》1999年第11期。
② 殷海光:《中国文化的展望》,上海三联书店1992年版,第7页。

即:不故意求同、不故意求异、不存心非古、不存心尊古、不存心薄今、不存心厚今、不以言为己出而重之、不以言为异己所出而轻之,一切都要接受"逻辑"与"经验"的检验。① 殷海光所说的这种"理知的态度",为我们所诉求的基于逻辑精神的理性精神做了极好的诠释。

对于殷海光多次强调的"中国没有逻辑传统"这一命题,不能理解为"中国古代没有逻辑",更不能理解为"中国古代没有逻辑思想"。正如殷海光曾断言"中国古代没有数学传统",不能理解为"中国古代没有数学"一样。殷海光明确申明:与希腊、印度先贤一样,中国先贤"也有'代数心'","中国社会文化同样产生过逻辑意识","先秦名家就有初型的逻辑思想"。② 但是,先秦逻辑还没有形成古希腊那样的演绎逻辑系统,加之中国逻辑学发展在相当长的历史时期内中断,致使民族文化传统中逻辑意识十分薄弱,却是不争的事实。对造成这一现象的原因,殷海光进行了深入探讨,指出在文化的规范、美艺、器用、认知四种特征中,中国文化的规范特征过于发达,特别是自汉代以降逐渐成为文化价值取向的主导力,由此导致"在价值的主观主义的主宰之下,益之以美艺的韵赏,和情感的满足,认知作用遭到灭顶的惨祸"③,致使与文化的认知特征息息相关的逻辑学"中绝"。殷海光认为,这也正是中国近代科学"落伍"的至关重要的原因。正是基于这样的认识,晚期殷海光仍把补救缺乏逻辑传统的文化缺陷作为中华之振兴的必由之路,并为此做出如下"假言连锁"论证:"中国要'富国强兵'必须发展工业;中国要发展工业必须研究科学;中国要研究科学,必须在文化价值上注重认知特征;中国在文化价值上要注重认知特征,最必须而又直截的途径之一就是规规矩矩地学习逻辑。"④

"西学东渐"已经过去一个世纪了,中国社会的逻辑理性水平及其精神素养不能说没有提升,但其现状并不如人意。正如哲学家冯契所指出,由于近代哲学在逻辑和方法论领域的革命并未得到系统反思和批判总结,难

---

① 参见殷海光:《正确思想的评准》,载《殷海光哲学与文化思想论集》(张建军、从丛编),南京大学出版社2008年版,第158—160页。
② 参见殷海光:《从一本逻辑新著说起》,载《殷海光哲学与文化思想论集》,第117页。
③ 殷海光:《论认知的独立》,载《殷海光哲学与文化思想论集》,第168页。
④ 殷海光:《从一本逻辑新著说起》,载《殷海光哲学与文化思想论集》,第118页。

免造成理论上的盲目和实践上的失误。冯契长期致力于挖掘中国传统文化中的精华及其当代价值,但他也非常明确地揭示了由于逻辑传统的薄弱而导致的中国传统文化的两大基本缺陷,即经学独断论与权威主义、相对主义与虚无主义的长期盛行,二者的共同之处就是拒斥逻辑这一理性法庭。前者在当代中国的表现形式,在"十年动乱"时可谓登峰造极:个人迷信代替了民主讨论,引证语录代替了逻辑论证。后者则构成改革开放后出现的一些社会思潮的特征,给适应时代发展需要的思维方式和价值观的变革以极大阻力。改革开放至今,虽然我们在经济上取得了较快发展,但就思维方式和价值观念来说,盲目性仍然很大。①

社会学家费孝通曾把20世纪初以来我国社会的深刻变化概括为"三级两跳":先后出现了三种社会形态,即农业社会、工业社会及信息社会;其中包含着两个大的跳跃,即从农业社会跳跃到工业社会,再从工业社会跳跃到信息社会。我国情况的特殊性和复杂性在于,第二次跳跃是在工业社会未得到充分发展的情况下进行的,而且三级形态"并存"的局面短期内难以改观。"我们的底子是第一跳尚未完成,潮流的走向是要我们跳上第三级,在这样的局势中,我们只有充实底子,顺应潮流,一边补课,一边起跳,不把缺下的课补足,是跳不过去的。"需要补什么课呢?费孝通认为:"现在中国的大问题是知识落后于时代要求。最近二十年的发展比较顺利,有些人就以为一切都很容易,认为生产力上来了就行了,没有重视精神的方面。实际上,我们与西方比,缺了'文艺复兴'的一段,缺乏个人对理性的重视,这个方面,我们也需要补课,它决定着人的素质。"②西方"文艺复兴"有着非常丰富的内容,费孝通只把"个人对理性的重视"突出出来,体现了对我国历史文化传统及现实社会状况之根本缺陷的深刻洞察。我们下面对逻辑发展史的考察亦将表明,西方近现代文化的理性传统,深深植根于中世纪后期欧洲逻辑研究的复兴及其发展。当代中国的社会转型的确具有西方社会所不具有的独特的历史情境与复杂性,即如费孝通所言,这是在一个具有深厚的历史文化重负的大国中,在经济全球化趋势日益增强、西方后工业信息社会已经来临的背景下展开的,它既要实现由农业社会向工业

---

① 参见冯契:《智慧的探索》,华东师范大学出版社1994年版,第623—625页。
② 费孝通:《"三级两跳"中的文化思考》,载《读书》2001年第4期。

社会的转型,又要同时面对西方发达国家向信息社会转型所带来的新变化,与其相关联的是实现"市场经济、民主政治、先进文化、和谐社会"四位一体的转型目标的艰巨任务。

"三级两跳"所揭示的我国社会转型期的特殊性与复杂性,也提醒我们在新的历史条件下迈向"赛先生"与"德先生"所指引的目标时,对其在西方的历史发展亦需加以正确的理性分析,使其真正起到"他山之石"之效。实际上,当代西方发达国家也正处于由工业社会向后工业信息社会的转型时期,同样处于思想的解构与重构的过程之中。面对后现代相对主义思潮的猛烈冲击,面对这种思潮从负面深刻揭示的西方科学技术建制与民主政治发展中的种种严重弊端,西方语境中的"赛先生"与"德先生"都需要重新反思自己的理性之基。这种反思的一个重要成就,是当代"审议式民主"(deliberative democracy)思潮的蓬勃兴起。

"审议式民主"的基本观念,是英美分析传统的美国哲学家约翰·博德利·罗尔斯(John Bordley Rawls)和欧陆思辨传统的德国哲学家于尔根·哈贝马斯(Jürgen Habermas)等当代思想家不约而同地提出的。他们深刻分析了西方代议式民主政治实践所暴露出来的严重缺陷,表明这些缺陷之由来,非但不应归咎到脱胎于合理论辩研究的逻辑理性,而且恰恰缘于对逻辑理性之本真要求的严重偏离。他们明确区分了"基于讨价还价的决策模式"和"基于合理论辩的决策模式",而认为西方现代代议式民主的基本弊端,就在于前者压倒了后者,从而偏离了"德先生"尊重合理论证的本质要求。正如"审议式民主"思潮代表人物之一,澳大利亚政治学家菲利普·佩迪特(Philip Pettit)所概括:"在基于讨价还价的决策中,人们带着预先确定的利益和观念坐到一起——他们的心灵和大脑是封闭的;并在相互妥协之后才最终艰难地达成一个大家认可的安排。在基于论辩的决策中,人们承认某些共同的相关考虑,并通过对这些考虑之本质与重要性的相互磋商和对这些考虑所支持之决定的聚合而逐步实现一个大家认可的结果。在基于讨价还价的决策中,偏好是给定的,在基于论辩的决策中,偏好是形成的。"①他们认为,只有采用以合理论辩为主导的决策模式才能构成"论辩式共和国":"论辩式共和国将理性置于前台,因为它要求公共决策者们基于某些中立的考虑来作出他们的决定,并且透明地作出决定;而利益集团的范式则将理性置于背景之中,而不是前台。"②因此,他们呼吁,只有把两种决策模式的主导地位加以"倒转",才能使民主政治真正体现理性精神,获得良性发展。他们所憧憬的理想模式是:"在公共讨论过程中,每个人都被迫以公共理性为基础,从大家可以接受的共同前提出发,逐步提出自己的观点。在这个复杂的审议过程中,人人都要学习以较有说服力的理据去赢得对方的支持,同时也要学习接受别人较好的理性论证,放弃或改变自己原来的观点。因此,审议过程不只是有助于最终的决策获得最好的质量,而且也帮助了每个人完成自我的转化,从坚持己见的私我变成尊重理性意见的公民,从坐井观天的视角变成面面俱到的思虑。因此,民主过程才能确实是可以促进理性讨论的,因为它本身就蕴含了理性审议的特质。"③这种审议式民主思潮尽管迄今仍处于激烈争论之中,但其所揭示的基本道理,对于我们探索"德先生"在我国今后发展的正确路径,无疑是极具启发价值的。

　　社会转型的时代,的确是失范、失序现象大量滋生的时代,但是,从反面看,这也正是社会呼唤逻辑理性,弘扬和发展逻辑理性的关键时代。在被物质主义诱惑得疲于奔命的时候,在对社会失范、失序义愤填膺的时候,让我们停下追逐欲望的脚步,静下心来反思生存的意义,推理可能的后果,或许,我们的生活世界将是另外一种颜色——当逻辑研究在维护其阳春白雪的清高的同时也能兼顾下里巴人的日常生活,当社会成员能够普遍受到逻辑理性的熏陶而开始讲"逻辑",当逻辑精神能够深入国民之心而蔚然成

---

① 佩迪特:《共和主义——一种关于自由与政府的理论》,江苏人民出版社2006年版,第245页。关于"共同的相关考虑"一词,佩迪特具体解释道:"在一个没有人受到支配的,公共决策遵循每个人利益和观念的共和国中,相关的考虑必须具有一种典型的中立性特征:它们将受到制约以免偏向某一局部的观点或利益。在立法决策中,相关的考虑可能是一切可以被视为理性的考虑,即所有人按照公认的推理标准不得不承认是中肯的考虑。在行政和司法决策中,它们是更加特殊的考虑,即按照统治政府的这些部门之运作的法律被认为是相关的考虑,尽管在严峻的情形中——即法律相对沉寂的情形中——它们可能包括更为普遍的考虑,从而对立法者来说也是相关的。无论在哪种情形中,当权者都会被要求根据合适的考虑来做出决策,并弄清楚自己受到了哪种考虑的推动。"(同上书,第246—247页)
② 佩迪特:《共和主义——一种关于自由与政府的理论》,江苏人民出版社2006年版,第254页。
③ 江宜桦:《自由民主的理路》,新星出版社2006年版,第34—35页。

风,当逻辑理性能够真正规范人们的社会行为,那只在暮色渐浓的黄昏中开始飞翔的密涅瓦的猫头鹰,带给这个社会的将不仅是自由、开放、民主和科学,也将是有序、和谐和繁荣。

2. 逻辑史话:千锤百炼的理性工具

殷海光希望人们"规规矩矩地"学习的"逻辑",指的就是"逻辑学"这门学问。

我们知道,"逻辑"一词是英语 logic 的音译,在现代汉语中已成为一个常用词汇。与英语的 logic 一词一样,在日常自然语言中,"逻辑"也是一个多义词。分清楚"逻辑"一词以下几个主要用法,对于我们理解"逻辑学"这门学问是非常有益的。

"逻辑"一词的第一种用法,是作为"规律"的同义词,如我们常说要把握"革命的逻辑"与"建设的逻辑"及其区别,实际上就是要把握革命与建设的不同"规律"。

"逻辑"一词的第二种用法,就是指"逻辑规律与法则"。这个意义上的"逻辑",实际上就是逻辑学这门学问的主要研究对象。我们平常说"思维要合乎逻辑",实际上就是说思维要遵循逻辑规律与法则。

"逻辑"一词的第三种用法,是指认识问题的某种"方法"。比如,我们可以说殷海光阐述的"八不思想模态"就是"理知态度的逻辑",这当然是就思想方法来说的;我们也常说"霸权主义的逻辑","强盗逻辑"、"诡辩家的逻辑",这当然不是说他们遵守了什么逻辑法则,而恰恰是指他们实际上采取了违背逻辑规律与法则之要求的思想方法。

"逻辑"的第四种用法,就是指"逻辑学"这门学问。它和前三种用法都有关系,逻辑学是以逻辑规律与法则为首要研究对象的,用殷海光的话说,这是逻辑学的"本格";同时逻辑学也研究如何将这种规律与法则运用到实际思维中的方法,以区分正确的思想方法和不正确的思想方法,这个方面的系统性研究可称为"逻辑应用方法论"。也就是说,第二种和第三种意义上的"逻辑"都是作为学问的"逻辑"的研究对象。至于"逻辑"的第一种用法,那实际上是所有"科学"的研究对象,因为任何科学都是要把握其研究领域的规律的。但是,任何探索规律的科学都离不开逻辑规律与法则的制约。逻辑学作为工具性学科的"工具性",首先就是为把握"规律"即为"求真"服务的。

　　逻辑规律与法则,其核心是推理的规律与法则。推理能力是人的"天赋"能力,我们说"人是有理性的动物",首先就是因为"人是会推理的动物"。不过,单凭"会推理"并不能把人类和其他高等动物区别开来。毋庸置疑,其他高等动物也都具有一定的推理能力。人之区别于其他高等动物的,在于人可以对自己的推理做出"反思",即思考什么样的推理是正确的,可以推出的;什么样的推理是错误的,不能推出的。对这样的"可推""不可推"的"反思"能力,才是人类"理性"的根基所在。对这种"可推"与"不可推"的规律与法则的思考与把握,就产生了"逻辑思想",而将这样的思想条理化、系统化,就构成了"逻辑学说",构成了逻辑学这门学问。

　　众所周知,所谓推理,是由"前提"与"结论"构成的,是由前提"推导"结论,前提作为结论的"理由"。把这样的理由讲出来作为"结论"(论题)的"论据",就构成通常所说的"论证"。如果用这样的"论证"去说服人,以求别人接受自己的观点,或者用这样的"论证"去反驳别人的观点,就构成所谓"论辩"。由此不难理解,为什么"论辩术"研究会成为人类逻辑学说产生的温床。世所公认的逻辑学说三大源头:中国先秦名辩学说、古印度正理学说和古希腊逻辑学说,都是在百家争鸣的"论辩时代"产生与发展的。

　　古希腊论辩术之集大成是亚里士多德《工具论》中的《论辩篇》(包括《辨谬篇》,逻辑史家公认《辨谬篇》实为《论辩篇》的最后一章),与我国先秦后期墨家的《墨经》(又称《墨辩》)和古印度《正理经》一样,涉及了论辩术的方方面面。尽管论辩的目的在于"争胜",但是三部古代经典都不约而同地阐明,要展开"良性"论辩,就要求在论辩中"尊重(合理的)论证",即要求论辩者不仅要就论证中的论据(前提)达成共识,而且要就论据是否能够推出论题(结论)达成共识;论辩既要"以理服人",也要"以情动人",但是合理的良性论辩必须将"情"与"理"区别开来,要将"修辞术"与"论证术"区别开来;良性的论辩应能识别并反驳论证中的各种"推不出"的谬误,并拒斥自觉地利用这些谬误的"诡辩术"。这样,就把区分合理论证与不合理论证的研究从论辩术中突出出来,从而把从论据(前提)是否能够"推出"论题(结论)的研究突出出来,这就形成了系统反思人类"推理理

论"的逻辑学说的三大源头。在《辨谬篇》中,亚里士多德对此有明确的说明:

> 我们的目的是要发现一种能力,即从所存在的被广泛认可的前提出发,对我们所面对的问题进行推理的能力,因为这就是辩论论证本身以及检验论证的功能。①

亚里士多德说要"发现"推理能力,并不是说在他之前人们不知道自己"会推理",而是说在他的视域范围内,在他之前并没有对区分正确推理和谬误性推理的"推理理论"展开系统研究。在《辨谬篇》的结尾,亚里士多德对此有高调宣示:

> 就我们现在的研究来说,如果说已经部分地进行了详尽的阐述,部分地还没有,那就是不合时宜的。它以前根本不曾有过。由收费的教师所指导的在争论论证方面的训练和高尔吉亚(当时的著名诡辩家——引者)行径很相同,因为他们有些人教学生记下那些或者属于修辞学的,或者包括了问题和答案的演说辞,在其中两派都认为争辩的论证绝大部分都被包括进来了。所以,他们对学生所进行的教育是速成的、无系统的,因为他们认为通过教授学生这种技术的结果,而不是技术本身便可以训练学生,这正如有人宣称他能传授防止脚痛的知识,然而他并不教人鞋匠的技术以及提供适当鞋袜的方法,而是拿来各种鞋以供选用。因为他只是帮助满足了别人的需要,而没有传授技术给他。关于修辞学,在过去就宣布已经有了大量的材料,然而相对于推理,我们完全没有一部早期作品可以借鉴,而是在长时期里,费尽心机在进行着尝试性的研究。②

就《论辩篇》来说,其对推理理论探讨的总体水平并不高于《墨经》和《正理经》。《墨经》对"以说出故"的系统探讨,《正理经》对宗(论题)、因(理由)、喻(例证)、合(运用)、结(结论)的系统研究,都已形成"推理理论"的整体性思想。但是,后两者和《论辩篇》一样,都未能把其中的"逻辑

---

① 亚里士多德:《辨谬篇》,秦典华译,载《亚里士多德全集》第一卷,中国人民大学出版社1990年版,第619页。本处把原译"辩证论证"改译为"辩论论证",这更符合亚氏原意。
② 亚里士多德:《辨谬篇》,秦典华译,载《亚里士多德全集》第一卷,中国人民大学出版社1990年版,第621页。

学说"与"论辩术"、"修辞术"和"认识论"等方面的因素明确区别开来,而是相互缠绕在一起。而亚里士多德却"在长时期里,费尽心机在进行着尝试性的研究",迈出了非常关键的一步:将推理中的"思想形式"因素与"思想内容"因素明确区分开来,创立了以"推理形式"研究为核心对象的"形式逻辑"学说,这集中体现在《工具论》的《前分析篇》之中。

亚里士多德发现,一个推理的前提能否合理地"推出"结论,实际上并不取决于前提和结论的思想内容,而是取决于其思想形式,例如下面两个推理:

  所有哺乳动物都是有心脏的动物,
  所有马都是哺乳动物,
  所以,所有马都是有心脏的动物。

  所有有心脏的动物都是有肾脏的动物,
  所有马都是有心脏的动物,
  所以,所有马都是有肾脏的动物。

这两个推理的前提与结论的"思想内容"并不相同,但是它们从前提借以"推出"结论的"思想形式"是相同的。亚里士多德通过一般性变元(用字母表示)的发明,用"逻辑常元"和"概念变元"联袂刻画这种内容不同的推理共同的思想形式。按当时亚氏的刻画,这两个推理形式机理在于:

  如果 P 属于所有 M,
  并且 M 属于所有 S,
  那么,P 属于所有 S。

我们大家今天所熟悉的,是经中世纪学者改造后的传统逻辑中更为直观的形式:

  所有 M 都是 P,
  所有 S 都是 M,
  所以,所有 S 都是 P。

亚里士多德之所以用"如果—那么—"这样的条件联结词来连接推理的前提与结论,是因为他认识到,推理的前提能否"推出"结论,并不取决于前提和结论本身的真假,而是取决于前提与结论之间是否有"形式保真"关系,即从思想形式上就可以询问:如果具有前提形式的命题是真的,那么是否能够"必然地得出"具有结论形式的命题是真的?比如,在上列形式中,不管我们给其中的概念变元代入什么概念,假如前提是真的,那么结论就一定是真的。反之,我们再看下述推理:

  所有哺乳动物都是有心脏的动物,
  所有马是有心脏的动物,
  所以,所有马是哺乳动物。

这个推理前提与结论都是真的,但是结论的真并不能从前提的真"必然地得出",因为这个推理并不是"形式保真"的。这个推理的直观形式是:

  所有 P 都是 M,
  所有 S 都是 M,
  所以,所有 S 都是 P。

我们可以给这个形式找到前提为真但结论为假的"反例",例如:

  所有马是哺乳动物,
  所有牛是哺乳动物,
  所以,所有牛都是马。

这就说明,上面这个推理的形式不具有形式保真性,也就是前提到结论是不能"必然地得出"的。美国科学哲学家约翰·洛西(John Losee)说:"亚里士多德的巨大成就之一,在于他坚持一个论证的可靠性仅仅由前提和结论之间的关系来决定。"①严格地说,这里所谓"关系"就是"形式保真关系",这里所谓论证的"可靠性"就是指的论证的"形式保真性"。

  亚里士多德把自己的《前分析篇》的任务,就定位于研究什么样的推理是形式保真的,什么样的推理不是形式保真的。用现在逻辑学的术语说,就是研究什么样的推理是"普遍有效的",什么样的推理不是"普遍有效的"。这种推理的"(普遍)有效性",就是后世所谓"演绎逻辑学"的主要对象,而这类追求"必然地得出"的推理被称为"演绎推理"。亚里士多德对以上述推理为范例的直言三段论推理做了相当系统完整的彻底审查,建立

---

① 洛西:《科学哲学历史导论》,邱仁宗等译,华中工学院出版社1982年版,第9页。

了历史上第一个纯粹以推理形式为对象的演绎逻辑理论。尽管从现代逻辑的观点看,亚氏直言三段论系统只是一个小型演绎系统,但毕竟是第一个以推理形式的普遍有效性为对象的严整的逻辑系统。因而,亚里士多德成为世所公认的"演绎逻辑之父"。

亚里士多德自然懂得,人们实际思维中所使用的推理形式并不限于直言三段论。他在《前分析篇》中还花了很大力气探讨人们使用"必然"、"可能"与"偶然"这三个逻辑常元的"模态三段论",从而也成为演绎逻辑的一个重要分支——"模态逻辑"的创始人。他的学生德奥弗拉斯特以及后来的斯多亚学派,沿着探讨"形式保真"性的方向,又创立了传统命题逻辑理论。直言三段论理论、模态三段论理论和传统命题逻辑,就构成西方传统演绎逻辑的核心内容。演绎逻辑学的创生与发展明确揭示出,在拥有推理能力的人类理性思维中,实际上有一个刚性的"形式理性法庭",它决定着"讲道理"的一系列思想形式层面的刚性规则,并非像诡辩家所说的那样"公说公有理"、"婆说婆有理"。所谓西方"形式理性"之根基,就是由这些理论所奠定的。

古今都有许多学者(包括殷海光)认为,所谓"逻辑学"就是指"演绎逻辑学",我们可以把这种逻辑观称为"狭义逻辑观",把"演绎逻辑学"称为"狭义逻辑学"。但是,这样的"狭义逻辑观"恐怕不能得到亚里士多德本人的赞同。众所周知,"逻辑"一词作为学科术语是为后世所命名的,而不是亚氏本人所使用的,亚氏把他从论辩术中抽离出来的"推理理论"命名为"分析学"。在完成创立演绎逻辑的《前分析篇》之后,他又紧接着完成了一部《后分析篇》。在亚里士多德看来,《后分析篇》的内容显然也是"分析学"的重要组成部分。

《后分析篇》的主要内容可概括为两个方面:一是《前分析篇》所发现的"演绎推理理论"在科学研究中的应用方法论,二是归纳逻辑思想的提出及其与演绎逻辑相互作用机理的探讨。

从现代科学哲学的观点看,亚里士多德之前并没有系统的科学理论,只有零散的科学思想或科学性探究。在亚氏时代的显学是几何学,柏拉图开办的学园门口就有"不懂几何学者禁入"的标牌。作为柏拉图的第一高足,亚里士多德丰厚的几何学修养可想而知。在创立演绎逻辑学的过程中,亚里士多德颖悟到,"形式保真"的有效演绎推理,实际上是把零散的几何学知识连接成系统的科学知识的主要纽带,同时,这种演绎推理也是人们从已知的几何学知识"间接地"推论人们尚未揭示出来的几何学知识的基本桥梁;由此推广,演绎逻辑学则可提供科学知识系统化的基本工具。因此,他在《后分析篇》中主要以几何学为背景,对演绎推理在科学知识系统化中的作用机理加以系统把握与揭示,从而建构了历史上第一个以公理化方法论为核心的演绎科学方法论。前面我们引述的爱因斯坦关于西方科学第一基础的说法:"希腊哲学家发明形式逻辑体系(在欧几里得几何学中)",括号中的说法应更正确地表述为:"在亚里士多德的《分析篇》中。"因为前分析篇是"形式逻辑体系"本身的诞生地,而《后分析篇》实际上是以几何学为主要背景的演绎科学方法论,其后诞生的欧几里得几何学,实际上是《后分析篇》所阐发的方法论的成功实践。

因此,从《后分析篇》看来,演绎科学方法论也包括在亚里士多德的"分析学"或"逻辑学"的视域之内。但不仅如此,正因为要给科学体系的构成提供"方法论",亚里士多德发现,演绎推理尽管能够提供把零散的科学知识"组织起来"的枢纽,但不能完整地说明科学知识的形成机理。如《前分析篇》所揭示,实际推理如果"形式保真"(有效),那么其结论的真就可以由其前提的真来保证,但这个推理前提的真,还要由该推理之外的其他真前提来保证。循此继进,在科学知识系统化的过程中,必定存在某些这样的前提,它们是不能从其他前提"必然地得出"的。"如果不把握直接的基本前提,那么通过证明获得知识是不可能的。"[①]这就需要一个科学知识系统中有某些"公理",它们不能在该系统中获得演绎论证。通过对这些"公理"之形成途径的追问,亚里士多德提出了"归纳逻辑"的思想。

在此需要澄清人们对亚里士多德"公理化"思想的一个重要误解。许多人认为,亚里士多德所认识的"公理"就是"不证自明"的道理。实际上,这是把亚里士多德当时对几何学的公理系统的认识,不适当地推广到了对所有知识系统的认识。亚里士多德在对人类实际思维"合理论证"的探索中,对论证真实"结论"之"基本前提"或"最终前提"提出了四个方面的"方法论指针":(1)前提应当是(公认)为真的;(2)前提本身是无法演绎论证

---

① 亚里士多德:《后分析篇》,余纪元译,载《亚里士多德全集》第一卷,中国人民大学出版社1990年版,第346页。

的;(3)前提必须比结论更为人所知;(4)前提必须是在结论中所做归属的原因。① 循此指针,亚里士多德认为,几何学中存在这样的一些"不证自明"的"第一原理",而由它们可以通过演绎推理得出一系列并不自明的几何学定理,因而它们可以扮演几何学系统的"公理"角色。但是,在其他学科中很难找到这样的"公理",但这并不意味着其他学科不能使用"公理化"方法,我们从已经获得的一些"共识"出发,同样可以使用演绎推理把零散的知识系统化。所以,把亚里士多德的"公理"概念理解为"共识"更为确切。在非欧几何学已经否认了亚里士多德"第一原理"的认识之后,理解这一点显得尤为重要。

那么,一个知识系统中这种不能被演绎论证的"基本前提"或"公理"之合理性由何而来呢?亚里士多德提出了人们达成共识的两大途径:"直觉归纳法"与"简单枚举归纳法"。

直觉归纳法是指对那些体现在现象中的一般原理的直接观察。直觉归纳法"是一个观察力问题。这是一种在感觉经验资料中看到'本质'的能力"②。亚里士多德著作中的一个例子是,我们在若干情况下注意到月球亮的一面朝向太阳,可由此而推断出月球发光是由于太阳光的照射。在他看来,这种直觉归纳的作用与分类学家的"眼力"的作用类似。分类学家是一种善于"看到"属与种差的人。这是一种经过广泛的经验之后可以获得的能力。

与直觉归纳法不同,简单枚举归纳法则是普通的理性人都具有的从特殊推广到一般的能力,即"依据一组没有例外的特殊事例去建立一种普遍"③。亚里士多德自己所使用的一个例子是:

> 如果技术娴熟的航工是最有能力的航工,技术娴熟的战车驭手是最有能力的驭手,那么一般的说,技术娴熟的人都是在某一特定方面最有能力的人。④

---

① 参见洛西:《科学哲学历史导论》,邱仁宗等译,华中工学院出版社1982年版,第10页。
② 同上书,第8页。
③ 亚里士多德:《后分析篇》,转引自张家龙(主编):《逻辑学思想史》,湖南教育出版社,第541页。此句在余纪元译本中译作:"从许许多多与之相同的明显的特殊事例中去推论。"见《亚里士多德全集》第一卷,中国人民大学出版社1990年版,第321页。
④ 亚里士多德:《论辩篇》,秦典华译,载《亚里士多德全集》第一卷,中国人民大学出版社1990年版,第366页。

尽管亚里士多德本人没有把归纳叫做"推理",但从这个例子可以看出,亚里士多德在"理由"与"结论"之间使用了其在表述演绎推理时使用的"如果—那么—"联结词,因而我们可以认为亚里士多德同样把"归纳"视为一种"推理",对归纳的研究同样也可视为一种"推理理论"。

当然,亚里士多德懂得,这种"推理"并不是"必然地得出",而只是在"前提"与"结论"之间提供了一种"或然性"的支持。但对于得到演绎论证所需要的"基本前提"或"共识"来说,这种归纳又是必须的,关键在于如何提高这种或然性,增强归纳结论的可信性。亚里士多德努力探索了人们在观察中做归纳的注意事项,同时在归纳与演绎的互动中对归纳结论加以验证和修订。这实际上提出了从事科学研究的一种"归纳—演绎模式"①。这个模式是说,科学研究是不断从待解释的现象"归纳"出解释性原理,再从包含这些原理的前提中"演绎"出关于现象的陈述的循环往复的过程。只有当关于现象的陈述从解释性原理中被演绎出来时,科学解释才得以完成。因此,科学解释就是从关于事实的知识通过归纳与演绎相结合的程序过渡到关于事实的原因的知识。这个模式显然已不局限于演绎科学方法论,而是给出了经验科学方法论的一个雏形。

可见,依照亚里士多德自己的命名,他的"分析学"或"逻辑学"的畛域包括演绎逻辑、演绎科学方法论、归纳逻辑、经验科学方法论四大组成部分,而并不只是演绎逻辑一个领地。

但是,亚里士多德身后的逻辑著作集的编辑者(传说是公元前一世纪的安德罗尼克),并没有局限于亚里士多德自己的上述视域。在《前分析篇》与《后分析篇》之后,还编入了前述《论辩篇》和《辨谬篇》,同时还收入了《范畴篇》与公认为《分析篇》之导言的《解释篇》,置于《前分析篇》之前,并总名为《工具论》。这显示了一种更大视域的逻辑观。我们后面再讨论这种"大逻辑观"的合理性问题。

我们经常听到这样的说法:在人类逻辑学说的三大发源地中,西方逻辑学经历了持续不断的发展,而中国与印度的逻辑学说都不幸"中绝"了,因而造成东方逻辑传统之薄弱。这个说法是似是而非的。因为西方逻辑学也曾经历同样的"中绝"。的确,亚里士多德创建的逻辑学在整个"希腊

---

① 参见洛西:《科学哲学历史导论》,邱仁宗等译,华中工学院出版社1982年版,第6页。

化时期"和古罗马时代都有一定的发展,但在西欧中世纪也曾经历了至少长达八百余年的"中绝",直到中世纪后期,随着亚里士多德著作从阿拉伯世界"传回"欧洲,以及近代大学制度的创立,逻辑学研究才得以逐步复兴,并在14、15世纪出现了西方逻辑研究的第二大"高峰期"。如现在学界所公认,这一时期的逻辑研究尽管以受到神学制约的"经院逻辑"的面貌出现,但由于逻辑学本身的科学本性,在推动西方社会冲破中世纪的黑暗,为后来的文艺复兴、宗教改革及近代科学与民主政治的兴起奠定理性基础方面,可谓居功至伟。

中世纪后期逻辑学的复兴,首先表现于演绎逻辑的复兴,以三段论为核心的亚里士多德词项逻辑理论得到了细致入微的研究与发展,同时,经院逻辑学者又重新发现了当时已失传的命题逻辑理论,并且做了很大的拓广研究。更为重要的是,自近代大学创办之初,逻辑学就被列为所有大学生必修的基础课程。这是造成西方雄厚的逻辑思维传统的真正奥秘所在。

在发展演绎逻辑的同时,经院逻辑学者也在亚里士多德思想的基础上推进了归纳逻辑研究。其中的杰出代表,是13世纪的罗伯特·格洛赛特(Robert Grosseteste)和他的学生罗吉尔·培根(Roger Bacon),他们的主要贡献,是从亚里士多德局限于观察的归纳推理探索,转变为实验方法中的归纳推理探索。在他们看来,实验是从个别事实上升到事物的原因、一般原理的基础,也是检验一般原理的方法,并提出了求同法、求异法的思想雏形。此外,一些近代科学先驱者如伽利略、开普勒乃至同为科学家与艺术家的达·芬奇等,也结合科学实践对科学研究中的归纳因素进行了宝贵的探索。①

世所公认的归纳逻辑之父,是活跃于文艺复兴后期的英国哲学家弗兰西斯·培根(Francis Bacon)。这是因为,尽管从亚里士多德到罗吉尔·培根等人都提出了重要的归纳逻辑思想,但这些思想是片段的、不系统的,而直到弗兰西斯·培根提出了系统完整的"排除归纳法",才标志着归纳逻辑的真正创立。"排除归纳法"的完整阐述在其名著《新工具》之中。尽管弗兰西斯·培根本人并不是经验科学家,但由于"排除归纳法"清楚地揭示了科学实验的逻辑机理,他被公认为"整个现代实验科学的真正始祖"(马克

---

① 参见张家龙(主编):《逻辑学思想史》,湖南教育出版社2004年版,第550—553页。

思语)。

培根的"排除归纳法"后为19世纪的约翰·斯图亚特·穆勒(John Stuart Mill)所发展和完善,构成现在基础逻辑教学中经常讲授的"探求因果联系的五种方法"。这体现在他阐释传统演绎与归纳逻辑及其相互作用的《逻辑体系》一书之中。其中对于"类比推理"这种或然推理形式及其作用也做了系统把握。该书对于传统归纳逻辑的确立与传播起到了至关重要的作用。

值得强调的是,穆勒不仅是传统归纳逻辑的一位集大成者,也是西方代议制民主政治理论的奠基人之一,其贡献体现在他另外两部名著《论自由》和《代议制政府》之中,其间的深层关联,是我们研究逻辑的社会文化功能的一个重要课题。

自从归纳逻辑真正创立之后,演绎逻辑与归纳逻辑何者更为重要,或者说在科学研究或理性思维中何者应占支配地位,成为哲学家们长期争议的问题,并形成了"演绎主义"与"归纳主义"两大流派。这种争论不但推动了整个西方近代哲学研究的"认识论转向",而且促成了"辩证逻辑"研究的兴起与发展。鉴于"辩证逻辑"的性质在学界尚存较大争议,我们在此需要比较详细地考察一下它的由来。

熟悉西方哲学史的读者都知道,正是英国哲学家大卫·休谟(David Hume)对归纳推理合理性的质疑(即著名的"休谟问题"),把德国哲学家伊曼努尔·康德(Immanuel Kant)"从独断论的迷梦中唤醒"。休谟揭示出,归纳推理的合理性不可能得到严格的逻辑证立。休谟的质疑使康德认识到,仅仅依靠演绎逻辑与归纳逻辑的"理性法庭",无法为以牛顿力学为范本的科学知识的"必然性与普遍性"提供辩护。因为演绎逻辑所揭示的有效性规律本身虽然是"必然的与普遍的",但只是一种无内容的纯形式的必然性与普遍性,尽管它也提供了一种真理的标准,但只是一种必要条件意义上的"消极标准":"这些标准只涉及真理的形式,就此而言它们是完全正确的,但并不是充分的。因为,即使一种知识有可能完全符合于逻辑的形式,即不和自己相矛盾,但它仍然总还是可能与对象相矛盾,所以真理的单纯逻辑上的标准,即一种知识与知性和理性的普遍形式法则相一致,这虽然是一切真理的必要条件,因而是消极的条件;但更远的地方这种逻辑就达不到了。"①而休谟的质疑说明"逻辑真理"之外的科学知识的"必然性与普遍性",也不能通过归纳推理来辩护。但是,康德不能赞同休谟由此得出的对于科学知识的"怀疑主义"结论,而是致力于科学知识的"确定性机理"的探索。他经过长期探索认识到,在演绎与归纳都无法说明科学真理的把握何以可能的情况下,可以由亚里士多德《工具论》中的"范畴篇"所开创的"思维范畴"理论找到一条新的出路:由有别于演绎逻辑与归纳逻辑的另一逻辑类型来担当这一职能,他名之为"先验逻辑"。

如前所述,亚里士多德第一次明确地把思想形式和思想内容区别开来,创立了演绎逻辑。以亚里士多德为重要先驱,至弗兰西斯·培根创立的传统归纳逻辑,尽管不能制定出像制约演绎推理有效性那样的"刚性"形式规则,而只能给出一系列"柔性"的合理性准则,但这些准则所制约的仍是归纳推理的"形式"。因此,康德把演绎逻辑与归纳逻辑统称为"形式逻辑"(这个称呼得到了广泛采纳)。然而,康德发现,在形式逻辑所"普适"但不研究的"思想内容"方面,实际上存在着为人们长期忽视的一种重要的层面区分:经验内容和先验内容。思想的经验内容是可以通过观察与实验方法把握的,但制约这种把握的不仅有演绎与归纳的"形式",还有一种既不是思想的"形式",也不是思想的"经验内容"的东西,它们所在的层面,就是亚里士多德的《范畴篇》所揭示的那些东西所在的层面。比如"实体"、"性质"、"关系"等范畴及其相互作用的内容,它们既不属于形式逻辑的"形式",但是也不属于可以经验验证的"经验内容",它们可称为"纯内容"。这种"纯内容",表现在思维中就是作为"纯概念"的逻辑范畴。正是制约它们的法则(连同形式逻辑法则一起)构成了科学知识之"必然性与普遍性"何以可能的条件。这就是"先验逻辑"的研究对象。康德强调说:"我们应当有一种逻辑,在这种逻辑中知识的内容不是完全被忽略了,因为这种逻辑应包含纯思想的规则,而只排除那些纯属经验性质的所有知识。"②我国逻辑学家周礼全曾对康德的思想做了如下简明的阐释:

> 纯概念具有先验的综合作用,这种先验的综合作用规定了判断形式,也表现于判断形式。相应于不同的纯概念(即范畴),就有不同的

---

① 康德:《纯粹理性批判》,邓晓芒译,人民出版社2004年版,第56—57页。
② 转引自周礼全:《黑格尔的辩证逻辑》,中国社会科学出版社1989年版,第9页。

判断形式。例如,相应于实体与依存(或实体与属性)这一纯概念,就有直言判断的判断形式。因此,某一形式的具体判断,就具有两种内容。一种是经验内容,另一种是纯内容或先验内容。前者是经验概念的内容,后者是纯概念的内容。一个具体判断的经验内容,相当于形式逻辑所说的命题内容;而一个具体判断的纯内容,就是这个具体判断的形式所具有的认识论内容。

概括地说,先验逻辑力图说明和证明:(1)各个纯概念和各种判断形式在整个认识和知识中的作用、地位和位置;(2)各个纯概念和判断形式如何应用于感性复多,从而规定和形成经验中的对象;(3)纯概念以及由纯概念形成的先天综合判断与先验知识的客观正确性或真理性(即普遍必然性)为什么和怎样是可能的;(4)纯概念、先天综合判断和先验知识的普遍必然性,不是来源于感性内容,而是来源于知性和思想本身;(5)纯概念只能应用于经验中的对象,但不能应用于经验之外。总起来说,先验逻辑就是研究由纯概念形成的先天综合判断或先验知识的来源、范围和客观正确性的科学。①

我们在此做这样的大段引证,不是要读者去全面厘清康德的思想,而是要力图显示以下各点:一是表明康德的"先验逻辑"与亚里士多德的《范畴篇》一样,与形式逻辑分有不同的研究层面,属于不同的"逻辑类型",二者并不是互相拒斥、冲突的关系(这是康德本人一再强调的);二是表明康德的"先验逻辑"以及与之有着同样研究对象的黑格尔的"辩证逻辑",都不是有些人所理解的那样的"既研究形式又研究内容"的"万能逻辑",在不研究思想的"经验内容"这一点上,它们和形式逻辑是一致的;三是表明"先验逻辑"的提出也是源于"求真"、"讲理"的需要,这和演绎逻辑与归纳逻辑之提出的诉求都是一致的。

但是需要明确的是:康德的"先验逻辑"并不就是"辩证逻辑",学界公认的"辩证逻辑"的奠基人是黑格尔而不是康德。

乔治·威廉·弗里德里希·黑格尔(Georg Wilhelm Friedrich Hegel)是德国古典哲学的集大成者,他对康德"先验逻辑"的贡献给予了高度评价,肯定康德关于先验范畴及其对求真讲理之特殊重要性的认识都是非常正

---

① 周礼全:《黑格尔的辩证逻辑》,中国社会科学出版社1989年版,第8、9—10页。

确的。但是，黑格尔认为，康德的研究尚停留在"消极理性"的阶段，尚未真正把握到其所谓"思辨的""积极理性"。前面我们看到，康德说形式逻辑只是真理的"消极标准"，"先验逻辑"追求的是"积极标准"，但"先验逻辑"仍被黑格尔批判为"消极理性"，这是怎么回事呢？

　　原来，黑格尔继承了康德对于"理性"一词的一种狭义用法。康德在历史上第一次把认识论中关于感性、理性的二分法发展为感性、知性、理性的三分法，实际上把以往哲学家所说的理性认识划分为知性认识和（狭义）理性认识两个不同层面。在他看来，所谓知性层面，是指人们对经验世界中分立的经验事实与规律的把握，其中规律（如牛顿力学规律，表征这种规律的判断他称之为"先验综合判断"）的必然性和普遍性，由形式逻辑法则和知性范畴来共同保证，同时它们也可以为经验事实所确证。所谓理性层面是对终极性、整体性实体及其性质的认识，其中也包括对形式逻辑法则与知性范畴终极性质的认识。"理性照康德看来，乃是以无条件者、无限者为对象的思维。……理性的任务在于认识无条件者。"①比如，世界究竟是无限的还是有限的？共相（属性）究竟在个体（实体）之中（如亚里士多德所说）还是在个体之外独立存在（如柏拉图所说）？这些问题已超出了人类认识能力的范围，勉强以形式逻辑和先验逻辑法则对这些问题进行推演，必定陷入自相矛盾的"二律背反"；换言之，这些问题是人类"不可解"、"不可知"的。康德将把握知性认识的"先验逻辑"称为"先验分析论"，而将把握理性认识的"先验逻辑"称为"先验辩证论"。康德是在识别"辩证幻想"的负面意义上使用"辩证"一词的，这就是黑格尔称之为"消极理性"的原因。

　　黑格尔赞同康德关于感性、知性、理性的三分法，也肯定康德关于将知性认识手段运用到理性层面会陷入"二律背反"的论证，但是，他不赞同康德的"不可知"的结论。他认为，康德之所以得出这样的不可知论，是因为他只是静态地、固定地把握"先验范畴"，而我们如果以动态的、流动的观点来把握这些范畴，不但这些"二律背反"是可解的，而且可以产生一种具有重要的方法论意义的新的逻辑类型，即把握积极理性的"思辨逻辑"或"辩证逻辑"。

---

① 黑格尔：《哲学史讲演录》第四卷，贺麟、王太庆译，商务印书馆1978年版，第275页。

黑格尔认为,与亚里士多德的范畴学说相比,康德的先验逻辑既有进步的方面,也有退步的方面。进步的方面在于,亚里士多德的范畴学说尽管已经把握到了进行辩证思维所需要的一系列基本范畴(体现在《范畴篇》、《论辩篇》、《物理学》和《形而上学》等著作中),但它们是零散的、缺乏严整性与系统性的,而康德的范畴理论在历史上第一次构成了一个严整的范畴体系,显示了范畴之间的整体性、系统性关联;其退步的地方在于,康德实际上放弃了亚里士多德范畴理论为"透过现象把握本质"服务的理性诉求,而满足于对经验世界现象层面的认识。只有把固定范畴改造为流动范畴,才能真正为人类的求真追求提供完整的认识工具。

黑格尔把固定范畴转化为流动范畴的关键环节,是通过对康德"二律背反"理论的改造,提出了"辩证否定"和"辩证矛盾"学说。与许多人的误读相反,黑格尔也与康德一样,不能容忍"二律背反"所得出的"逻辑矛盾"。他认为,康德的"不可知"的办法只是回避问题,并没有真正消除逻辑矛盾。要真正解决二律背反问题,就需要将康德的消极理性转化为把握辩证矛盾的积极理性:"在对立的规定中认识到它们的统一,或在对立双方的分解和过渡中,认识到它们所包含的肯定。"①也就是说,真正的解决问题之道,在于认识到要消除二律背反,就必须把握对立面的"具体的历史的统一",比如有限性与无限性的对立统一、共相与个别的对立统一、固定与流动的对立统一等等。正是以此为指导思想,黑格尔建构了一个以辩证否定与辩证矛盾观念为核心的动态化范畴体系。"黑格尔辩证逻辑的范畴,自身包含着矛盾,从而能自己否定自己而形成一个辩证的运动过程。这是范畴的辩证法或辩证法的范畴。"②这个范畴体系的建立,是人类对辩证思维方法的把握从自发的素朴形态上升为自觉的理论系统形态的一个标志。

然而令人极为遗憾的是,黑格尔理论中所具有的一些致命缺陷,妨碍了其辩证逻辑理论之应有作用的发挥。一个重要的缺陷是它的"反形式逻辑"外貌。黑格尔把康德消极理性的"二律背反"转型为积极理性的"辩证矛盾"理论,并把"辩证矛盾"直接称为"矛盾",但并没有注意澄清"辩证矛盾"与形式逻辑所拒斥的"(逻辑)矛盾"的区别。与此相关,他对康德式

---

① 黑格尔:《小逻辑》,贺麟译,商务印书馆1980年版,第181页。
② 周礼全:《黑格尔的辩证逻辑》,中国社会科学出版社1989年版,第40页。

"固定范畴"理论的批判,经常被混同于对形式逻辑本身的批判。黑格尔不屑于去做这种澄清,乃因为在他看来,尽管形式逻辑像康德所说那样是不可或缺的,但已作为特定的环节包含在了自己的体系之内:"思辨逻辑内既包含有单纯的知性逻辑,而且从前者即可抽得出后者。我们只消把思辨逻辑中辩证法的和理性的成分排除掉,就可以得到知性逻辑。"①因此,黑格尔经常径直地把他的"思辨逻辑"称为"逻辑学",这种认识实际上又否认了形式逻辑独立发展的价值。这对黑格尔理论以及辩证逻辑本身的命运都产生了重要影响,以至坚持对逻辑类型持开放态度,并对康德的先验范畴理论持同情理解的德国逻辑史家亨利希·肖尔兹(Heinrich Scholz),也对黑格尔的辩证逻辑做了如下评论:"一个亚里士多德学派的人怎么能同意一种以取消矛盾律与排中律两个基本命题开始的(黑格尔)《逻辑学》呢?仅就这一个原因,我们必须承认,黑格尔的逻辑是一种新的逻辑类型。虽然可以考虑把它合并到以上已经谈到的(康德)范畴论那一类型去。但是,看起来这部著作是太独特、太任性了。"②对黑格尔辩证逻辑的这种理解非常普遍,这在很大程度上要由其本身的缺陷负责。

　　黑格尔理论的这种缺陷,与其更为重要的另一缺陷密切相关,这就是黑格尔把其辩证逻辑理论置于从绝对理念出发的客观唯心主义哲学体系之中。尽管他的辩证逻辑要求把握"共相"与"个别"的对立统一,但他的"绝对理念"完全是任何"个别"都要来于斯又回归于斯的绝对"共相",整个系统都需要它的"第一推动",其范畴体系又是绝对理念的化身,其辩证内核实际上为这样的哲学体系严重遮蔽。因此,这种哲学理论只能归入马克思、恩格斯所谓"神圣家族",其辩证逻辑理论"在其现实形态上是不适用的"(恩格斯语)。

　　黑格尔的辩证逻辑,在马克思主义创立与发展的过程中起到了特殊的作用。青年马克思与恩格斯通过社会实践理论的创立,彻底告别了他们曾经信奉的黑格尔的绝对唯心主义,但是他们也在自己的科学研究中深切体会到对于完整的逻辑工具的需要,因而致力于拯救黑格尔理论中辩证逻辑的"合理内核"。恩格斯在其晚年的几部哲学名著中曾就此做了总结。恩

---

① 黑格尔:《小逻辑》,贺麟译,商务印书馆1980年版,第181页。
② 肖尔兹:《简明逻辑史》,张家龙译,商务印书馆1977年版,第22页。

格斯先后断言：

> 在以往全部哲学中仍然独立存在的，就只有关于思维及其规律的学说——形式逻辑与辩证法。其他一切都归到关于自然和历史的实证科学中去了。①

> 对于已经从自然界和历史中被驱逐出去的哲学来说，要是还留下什么的话，那就只留下一个纯粹思想的领域：关于思维过程本身的规律的学说，即逻辑和辩证法。②

> 只有当自然科学和历史科学接受了辩证法的时候，一切哲学垃圾——除了关于思维的纯粹理论——才会成为多余的东西，在实证科学中消失掉。③

我们同时引用这三段大体相当的话旨在表明，与黑格尔不同，恩格斯所使用的"逻辑"一词在此仍指谓"形式逻辑"，在恩格斯看来，形式逻辑不属于应当归于消失的"哲学垃圾"。恩格斯多次把形式逻辑的创始人亚里士多德称为"古代世界的黑格尔"、"带有流动范畴的辩证法派"，说明他并没有把形式逻辑与辩证法看作相互拒斥的理论。他指斥当时的许多不可知论者"缺乏逻辑与辩证法的修养"④，其中的"逻辑"也是指"形式逻辑"。同时，恩格斯这里使用的"辩证法"（至少在前两段话）显然是"辩证逻辑"的同义语。其所强调的并不是关于自然和历史的辩证法（他认为那已经是广义"实证科学"的研究对象，如马克思在《资本论》中和他本人在《自然辩证法》中所实践的那样），而是"纯粹思想领域"的"辩证法"。马克思与恩格斯从没有否认形式逻辑在人类理性思维中的作用，在自己研究与论证实践中也熟练地加以运用。一个明显的事实是："马克思的《资本论》不仅是运用了辩证法，而且同时也成功地运用了他那个时代的逻辑手段和数学手段。"⑤

马克思和恩格斯对形式逻辑之作用的肯定，还体现在他们对归纳与演绎在理性思维中的互补作用的辩证把握上。恩格斯强调："归纳和演绎，正

---

① 恩格斯：《反杜林论》，人民出版社1999年版，第24页。
② 恩格斯：《路德维希·费尔巴哈与德国古典哲学的终结》，人民出版社1972年版，第48页。
③ 恩格斯：《自然辩证法》，人民出版社1971年版，第188页。
④ 同上书，第218页。
⑤ 沙青、张小燕、张燕京：《分析性理性与辩证理性的裂变》，河北大学出版社2002年版，第13页。

如分析和综合一样,是必然相互联系着的。不应当牺牲一个而把另一个捧到天上去,应当把每一个都用到该用的地方,而要做到这一点,就只有注意它们的相互联系、它们的相互补充。"①正确把握演绎与归纳的关系,也是正确理解它们与辩证逻辑之相互作用的一个关节点。关于如何破解休谟对归纳推理合理性的质疑,马克思、恩格斯认为需要引进"社会实践"范畴才能真正予以破解。恩格斯就此解释说:"单凭观察所得的经验,是决不能充分证明必然性的。Post hoc[在这以后],但不是 propter hoc[由于这]……这是如此正确,以致不能从太阳总是在早晨升起来推断它明天会再升起,而且事实上我们今天已经知道,总会有太阳在早晨不升起的一天。但是必然性的证明是在人类活动中,在实验中,在劳动中:如果我能够造成 Post hoc,那么它便和 propter hoc 等同了。"②"(社会)实践"范畴的引入,是马克思、恩格斯试图把黑格尔型"不适用"的辩证逻辑改造为"适用"的辩证逻辑的出发点和落脚点。

恩格斯的下面这段话,经常被用来作为马恩轻视乃至拒斥形式逻辑的论据:

> 辩证逻辑和旧的纯粹的形式逻辑相反,不像后者满足于把各种思维运动形式,即各种不同的判断和推理的形式列举出来和毫无关联地排列起来。相反的,辩证逻辑由此及彼地推出这些形式,不把它们互相平列起来,而使它们互相隶属,从低级形式发展出高级形式。③

这段文字来自《自然辩证法》手稿中一段札记,并没有经过发表前的仔细斟酌。从上下文可以看出,恩格斯这里说形式逻辑把判断和推理的形式"毫无关联地排列起来",并不是指形式逻辑没有自己的理论系统,而是指形式逻辑并没有使用"流动范畴"考察判断与推理的辩证"关联"。他举出的例子是:对于"摩擦是热的一个源泉"、"一切机械运动都能借摩擦转化为热"、"在每一情况的特定条件下,任何一种运动形式都能够而且不得不直接或间接地转变为其他任何运动形式"这三个判断,在(传统)形式逻辑那里,只能处理为同一类全称肯定判断,而用关于"个别"、"特殊"与"普

---

① 恩格斯:《自然辩证法》,人民出版社1971年版,第206页。
② 同上书,第207页。
③ 同上书,第201页。

遍"的辩证范畴理论考察,我们可以看到:"可以把第一个判断看作个别性的判断:摩擦生热这个单独的事实被记录下来了。第二个判断可以看作特殊性的判断:一个特殊的运动形式(机械运动形式)展示出在特殊情况下(经过摩擦)转变为另一个特殊的运动形式(热)的性质。第三个判断是普遍性的判断:任何运动形式都证明自己能够而且不得不转变为其他任何运动形式。到了这种形式,规律便获得了自己的最后的表达。"①这种分析,当然与演绎和归纳分析居于不同层面,而同样明显的是,它们也是以演绎和归纳分析为前提条件的。

上面引用的这段手稿,是马克思、恩格斯所有著作中唯一出现"辩证逻辑"这一术语的地方。在他们公开发表的文字中,除了引用和指谓黑格尔的《逻辑学》之外,他们所使用的"逻辑(学)"一词都是明确指谓"形式逻辑"的。这是他们与黑格尔的一种自觉区隔,是他们对"形式理性法庭"之尊重的体现。

"把每一个都用到该用的地方",这个要求不但适用于演绎逻辑与归纳逻辑,当然也适用于辩证逻辑。不过,结合他们自己的成功实践,马克思、恩格斯更为强调的是对祛除黑格尔神秘色彩之后的"辩证法"的把握之必要性与重要性。恩格斯有言:"甚至形式逻辑也首先是探寻新结果的方法,由已知进到未知的方法,辩证法也是这样,只不过是更高超得多罢了。"②"辩证法对今天的自然科学来说是最重要的思维形式,因为只有它才能为自然界中所发生的发展过程,为自然界中的普遍联系,为从一个研究领域到另一个研究领域的过渡提供类比,并从而提供说明方法。"③马克思、恩格斯以及后来的列宁都曾提出了在黑格尔工作的基础上建构科学形态的辩证逻辑的任务,但他们只是提出了一些重要的指导思想,并没有真正实现这项工作。

曾被广为引用的恩格斯关于"初等数学"与"高等数学"的比喻,的确比较贴切地表明了当时恩格斯心目中形式逻辑与辩证逻辑之关系的认识。"初等数学"尽管是"初等"的,但并不是要拒斥或抛弃的。《反杜林论》中有数十处指斥杜林自相矛盾、自语相违之处,就是要表明其论辩对手没有

---

① 恩格斯:《自然辩证法》,人民出版社1971年版,第203页。
② 恩格斯:《反杜林论》,人民出版社1999年版,第140页。
③ 恩格斯:《自然辩证法》,人民出版社1971年版,第28页。

遵守"初等逻辑"的基本法则。须知,恩格斯视域中的"形式逻辑"只是传统形式逻辑,尽管作为现代逻辑基石的逻辑演算系统已于1879年由弗雷格创立(详后),但长期鲜为人知,直到20世纪初才得以广泛传播;加之受黑格尔在"绝对理念"统摄下贬低形式逻辑思想的影响,恩格斯并未考虑到形式逻辑被赋予新的生命而获得长足发展的可能,也没有着力阐明形式逻辑与其所谓"形而上学的思维方式"的严格区分。这一点不应苛求于先贤。但是,作为马克思主义产生的哲学背景之一,黑格尔哲学的"反形式逻辑面貌",在后来马克思主义哲学发展的过程中产生了重大的负面影响,使得辩证逻辑研究与现代逻辑发展长期脱节,极大地限制了辩证逻辑的发展及其作用的发挥;这种局面直到近年才有所改观,这不能不说是历史的巨大遗憾。

在19世纪末20世纪初,当严复等学者已开始致力于引入西方传统逻辑之时,西方逻辑学的发展已逐步进入其历史上的第三大"高峰期"。这个高峰首推演绎逻辑所获得的长足发展。

如前所述,中世纪经院逻辑对古希腊逻辑的恢复与丰富,奠定了"德先生"与"赛先生"的理性之基。但是,基于科学研究以及民主政治的发展对逻辑工具的需求,以直言三段论和简单的命题逻辑推理为核心的传统演绎逻辑之局限性也日益彰显。特别其囿于亚里士多德三段论理论的传统,只能比较圆满地处理关于直言(性质)命题的逻辑推理,而在关于关系命题的推理研究方面捉襟见肘。比如下面这样的简单推理:

有的选民拥护所有候选人,所以,所有候选人都有人拥护。

任何实数都小于有的实数,所以,没有最大的(不小于任何实数的)实数。

所有马都是动物,所以,所有马的头都是动物的头。

从直观上看,根据亚里士多德所阐明的"形式保真"的有效性理念,这几个推理都应当是有效的、"必然地得出"的,因为我们难以找到其"推理形式"与它们相同,但前提为真、结论为假的"反例"。但找不到反例不等于没有反例,问题的关键在于说明这样的推理为什么有效,这正是演绎逻辑的职责所在。然而,这样的关系推理的逻辑机理,在传统演绎逻辑中并不能得到说明。我们知道,人类实际求真思维的基本出发点不但需要把握对象的性质,而且需要把握对象之间的关系,甚至在某种意义上说后者是更重要的。亚里士多德本人的"范畴"理论实际上也揭示了这一点。因此,不能处理关系推理,是传统演绎逻辑的一个最重大的缺陷。经过数代逻辑学家的长期探索,直到现代演绎逻辑的确立,这个缺陷才得到真正克服。

现代演绎逻辑的创生经历了一个长时期的孕育与发展过程。其创生过程可追溯到17世纪德国数学家和哲学家莱布尼茨的"数理逻辑"研究纲领的提出。

大家知道,哥特弗雷德·威廉·莱布尼茨(Gottfried Wilhelm Leibniz)既是与牛顿齐名的微积分的创始人,也是在哲学史上影响深远的"单子论"的提出者,他对传统演绎逻辑的多方面缺陷有着深切的体会。但是,他坚决反对归纳主义者对传统演绎逻辑之作用的贬低,捍卫其在科学思想体系中的基础地位;同时,他也长期致力于克服传统逻辑的缺陷。他对同时诞生于古希腊的逻辑与数学两门学科的不同发展状况进行了比较思考,得出了这样的结论:数学之所以能够在当时得到突飞猛进的长足发展,得益于其系统使用人工表意语言进行纯逻辑推演的"数学方法",而逻辑学长期不能克服传统逻辑的缺陷而止步不前,缘于其仍然以自然语言为主要研究工具。因此,如果尝试使用数学方法来研究逻辑,或许可以找到逻辑发展新的出路。于是,莱布尼茨提出了运用数学方法来从事逻辑学研究的系统的研究纲领。我国逻辑学家莫绍揆曾把这个研究纲领概述如下:

> 创造两种工具,其一是通用语言,另一种是推理演算。前者的首要任务是消除现存语言的局限性(没有公共语言,任何语言都不是人人所能懂的)、不规则性(任何语言都有很多不合理的语言规则),使得新语言变成世界上人人公用的语言;此外,由于新语言使用简单明了的符号、合理的语言规则,它将极便于逻辑的分析和逻辑的综合。后一种,即推理演算,则用作推理的工具,它将处理通用语言,规定符号的演变规则、运算规则,从而使得逻辑的演算可以依照一条明确的道路进行下去。①

这种"通用语言"加"推理演算"的研究纲领,实际上已体现了现代演

---

① 莫绍揆:《数理逻辑初步》,上海人民出版社1980年版,第10页。

绎逻辑所使用的主要研究方法——形式系统方法的基本精神。这就不难理解为什么肖尔兹说"提起莱布尼茨的名字就好像是谈到日出一样"①。不过,肖尔兹等学者把莱布尼茨视为现代逻辑的"创始人",有些言过其实。尽管莱布尼茨提出了研究纲领,并且自己也据此做出了一些重要的工作,从而开始了逻辑学研究"数学转向"的历程;但是他本人的工作并没有克服传统演绎逻辑的一些根本性缺陷,特别是不能处理关系推理的缺陷。而且莱布尼茨当时的这些成果并没有发表,一直到对莱布尼茨有深入研究的康德,也并不了解莱布尼茨的这些工作。

现代演绎逻辑创生史上的另一项里程碑式的成果,是莱布尼茨研究纲领提出近二百年之后,由19世纪英国数学家乔治·布尔(George Bool)提出的"逻辑代数"。其成果体现在布尔的主要著作《逻辑的数学分析》(1847)和《思维规律研究》(1854)之中。从前者的书名即可看出,布尔的工作是莱布尼茨纲领的新的实践。布尔发现,概念与命题之间的逻辑关系与某些数学运算很相似,代数系统可以有不同的解释,将之推广到逻辑领域,就可以构成一种思维演算。布尔主要构建了两种代数系统:"类代数"和"命题代数",前者把亚里士多德逻辑做了重要推进,能够处理亚里士多德逻辑不能处理的空类问题,从而对关于性质命题的推理问题做了非常彻底的审查;后者则是历史上第一个完整的命题逻辑演算系统。布尔关于同一抽象代数系统可作不同解释的认识,也是现代模型论思想的先驱。但是,布尔代数仍然不能处理关系推理的逻辑问题。

真正在关系逻辑研究上有较大突破的,是与布尔同时代的英国数学家奥古斯特·德·摩根(Augustus de Morgan),他试图运用代数手段研究关系的逻辑性质,在历史上第一次系统考察了关系的对称性、传递性及关系的互逆、互补等性质,这无疑是关系逻辑研究上的重要推进。但是,我们仍然不能说德·摩根已经创立了关系逻辑理论。这就好比说,如果亚里士多德仅仅提出了《解释篇》中关于性质命题的对当关系理论而没有提出《前分析篇》中的直言三段论理论,尽管前者也是重要贡献,但我们不会说亚里士多德是演绎逻辑的创始人。

现代演绎逻辑的真正出生,是以德国数学家和哲学家戈德罗布·弗雷

---

① 肖尔兹:《简明逻辑史》,张家龙译,商务印书馆1977年版,第48页。

格(Gottlob Frege)于1879年出版的《表意符号》(又译《概念文字》)一书为标志的。这个书名昭示了它和莱布尼茨纲领的历史关联,同时也是莱布尼茨之诉求的真正实现。尽管弗雷格研究逻辑的初始动因,是为当时的数学奠定更为坚实的逻辑基础,但他的《表意符号》建构的命题逻辑与谓词逻辑系统,实际上是演绎逻辑一般理论的全新成就,迄今仍是现代演绎逻辑的基础系统,其中的谓词逻辑系统不但能够像布尔代数那样圆满地把握关于性质命题的推理机理,而且可以圆满地把握关于关系命题的推理机理。

弗雷格之所以能够取得这样的成功,首先缘于他的两个极为重要的发现:一是命题函数的发现;二是真正的逻辑量词的发现。我们可通过下面的例子来理解弗雷格的这两个发现。请考虑下面这个推理:

> 如果一个人是全心全意为人民服务的,那么就不害怕批评;
> 张三是全心全意为人民服务的;
> 所以,张三不害怕批评。

这个显然能够"必然地得出"的推理,需用什么形式机理加以说明呢?学过传统逻辑的读者可能立即会想到命题逻辑中的如下有效式(充分条件假言推理肯定前件式):

> 如果 p,那么 q
> p
> 所以,q

但是,要用这个形式说明,那么两个前提中的 p 必须是同一个命题,但在上面的实际推理中并非如此。传统逻辑学家解决这个问题的办法,是将第一个前提转化成如下表达式:

> 所有全心全意为人民服务的人都是不害怕批评的。

这样再把第二个前提和结论做适当调整,就是一个有效的直言三段论了。但是弗雷格发现,我们根本无需这样把一个假言命题调整成一个直言命题,而可以直接对之做如下刻画:

> 对于所有个体 x 来说,如果 x 是全心全意为人民服务的人,那么 x 是不害怕批评的。

这显然就是原来的假言前提所表达的意思,因为这里的个体变元 x 可以代入任何个体的名称,当然也可以代入"张三",故可得:

　　如果张三是全心全意为人民服务的人,那么张三是不害怕批评的。

由这个前提加上另一前提,仍可使用上列假言推理的肯定前件式说明原推理的"形式保真"性。弗雷格指出,这种分析可以得出如下至关重要的结果。

仔细审视不难见得,上述经过改造的假言前提的前件"x 是全心全意为人民服务的人"和后件"x 是不害怕批评的",实际上都不是有真假的命题,而是一种带个体变元的"个体—真值"函数(通称"命题函数"):一旦个体变元的值被确定,那么就会形成一个其真值"随之而唯一地确定"的命题。弗雷格指出,按照这样的分析,原来的亚里士多德逻辑中的直言命题的主谓项都可转化为这种函数表达式。如传统逻辑学家常用的例子:"所有人都是会死的",可以转化为:

　　对于所有个体 x 来说,如果 x 是人,那么 x 是会死的。

对传统逻辑中的特称(存在)命题来说,也可做同样的处理,只不过要把假言联结词改为联言(合取)联结词。如"有些人是不害怕批评的"可表示为:

　　存在个体 x,x 是人,并且 x 是不害怕批评的。

这样,就把原来直言命题中居于主项位置的普遍词项,都转化成了个体词的谓词表达式。故以这种命题函数式构造的逻辑系统被统称为"谓词逻辑"。

显而易见,从"命题函数"形成有真假的"命题"有两个途径:一是将个体变元换为个体常元(专名),二是在命题函数前加上"对于所有个体 x 来说"和"存在个体 x"这样的"量词",前者称为"全称量词",后者称为"特称(存在)量词"。弗雷格指出,它们就是过去没有被发现的真正的"逻辑量词"。

有的读者或许感到奇怪,传统逻辑不是一直研究"所有"、"有的"这些量词并将之作为逻辑常元吗?怎么能说直到弗雷格才发现真正的逻辑量词呢？这是因为，在传统逻辑的"所有 S 都是 P"和"有的 S 是 P"这样的形式刻画中，全称量词和存在量词都只是约束主项的外延的；而上面两个带个体变元的量词却是约束整个"个体域"（论域）的，如果不限制个体域，那么它们就是约束世界上所有个体组成的"全域"的。就逻辑的普遍有效性的追求而言，它们才是货真价实的"逻辑量词"。所以，弗雷格的谓词逻辑又被称为"量化逻辑"。

弗雷格自己所给出的逻辑量词及命题联结词的人工符号表达并没有被广泛采用，我们这里也使用现在学界比较通用的符号表达式。全称量词可简单表示为"（x）"，存在量词为"（∃x）"，用"→"表示假言联结词"如果—那么—"，用"∧"表示联言联结词"并且"，再用"Hx"表示"x 是人"，余类推，则上述全称命题和存在命题可分别表示为：

(x)(Hx→Mx)

(∃x)(Hx∧Nx)

弗雷格指出，上述"命题函数"和"逻辑量词"的发现，为把握关系推理的逻辑机理提供了条件。因为，像"x 拥护 y"、"x 大于 y"这样的二元关系表达式，"x 在 y 与 z 之间"这样的三元关系表达式，也都可以看做命题函数，因而可以同样方便地处理关系推理。比如，我们可以将前面提到的"有的选民拥护所有候选人，所以，所有候选人都有选民拥护"这个关系推理的前提和结论分别刻画如下（其中："Rxy"表示"x 拥护 y"，"Xx"表示"x 是选民"，"Zx"表示"x 是候选人"）：

(∃x)(Xx∧(y)(Zy→Rxy))

(x)(Zx→(∃y)(Xy∧Ryx))

弗雷格表明，经过这样的刻画，只要我们制定出关于消去和引入量词的一些简单规则，再使用已经充分把握的命题逻辑法则，不但可以刻画人们日常使用的二元、三元关系推理，而且也可以完整地刻画任意有穷多元的关系推理。他遵循莱布尼茨纲领，在《表意符号》一书中建立起了"通用符号"加"推理演算"的完整的命题逻辑与谓词逻辑系统，从而一举实现了逻辑学家追求两千多年的统一把握性质逻辑与关系逻辑的理想。

由于种种原因，《表意符号》一书开始并未能得到学界广泛关注，直到上世纪初年，由于英国数学家和哲学家伯特兰·罗素（Bertrand Russell）等人对弗雷格成果的大力推广与完善,弗雷格的伟大成就才逐步得到广泛关注和认可。其实,罗素本人和当时的欧美学界一些学者都曾独立地发现了"命题函数",但他们当时都未达到弗雷格那样对谓词逻辑或量化逻辑的系统严整的建构。因而弗雷格被公认为现代演绎逻辑最重要的奠基人。

从以上对现代演绎逻辑创生史的简单追溯可以看出,现代逻辑研究的"数学化转向",虽然在研究方法上改变了传统逻辑所使用的自然语言工具而改用数学化符号语言,但其研究诉求与传统演绎逻辑是完全一致的。通常流行的"数理逻辑"、"符号逻辑"的命名,都是从其研究方法着眼的,而不是从研究对象着眼的。就其研究结果来说,它把握了传统逻辑所长期没有把握的人类关系推理的逻辑机理,因而实际上比传统逻辑更为逼近了人类实际的逻辑思维,奠定了人类形式理性的更为坚固的基础。现代演绎逻辑与传统演绎逻辑的关系,是同一门学科的不同发展阶段,而不是两门不同的学科。那种认为现代演绎逻辑远离人类实际思维,只是纯粹数学学科的认识,是不符合逻辑发展史实际的。

弗雷格的成就奠定了现代逻辑大发展的基础,使得 20 世纪成为西方逻辑发展史上的第三大"高峰期"。这首先表现在,亚里士多德《后分析篇》所开创的演绎科学方法论研究实现了巨大的飞跃。《后分析篇》的演绎科学方法论所提出的是建构"实质公理系统"的思想,欧几里得几何学的出现成为实践这种思想的典范。这种方法的要义,是在一个知识领域内选择一些命题作为理论的初始命题(公理),通过演绎推理推演理论的一系列导出命题(定理)。但由于逻辑工具的贫乏,在"实质公理系统"中从公理到定理的演绎推导,在很大程度上依赖于认知共同体的"逻辑直觉"(如其中大量使用的关系推理);由于这些推导的逻辑机理并没有得到彻底澄清,推导中也往往隐含着一些人们不自觉地使用的未经审查的前提。而弗雷格对于关系逻辑的系统建构,使得人们可以建构完全克服实质公理系统的这种缺陷的"形式化公理系统",从而使得演绎科学方法论发展到研究"形式化公理系统"(通常简称"形式系统")的现代阶段。

在建构现代"演绎科学方法论"上做出最大贡献的,是英国数学家大卫·希尔伯特(David Hilbert)和波兰数学家阿尔弗莱德·塔尔斯基(Alfred Tarski)。希尔伯特指出,对于遵循莱布尼兹研究纲领所实现的现代逻辑革命,不能仅作"用数学方法来研究逻辑问题"的表层理解,因为以往的数学所建构的公理系统也都是有着上述缺陷的实质公理系统；而弗雷格建立的现代演绎逻辑系统，实际上把演绎逻辑本身彻底形式化了，他所使用的是可以严格区分系统的语形学与语义学的"形式系统方法"，可以实现摆脱人类直觉因素的最高程度的严格形式推演。这样，在历史上第一次使得彻底严格的"元理论"研究成为可能。换言之，现代演绎逻辑方法的实质不在于使用"数学方法"，而在于严格区分"思想形式"与"思想内容"的亚氏传统之上，进一步建构能够严格区分思想形式之"语形"与"语义"的形式系统，从而可以严格地研究系统的语形学、语义学及其相互关系。这种研究不仅可以实施于逻辑系统本身，而且可以实施于任何可以公理化的非逻辑理论，只要我们把理论的公理形式化，同时又使用形式化的逻辑工具，那么就可以构建该理论的"形式系统"，继而研究系统的"元理论"性质。鉴于克服以往理论出现的"悖论"的需要，希尔伯特强调了系统的相容性（无矛盾性）的严格证明。同时，由于可以严格地区分语形学与语义学，我们可以严格讨论如下问题：是否在该系统内可以表达的所有"真理"（语义概念）都必定是该系统的"定理"（语形概念），这就是所谓系统的"语义完全性"问题。希尔伯特把这种关于"形式系统"的元理论整体性质的探讨称为"证明论"。在希尔伯特工作的基础上，塔尔斯基进一步指出，形式系统方法的出现，不但使得我们可以做严格的语形学研究，而且可以做严格的语义学研究。同一形式系统可以做不同的语义解释，从而形成不同的语义"模型"，研究这样的不同"模型"的性质及其相互关系，成为他所开创的"模型论"或"形式语义学"的研究核心。"证明论"与"模型论"，构成了现代演绎科学方法论的主要理论。

上世纪 30 年代初，遵循希尔伯特所指示的方向，年仅二十出头的奥地利青年学者库尔特·哥德尔（Kurt Gödel）连续获得了两项重大成果。这两大成果使得哥德尔成为世所公认的与亚里士多德、弗雷格齐名的历史上最伟大的逻辑学家之一。

哥德尔的第一项成果，是所谓"哥德尔完全性定理"。其所证明的是：弗雷格所建构并且被罗素等人所完善的一阶谓词—量化逻辑形式系统是具有"语义完全性的"，也就是说，凡是在系统中可以表达出来的"逻辑真理"，都必定是该系统的"语形定理"，即都必定能够在该系统中得到证明。如前所述，该系统不但可以表达传统的复合命题逻辑、性质命题推理，而且可以表达关于有穷多元的关系命题推理,因而这个结果的重要性是不言而喻的。

哥德尔的第二项成果,是所谓"哥德尔不完全性定理"。其所证明的是:对于任何足够复杂(其复杂度达到初等数论)的形式系统而言,如果它是相容的(无矛盾的),那么它就必定不是语义完全的。这个结果有一个重要推论(史称"哥德尔第二不完全性定理"):对于任何足够复杂的形式系统而言,如果它是相容的,那么它的相容性是不可能在该系统之内得到证明的。哥德尔的这个结果在当时学界引起了极大的震动,因为它不仅清楚地揭示了作为公理化方法之最高成就的形式系统方法的局限性,而且否定了希尔伯特提出"证明论"的初始追求:彻底证明现有数学系统的相容性,确保悖论不再出现。由于哥德尔的证明严格遵循了"证明论"的要求,是无懈可击的,从此人们只得把希尔伯特的"绝对相容性"诉求弱化为"相对相容性"诉求。

"哥德尔不完全性定理"的证明,也粉碎了为当时已经确立的"公理化集合论系统"提供严格的相容性证明、确保其不再出现悖论的希望。这些公理化集合论系统都是为消除导致所谓"第三次数学危机"的集合论悖论而建立的,它们都因为其复杂性高于初等数论而被哥德尔不完全性定理所统摄。哥德尔定理尽管说明了形式系统方法的局限性,但同时也有力展示了形式系统方法的巨大威力,使得现代逻辑基本研究方法和现代演绎科学方法论得以最终确立。

上述意义的"证明论"、"模型论",加上"集合论"和"递归论",经常被称为"狭义数理逻辑"(有时再加上逻辑演算基础理论),其中"集合论"可视为布尔的"类演算"向无限类研究扩张的结果;递归论则是对"能行可计算"这种"受控推理"的研究(也为哥德尔在证明不完全定理时所创立),是计算机科学和人工智能的直接理论基础之一。在现代学科分类体系中,它们经常被归到"数学基础"研究之下,但它们又都具有一般哲学与方法论价值,属于当代逻辑学与数学学科的交叉研究领域。

现代演绎逻辑另一个方面的巨大发展,是"哲理逻辑"学科群的兴起。

由上面的评述可以看出,现代逻辑的创生是在一批数学家的手中完成的,但这些数学家都具有强烈的哲学关怀,许多人本身就是出色的哲学家。同时,由于逻辑学在西方哲学中的基础地位,新型逻辑理论的创建自然引起哲学家们的高度关注。弗雷格的谓词—量化逻辑的建立尽管解决了关系逻辑的基础问题,从而可以完整地刻画人类逻辑思维的基础框架(在这个意义上,弗雷格的一阶谓词—量化逻辑又被称为"经典逻辑"),但是,就演绎逻辑刻画人类思维演绎推理的有效性机理之诉求来说,它显然仍是不够的,自然需要在新的基础上加以扩张。遵循亚里士多德研究"模态三段论"的先例,这种扩张最先体现在研究模态逻辑上。第一个运用形式系统方法研究模态逻辑,构造现代模态逻辑系统的是美国概念论实用主义哲学的创始人克拉伦斯·欧文·刘易斯(Clarence Irving Lewis)。他的方法是在经典逻辑的基础上引入"必然"、"可能"这两个模态算子和关于它们的公理与规则,来建构各种模态逻辑形式系统。随着前述演绎科学方法论的发展,到20世纪中期,索尔·克里普克(Saul Kripke)等人创建了"可能世界语义学",使现代模态逻辑得以确立。这些成果继续鼓舞了逻辑学家们把研究向"广义模态逻辑"扩张,即在经典逻辑基础上,通过引进时态算子("过去"、"现在"、"将来"等)建立"时态逻辑",引进认识论算子("知道"、"相信"等)建立"认识论逻辑",引进道义算子("应当"、"允许"等)建立"道义逻辑",如此等等,形成了一个庞大的新型学科群。由于这些新算子都来自哲学中的一些基本概念或范畴,所以被广泛地称为"哲理逻辑"或"哲学逻辑"。

上述意义上的"哲理逻辑"有一个共同的特点,就是他们都是在经典逻辑基础上的"保守扩张",即都是在承认经典逻辑的基础上,通过引入新的哲理性算子构造逻辑系统,探究基于这些算子的逻辑推理机理。但是,也有一些哲学家和逻辑学家指出,相对于人类实际思维而言,经典逻辑本身具有"高度理想化"的特点,虽然这是科学抽象难以避免的,但逻辑研究也应当反过来逐步逼近人的实际思维,沿此思路又产生了各种"异常逻辑"。之所以称为"异常逻辑",乃因为这些逻辑系统的构建背景,都在某些关键点上"异于"经典逻辑基本理念,比如异于经典逻辑的二值性而建构"多值逻辑"、异于经典逻辑谓词的精确性而建构"模糊逻辑"(又称"弗晰逻辑")、异于经典逻辑实质蕴涵理论而建构"相干逻辑",异于经典逻辑"个体域非空"和"专名非空"假设而建构没有这种假设的"自由逻辑",甚至建构不承认"排中律"的"直觉主义逻辑"和不承认"矛盾律"的"亚相容逻辑"(又译"次协调逻辑"、"弗协调逻辑"),如此等等。当然,对这些变异逻辑系统也可实施扩充,从而形成"多值模态逻辑"、"亚相容模态逻辑"等等

"变异扩充"系统。由于这些"变异"都基于一定的哲学考虑,许多学者也把"变异逻辑"学科群称为另一大类"哲理逻辑"。

这两大类"哲理逻辑"研究在20世纪后半期形成了研究热潮,出现了许多学派,但由于它们具有共同的形式系统方法,又具有共同的"演绎有效性"诉求,因而可以展开富有成效的研究对话,极大地推进了对人类实际演绎推理机理的认识与把握。

现代归纳逻辑的发展,也是20世纪逻辑发展高峰的一个重要侧面。其特点是依托现代演绎逻辑的长足发展,在与演绎逻辑的互动中展开研究。20世纪前半期归纳逻辑研究主流的特点,是将归纳逻辑的研究重心从传统归纳逻辑关于"科学发现"(假说之提出)的归纳机理研究转移到"科学检验"(假说之验证)的归纳机理研究,其显著标志是概率工具的引入和系统运用。实际上,在培根的《新工具》出版约40年之后,法国数学家布雷斯·帕斯卡(Blaise Pascal)等就已通过赌博中的"可能性"的量化研究制订了概率演算的基本原则,此后莱布尼茨等人也对此做了理论与应用研究(包括在法庭证明与决策中的应用),布尔也曾试图把他的逻辑代数做概率解释。但是,令人遗憾的是,他们都没有将概率演算引入归纳逻辑研究。"数学家在提炼、发展帕斯卡的概率理论时,偏重于纯数学的考虑,没有正式把它应用于科学实践中的主要逻辑问题(实质上属于归纳逻辑的各种现实原型),根本没有重视在科学上的不同实验证据对假说有多大支持程度的问题。换句话说,他们在很大程度上忽视了帕斯卡概率理论对于归纳性质的原型的恰当相符性和适应性问题。另一方面,培根传统的哲学家虽然一直在考虑归纳逻辑理论怎样适应现实原型,但他们大多忽视了概率研究。"[1]此后虽然也有将概率演算与归纳相结合的零星尝试,但直到20世纪20年代初,才由英国经济学家和哲学家约翰·凯恩斯(John Keynes)对概率概念做了"逻辑解释",并将之系统地引入归纳逻辑研究。此后,逻辑经验主义的代表人物鲁道夫·卡尔纳普(Rudolf Carnap)等人运用现代演绎逻辑的形式系统方法建构了关于概率归纳演算的形式系统,以应用于科学验证("证据对假说的归纳支持")"确认度"的量化研究。20世纪后半期

---

[1] 桂起权、任晓明、朱志芳:《机遇与冒险的逻辑——归纳逻辑与科学决策》,石油大学出版社1996年版,第20页。

迄今,"发现的逻辑"研究在新的基础上得到恢复与发展,特别体现在运用现代哲理逻辑的成果提出探求因果联系的新理论,而概率归纳逻辑研究出现了所谓"非帕斯卡方向"的"新培根主义"理论。"它一方面表现为培根的因果化方向和概率化方向的相互靠拢和有机整合的倾向,另方面则表现为概率原则的非帕斯卡化。后一方面的思想在概率逻辑中具有革命性意义,就像非欧几何对几何学发展的影响。"①这种"新培根主义"归纳逻辑,表现为对统一刻画"发现"与"验证"中的逻辑机理的诉求。归纳与演绎在人类实际思维中的互补机理,在这种新的探索中得到了更好的揭示。近来出现的各种"动态逻辑"系统,则试图系统刻画在实际思维中归纳与演绎的相互关联机制。

与现代演绎逻辑相比,现代归纳逻辑还处于相对初始的阶段。这表现在学界对概率归纳逻辑与演绎逻辑的关系、"归纳概率"的性质以及帕斯卡概率与非帕斯卡概率的关系等基本问题上尚未达成较高程度的"共识"。比如,有人认为卡尔纳普等人构造的概率逻辑形式系统具有明显的演绎特性,怀疑它们究竟应当算作归纳还是算作演绎。这显然是把"研究手段"与"研究对象"相混淆了。因为演绎逻辑与归纳逻辑之不同,主要在于它们的研究对象之不同。只要其研究对象是非必然性推理或论证,当然属于归纳逻辑的范畴。我们认为,在分清层面的基础上,归纳逻辑研究(以及辩证逻辑研究)不但不应排斥演绎逻辑工具,反而需要充分利用演绎逻辑工具。实际上,即使传统归纳逻辑研究,也离不开演绎逻辑工具的支撑。比如,如果我们认识到简单枚举归纳等许多归纳推理前提与结论之间的"逆演绎"性质(前提对结论的形式保假性),就会对其逻辑机理有更好的理解。

现代辩证逻辑的发展,经历了比较曲折的历程。由于前已说明的历史原因,辩证逻辑的发展与现代逻辑发展主流有较长时期的脱节。但自上世纪70年代以来,这种情况已有较大改观。这首先得益于现代演绎逻辑与归纳逻辑发展中出现的许多待解决问题(例如狭义与广义逻辑悖论问题),特别是异常逻辑的崛起所带来的问题,越来越体现出对辩证思维方法的需求。以至西方分析哲学家也发出了"让黑格尔讲英语"的呼吁。前述哲理

---

① 桂起权、任晓明、朱志芳:《机遇与冒险的逻辑——归纳逻辑与科学决策》,石油大学出版社1996年版,第24页。

逻辑引入哲学范畴作为逻辑算子而展开的一系列精密研究,为辩证逻辑的发展提供了全新的条件。同时,在现代哲理逻辑研究中,在扩充逻辑与变异逻辑两个方向上,具有辩证法背景的工作呈现增长趋势,被许多学者视为"辩证逻辑的形式化"(至少是部分形式化)。我们认为,这种形式化工作的性质与运用演绎逻辑新工具来研究归纳逻辑的性质是一致的,可以进一步揭示演绎、归纳和辩证逻辑三大基础理论的互动关联,从而迎来逻辑发展的崭新局面。实际上,随着哥德尔不完全性定理为科学理论永恒发展的辩证法原理提供了严格的逻辑证明,可能世界语义学乃至新近确立的情境语义学这些具有浓厚"辩证"意味的重大理论成就的出现,那种认为形式逻辑具有"反辩证"性质的观点已不攻自破。对这些成就的辩证分析也可明显地昭示出辩证思维方法对于现代逻辑及相关学科发展所可能具有的重要功能。我们知道,哥德尔在晚年曾致力于概念与范畴理论的思考,并得出了这样的结论:"一个概念是一个整体——一个概念性整体,由否定、存在、合取、全称、客体、概念(的概念)、整体、意义等等初始概念组成。我们对所有概念的总体没有清楚的观念。一个概念在比集合更强的意义上是整体;它更是一个有机的整体,就像人体是其部分的有机整体。"①这已经非常接近辩证逻辑关于"具体概念"的思想。我们赞同这样的观点:"辩证理性与分析性理性在分析性之精确性的前提下的有机统一,是科学现代化的历史必然。"②置身于跨学科研究的时代,我们不应再缠绕于"辩证逻辑是不是逻辑"之类基于不同的逻辑观的定义之争,而应努力探索在形式逻辑获得巨大发展之后,如何建构当代形态的辩证逻辑或辩证思维方法论。

即使持有狭义逻辑观(仅把演绎逻辑视为逻辑)的学者,也大多并不否认归纳逻辑与辩证逻辑本身的研究价值。因此,问题的关键不在于逻辑观之争,而在于分清不同的理论层面,把握这些不同层面在人类理性思维中的相辅相成的互动互补机理,从而更好地体现这三大基础理论为"求真"、"讲理"服务的本性。

20世纪逻辑科学发展的另一个重要特点,是逻辑应用研究空前广泛展开。现代逻辑的应用不仅改变了哲学研究的面貌,导致了哲学研究的"语

---

① 转引自王浩:《逻辑之旅:从哥德尔到哲学》,邢滔滔、郝兆宽、汪蔚译,浙江大学出版社2009年版,第387页。

② 沙青、张小燕、张燕京:《分析性理性与辩证理性的裂变》,河北大学出版社2002年版,第2页。

言论转向",也改变了许多学科乃至现代科学技术整体发展的风貌。20世纪前半期语言学中乔姆斯基生成转换语法,心理学中皮亚杰的认识发生学,乃至导致当代信息技术革命的冯·诺意曼型计算机的诞生等,都是直接运用现代逻辑最新成果的产物。以系统论、信息论、控制论为先导的当代系统科学的出现,也与现代逻辑发展中提供的新工具密切相关。20世纪后期以来,现代逻辑应用更是形成了遍地开花的局面,其理论与方法不同程度地渗透到几乎所有学科领域之中(例如当代模态逻辑成果被运用到"分析的马克思主义"与"分析的宗教哲学"研究之中);同时,这种应用也为逻辑学研究提供了许多亟待探索的新问题和新视域。

综观当代逻辑科学发展全景,还可看到一个居于逻辑基础理论与逻辑应用之间的"中介式"学科群,即"应用逻辑"学科群。我们认为,这个学科群不但十分重要,而且它已日益成为当代逻辑科学的研究重心。因而,我们需要在此多做一些讨论,以使读者更全面地把握逻辑科学的当代脉动。

近年来,关于当代逻辑科学发展"转向"即研究重心转移的讨论在我国学界展开,先后提出了"认知转向"、"非形式转向"等主张。① 我们认为,这种讨论对于我国逻辑教学研究现代化事业的发展及其作用的发挥具有重要意义。与之构成呼应的是,在国际逻辑学界享有盛誉的《哲理逻辑手册》(*Handbook of Philosophical Logic*)第一主编、英国著名逻辑学家盖贝(D. M. Gabbay),在该手册第二版第13卷发表了他与著名非形式逻辑专家伍兹(J. Woods)合作的长篇论文《逻辑学的实用转向》,系统论述了他们关于当代逻辑科学的研究重心应从考察"推论"(inference)与"论证"(argument)的理想结构,转变为考察认知主体的实际推理(reasoning)与论证(arguing)过程之逻辑机理的主张,并提出了建构一般"实用逻辑"(practical logic)的基本构想。② 我们认为,在吸取上述观点合理精髓的基础上,可以提出当代逻辑科学"应用转向"的观点,即当代逻辑科学研究的重心应转向如下所阐释的"应用逻辑"。③

---

① 参见鞠实儿:《论逻辑学的发展方向》,载《中山大学学报》(逻辑与认知专刊(2)),2003;陈慕泽:《逻辑的非形式转向》,载冯俊主编《哲学家·2006》,人民出版社2006年版。

② Dov M. Gabbay, John Woods. "The Practical Turn in Logic", *Handbook of Philosophical Logic*, Second Edition, vol. 13, Dordrecht: Springer, 2005, pp. 25—123.

③ 参见张建军:《当代逻辑科学"应用转向"探纲》,载《江海学刊》2007年第6期。

"应用逻辑"(applied logics)一词,在西方学界曾被用来指谓我们前面所阐释的第一类"哲理逻辑"学科群。这个学科群已被越来越多的学者称为"哲理逻辑"。这显然是一种更为恰当的称谓。该学科群虽然多由逻辑应用特别是在哲学中的应用启发而来,但本质上仍属"演绎逻辑基础理论"的范畴。它们作为"新工具",在大的学科层面上与经典逻辑基础理论相同,称为"应用逻辑"在语用上是不恰当的。"应用逻辑"也应与"逻辑应用"区别开来。前面提及的乔姆斯基生成转换语法、皮亚杰认识发生学都是运用现代逻辑新工具所获得的成果,但它们都属于"逻辑应用"的成果,而非"应用逻辑"。分析哲学中著名的罗素摹状词理论、克里普克因果历史命名理论等也是现代逻辑应用于哲学研究所获得的成果,它们也不是"应用逻辑"。西方某些学者秉承罗素—斯特劳森用法,把这些成果也称为"哲理逻辑"研究,这也是一种容易引人误解的不恰当称谓。

我们认为,"应用逻辑"的恰当定位,应是居于逻辑基础理论与逻辑应用研究之间的一个学科群,其典型范例就是在国内外学界已获得长足发展的"科学逻辑"。

"科学逻辑"(logic of science)是现代归纳逻辑的代表人物卡尔纳普首先使用的一个学科称谓,用以指谓演绎逻辑与归纳逻辑在科学理论建构中的作用机理研究。这种用法被后人发展为对如下研究领域的称谓,即逻辑因素在科学研究各环节作用机理以及逻辑因素与非逻辑因素相互作用机理的系统探究与把握,也就是在科学研究中的逻辑应用方法论研究。在逻辑主义占主导地位的时期,主要集中于前一方面机理的研究;历史主义兴起后,科学逻辑研究的重心转移到后一方面机理的研究,其在当代学科体系中所发挥的重要作用是有目共睹的。

我国的科学逻辑研究肇始于上世纪60年代,80年代初形成了系统的研究纲领,把科学逻辑定位为"经验自然科学的逻辑方法论",即"关于科学活动的模式、程序、途径、手段及其合理性标准的理论",分为"发现的逻辑"、"检验的逻辑"和"发展的逻辑"三个基本方面,对演绎逻辑、归纳逻辑与辩证逻辑的基本理论与方法在科学研究中的作用机理展开了全面研讨。① 我国科学逻辑研究的突出特点,是在上世纪80年代全面启动之初,

---

① 参见张巨青主编:《科学逻辑》,吉林人民出版社1984年版。

即确立了在逻辑主义与历史主义之间维持必要的张力、探索其对立互补机理的研究纲领,并取得了一系列与国际学界发展趋势相合拍的重要成果,这在很大程度上得益于我们既立足于逻辑学的现代发展,又能掌握辩证逻辑的基本理论。在世纪交替之际,我国科学逻辑研究又逐步完成了由经验自然科学方法论向经验社会科学乃至人文科学方法论的扩张,以在科学主义与人文主义之间维持必要张力的精神继续新的探索,在应对后现代思潮的冲击方面发挥着独特的作用。当前,我国科学逻辑研究的许多成果又呈现出与如下阐释的"认知逻辑"、"非形式逻辑"等学科交叉互动的景象,具有良好的发展前景。

实际上,上述意义上的科学逻辑研究的始祖,就是逻辑学之父亚里士多德的《后分析篇》。如前所述,《前分析篇》是演绎逻辑学诞生的标志,而《后分析篇》则是第一个系统的科学逻辑文本。尽管其主体是演绎科学方法论,但也建立了历史上第一个以归纳—演绎程序为中介、以观察和解释性原理为两翼的逻辑应用方法论体系。当代科学逻辑可以视为亚里士多德全面探讨科学研究中的逻辑应用方法论之诉求的当代后裔。而这种方法论本来就在亚里士多德本人的"分析学"即其"逻辑学"的视域之内。

以科学逻辑为范例,面向特定领域系统研究逻辑因素在该领域的作用机理,以及逻辑因素与非逻辑因素的相互作用机理,即关于该领域的逻辑应用方法论,这就是我们所界说的"应用逻辑"。据此,我们可以对一些学者倡导的"非形式转向"与"认知转向"予以新的理解。

倡导"非形式转向"的学者,把逻辑转向的目标定位于"有效地发挥逻辑在素质教育中的作用",具体地说,就是侧重于研究如何提高社会成员"评价日常推理和论证的逻辑思维能力"。其研究重心分为相互关联的两个方面,一是"批判性思维"的逻辑机制的把握;二是非形式论证的建构与评估,统称"非形式逻辑"研究。

显而易见,以应用逻辑的观念视之,所谓"非形式逻辑",实际上是应用逻辑的一个重要分支,其研究诉求,就是要系统把握逻辑因素在日常非形式论证与批判性思维中逻辑应用方法论,亦即系统把握逻辑因素在非形式论证与批判性思维中的作用机理,以及逻辑因素与非逻辑因素在其中的相互作用机理。据此理解,非形式转向也就构成"应用转向"的一个重要组成部分。

"非形式逻辑"的西方始祖,是亚里士多德的《论辩篇》及《辨谬篇》。因此,尽管亚里士多德本人并没有把它们放在"分析学"的题目之下,但《工具论》的编辑者把它们一并编入亚里士多德的逻辑著作集,并置于《后分析篇》之后,或许正是基于它们与《后分析篇》共同的逻辑应用方法论性质的考虑。但应当明确的是,这两篇的主体内容是在演绎逻辑诞生之前完成的,有很强的朴素性与初始性,不应作为现代非形式逻辑研究的典范。譬如,《辨谬篇》中列举 13 种论证谬误,并未把形式谬误与非形式谬误区分开来。非形式逻辑另外的始祖,是中国先秦名辩学说特别是《墨辩》和古印度的《正理经》,其中有许多可资利用的宝贵思想。尽管其逻辑思想发展水平总体上并不高于《论辩篇》,但有自己诸多独特之处。此外,我国独特的辩证思维传统,亦可在非形式逻辑研究中发挥特殊作用。

现代逻辑基础理论的巨大进展(包括哲理逻辑学科群的出现),为非形式论证中的逻辑应用提供了崭新的工具。例如,现代西方非形式逻辑学界许多学者所主张的"第三类推理"(如"检证式推理"(probative reasoning)、推定式推理(presumptive reasoning)等),究其实质,都可视为对经典或非经典的演绎与归纳推论在实际推理与论证中的作用机理的刻画。那种把非形式逻辑看作与形式逻辑相并列,甚至把演绎有效性和归纳可靠性标准在实际论证评估中予以摒弃的主张,显然是不符合非形式逻辑之本性的。

如果说,科学逻辑研究对于"赛先生"(科学)的发展具有重要意义,那么,非形式逻辑对于"德先生"(民主)的发展更为至关重要。不在全社会造成"尊重论证"的空气,就不可能有宪政民主的充分发展。前述当代西方政治哲学与法哲学界兴起的"审议式民主"的研究热潮,深刻反思了西方选举文化所暴露出来的种种弊端并探索其克服途径,其间与非形式逻辑研究的复兴与发展有着深层关联,进一步凸显出逻辑的社会文化功能,这是非常值得我们研究与借鉴的。

倡导"认知转向"的学者,则把逻辑转向的目标定位于"给出知识获取、知识表达以及知识的扩展与修正的认知模型与方法",主要目的在于为计算机科学与人工智能服务。这是因为,20 世纪中后期计算机科学进入了知识处理和智能模拟阶段,构造逻辑系统描述高级认知过程、模拟知识表达与处理、研制新型软件,已成为逻辑学领域的一个主流方向;而数理逻辑尤其是图灵机理论的发展,启发人们用计算机隐喻来理解人类的信息加工过程。这一切使得人类有可能运用心理学实验技术研究思维即高级认知过程的形式与规律。相应于以上两方面,作为新的逻辑类型的"认知逻辑"(cognitive logic)可以分为两个主要方向,一是"认识论逻辑",指在对认识论概念分析和对认识过程直观理解的基础上构建逻辑系统;二是心理(心智)逻辑,主要指在人类高级思维心理学研究基础上建立起来的逻辑系统。鉴于以上原因,许多论者强调,逻辑的认知转向,意味着向现代逻辑之父弗雷格的"反心理主义"研究纲领的告别。我们认为,上述观点对于我们把握当代逻辑发展的脉搏,有非常重要的启发价值。诚如有些学者指出,计算机科学和人工智能研究是当前和今后一段时期内逻辑学发展的主要动力源泉,至少是主要动力源泉之一。① 但人工智能研究中的逻辑应用,毕竟不是作为逻辑学家的主要工作,因此有必要进行层次辨析,从而分辨逻辑学与逻辑学家所可能起到的具有主体性的作用。

弗雷格能够成为现代逻辑的奠基人,与他区分逻辑的东西与心理的东西("反心理主义"要义)密切相关。由现代人工智能研究对逻辑应用的需求,并不能得出否认这种区分的必要性的结论。从"应用逻辑"的观点看,毋宁可视之为对如下研究的强烈需求:在现代逻辑理论研究充分发展的基础上,重新探索逻辑的东西在心理的东西中的作用机理,或者说二者之间的相互作用机理。

上述"认知逻辑"的第一方面,就是我们前面提到的"认识论逻辑"(epistemic logic,通常也译为"认知逻辑"),它是"哲理逻辑"的重要分支,因而应隶属于逻辑基础理论,尽管有些系统直接根源于人工智能以及非形式论辩研究中提出的问题(如信念修正逻辑);在上述"认知逻辑"的第二方面,则需要将逻辑应用与应用逻辑两方面区别开来。逻辑基础理论在认知科学这个当代学科群(所谓大科学)中的广泛应用,使得作为该领域的逻辑应用方法论的"认知逻辑"(logic of cognition)或"心智逻辑"(logic of mind)的出现,成为必要和可能。这是逻辑学家及相关哲学家在该领域的真正用武之地。显然,这种意义上的认知逻辑或心智逻辑,是应用逻辑的一个重要成员,是连接基础逻辑与当代人工智能研究中的逻辑应用的桥梁。

显而易见,以科学逻辑为范例明确"应用逻辑"的学科性质,我们立即

---

① 参见陈波:《从〈哲学逻辑手册〉(第二版)看当代逻辑的发展趋势》,载《学术界》2004年第5期。

可看到一个应用逻辑学科群体正在崛起。除上述三大分支外,我们还可给予具有类似性质的"广义博弈逻辑"(含决策与公共选择逻辑)、"法律逻辑"、"教育逻辑"等学科以恰当定位。我们还可沿此思路建构新的应用逻辑学科。比如学界正在探讨的"经济逻辑",实际上可以分为两类,一类是"经济科学的逻辑",系科学逻辑的一个分支领域;一类是"经济活动的逻辑",实际上是在经济活动中的逻辑应用方法论研究。① 至于应用逻辑学科之间的划界与隶属关系则不必严格区别,一切以研究价值为转移。

有些已成型的学科领域的研究内容,实际上贯穿于基础逻辑、应用逻辑和逻辑应用三个层次或两个层次,但明确区分这三个层面是具有重要意义的。比如面向自然语言的语言逻辑研究,迄今在上述应用逻辑层面上尚未获得明确的自觉意识。有的学者从现代语言逻辑更加注重"语言交际"研究的角度展开论述,倡导逻辑学研究应实现向"更加关注语言的使用者,关注语言使用中人的因素"的转变。② 以应用逻辑观念视之,若从中界划出作为语言交际过程中的逻辑应用方法论的"语言交际的逻辑",则可确立应用逻辑的另一个重要分支。

由以上讨论可见,确立自觉的应用逻辑意识,可以为进一步开发逻辑基础理论成果的方法论功能提供新的路径,以便充分发挥逻辑应用方法论研究在逻辑基础理论与逻辑应用之间的中介、桥梁作用,促进三个层面的互动发展。

综上所述,对"逻辑学"这门学问的把握,可以借用亚里士多德的前、后"分析篇"的说法,狭义的"前分析篇"就是指演绎逻辑,广义的"前分析篇"就是演绎逻辑、归纳逻辑、辩证逻辑三大基础理论;狭义的"后分析篇"就是指科学逻辑(包括演绎科学方法论和经验科学方法论),广义的"后分析篇"即指应用逻辑学科群。这就是我们试图为读者描绘的"逻辑地图"的基本面貌。

在这幅地图的外围,既有广泛的逻辑应用研究,还有一些特殊的研究领域,他们不属于"逻辑学"本体,但在学科分类中也可归入广义"逻辑学科"的范围,这就是一系列"逻辑学学",包括逻辑史学、逻辑哲学、逻辑社

---

① 参见桂起权等:《经济学的科学逻辑论纲》,载《湖南科技大学学报》2005年第4期。
② 参见蔡曙山:《语用学视野中的逻辑学》,《光明日报》2003年11月4日。

会学、逻辑文化学等。我们本节对逻辑发展史与逻辑观的讨论,就隶属于逻辑史学和逻辑哲学的范畴;而本书全书对逻辑的社会功能的讨论,则体现了一定的逻辑社会学与逻辑文化学的思想。

  历经两千多年尤其是近百年来的锤炼与打磨,逻辑学由一门古老的工具学科发展成为非常丰富也不乏艰深课题的现代学科群,"大概已不再有任何一个人能够通观这整个领域的每一个细节了"①。诚然,逻辑学研究及其技术性应用是少量专家的任务,逻辑学研究的成果作用于社会文化领域需要经过许多中间环节。广大社会成员所需掌握的,只是旨在培育基本的逻辑思维素养的最基本的逻辑学常识。但是,历史发展也一再揭示,逻辑学的发展水平,是一个社会理性化程度的标志。一个真正重视"逻先生",真正拥有"学逻辑、用逻辑"之风的社会,才有可能实现"赛先生"和"德先生"所昭示的理想,这正是本书所要着力表明的。

---

① 施太格缪勒:《当代哲学主流》(上),王炳文等译,商务印书馆1986年版,第441页。

第一章 失范失序：社会需要"逻辑"

有一篇文章，讲述该文作者一次在澳大利亚的墨尔本驱车南行，去看企鹅归巢的美景，相向而行的车道上由于体育赛事出现了堵车，而中心线的另一侧则畅行无阻。那里是荒凉的澳洲最南端，没有警察，也没有监视器，有的只是车道中间那条看起来毫无约束力的白线。但是，司机们却都甘受堵车之苦，老老实实地不越雷池半步，没有一个"聪明人"试图去破坏这样的秩序。于是，就出现了这样的景况：中心线的一侧是长长的拥堵车队，而中心线的另一侧却是畅通的坦途。该文作者如检阅般地飞车掠过旁边的车队时，竟油然产生了一种美感，这种美就是规则之美、制度之美以及人性之美。①

仔细想想，西方理性文明中最为核心的内容恐怕就是这个"Rule"（规则）。然而，合理的"Rule"如何存在，如何可行，又与"Logic"有着紧密的关联。我们甚至可以这样说，"Logic"是"Rule"的"里"，而"Rule"是"Logic"的"表"。人们探究"Rule"并尊重"Rule"，是其内在逻辑品格外在的表现。在中国，"排排坐，吃果果"，这句几乎每个中国人都"会"的童谣，也在以最朴素的形式，让人们在幼年时就切身感悟到遵循规则的必要——要想每个人都能够舒舒服服地"吃果

---

① 参见吴志翔：《规则之美》，载《齐鲁晚报》2005年1月21日。

果",首先应该"排排坐"。

既是规则,必然要对人的不合理欲望进行约束和限制,就会使人有不舒服、不自由的感觉。但是,如果没有这样的约束和限制,让人的欲望随意宣泄,任其张扬,人就会变得贪婪、残暴、淫荡、堕落,人类理性文明也就难以为继和发展。从这个意义上说,讲逻辑理性其实就是要发挥这种限制性、规约性作用。当这种内在的限制外显到社会生活层面时,就表现为种种规则。一个社会,一旦失却了理性化规则,便会失范、失序、失衡,变得难以理喻。

1. 激情的悲歌

社会生活有"真、善、美"和"假、恶、丑"的评价和权衡标准。在真善美的标准中,真与假是其基础。真与假的判断,是以客观事实为依据的。如果不顾客观事实,连基本的真、假都不顾及,凭借一股激情,虽然"人有多大胆,地有多大产"的"万丈豪情"是有了,但违反事实、违背规律的后果也必然会如影随形。激情加谎言的代价是不可避免地发生的社会悲剧。

1958年前后那些"卫星"谎言及其造成的悲剧,应该成为今人的沉痛记忆和深刻教训。在创造性发展"浮夸风"的安徽省,在1959—1961年以饿死439万人的绝对总数名列全国第二,仅次于人口总数多一倍以上的四川省,而饿死比例之高列全国第一。据《中国人口年鉴·1985》提供的数据,安徽省1959—1961年间总人口净减数,相当于该省1960年人口的144.2‰,而在1951—1957年间,安徽人口每年平均增加65万以上,按照全国平均比例计算,安徽多饿死200多万人。一个社会,当"骗"字成风,事实之真便无人追究,更无人问津,讲真话的人会被认为是傻子,甚至成为被嘲笑的对象,那么,一个"骗"字,这个社会将如何得了?!

"虚假"盛行,"激情"占上风,社会理性就会退位,失却理性的社会决策如何谈得上科学和合理呢?让中国政府绞心几十年的"三门峡工程",就是"激情"后的"畸形儿"。三门峡水电站是中国水利史上第一座高坝大库。2003年秋,陕西渭河下游五年一遇的小洪水,导致50年不遇的大洪灾。中国科学院和中国工程院院士张光斗与原水利部部长钱正英就此指出:祸起三门峡!建三门峡水电站是一个错误,理当废弃。那么,这个巨大的错误又是如何被决策和实施的呢？

众所周知,黄河洪水对历朝统治者都是一道难题。自周定王五年(公元前602年),到1938年花园口扒口的2500年历史中,有关黄河下游决口泛滥的记载多达543年,决堤1590次,经历过五次大改道,洪灾波及纵横25万平方公里。治黄成败,往往成为史家评判诸朝政绩的重要指标。从历史看来,治黄多局限于在下游筑堤修堰,但泥沙淤积,堤高水涨,年年如是,难解水患。

1949年10月之后的中国,政令出一,这是一个治水的好年代。早在1949年8月,一份建议《治理黄河初步意见》呈交到了当时华北人民政府主席董必武之手。该建议主张在三门峡建蓄水水位350米的大坝,以发电、灌溉、防洪为开发目的。但当时的水利部在复勘之后,认为从当时国家政治、经济、技术条件来考虑,不适宜在黄河干流上大动干戈。几番起落,体现的是当时中央政府的两难选择——渴望解决黄河下游的千年水患,但要付出八百里秦川的巨大代价。

1954年,苏联对华援建156个重点项目出台,黄河流域规划赫然列在其中。该年初,黄河规划苏联专家组一行7人抵京,同中国的水利专家以及官员组成考察团,进行了历时数月的勘查。苏联专家组组长科洛略夫力荐三门峡方案"用淹没换取库容"的理由:"想找一个既不迁移人口,而又能保证调节洪水的水库,这是不可能的幻想、空想,没有必要去研究。为了调节洪水,需要足够的水库库容,但为了获得足够的库容,就免不了淹没和迁移。"1955年7月,全国人民代表大会全票通过了《关于根治黄河水害和开发黄河水利的综合规划的报告》。周恩来对此描述说:"作了那么一个世界性的报告,全世界都知道了。"《规划报告》在描绘光明前景的同时,也明言存在两个严重问题:一是60万的移民怎么解决?二是虽然规划中预留147亿立方米的库容来对付上游泥沙,但若无其他减沙措施,水库将在25到30年后被淤平。

中方专家提出:以上游水土保持的迅速生效减少来沙,延长三门峡水库使用年限。当时苏联专家要数据,中方提供了数据:通过水土保持,兼上游支流再建拦沙大坝,到1967年来沙可以减少50%,而三门峡的寿命则可维持50—70年;而到三门峡水利枢纽运用了50年之后的末期,来沙可减少100%。多年之后,反观历史,众多水利专家对这个50%与100%的数据大不以为然——当时没有任何的模型和统计,这是近乎凭空的数字。在泥沙淤库问题得到了"解决"方案以及下游决口改道威胁"日益紧张"的压力下,出于强烈的主观愿望,苏联专家的方案迅速被接受。然而,"解决"方案显然缺乏科学的依据,下游决口改道威胁明显是"过分强调"了。

在缺乏经验与科学认知的前提下,这一系列工作都仓促上马,却又是为什么呢?一个字,急!根治黄河的心情太急。1949年后的激情与浪漫情怀,无孔不入地渗入到每一个领域。水利专家的爱国热情,完全付诸三门峡工程。此外一个因素就是政治意义。政治意义阉割了科学求真的精神。在那个年代,尤其是1955年之后,政治意义成为凌驾一切的价值与利益,严重削弱了技术论证上的科学氛围与严谨态度。虽然水利枢纽在规划和设计的时候,"大跃进"尚未正式拉开帷幕,但公共工程的"高大全"方案、"大上快上"思维,本着不可辜负这个时代的豪情喷涌而出,已经征服并压服了众人。这样,少数派的抗争被无情地忽视了。清华大学教授黄万里提出自己对在黄河干流上建坝的认识:由于黄河的多泥沙性质,大坝建成后,潼关以上流域会被淤积,并不断向上游发展,届时不但不能发电,而且还要淹掉大片土地,"今日下游的洪水他年必将在上游出现"。1956年5月,黄万里向黄河治理委员会提出意见,主张三门峡水库应比360—370米为低,并建议"把六条施工导流供低洞留下,切勿堵死,以备他年泄水排沙减缓淤积的作用"。电力部水电总局工程师温善章,也在1956年12月和1957年3月先后向国务院和水利部呈送《对三门峡水电站的意见》,认为关中平原乃中华文明最精华的所在,它的淹没不能单纯地用经济数据衡量。为了减少淹没迁移,温善章提出低坝(水位335米)水库(90亿立方米)、滞洪排沙的方案,迁移可降到15万人以下。黄万里与温善章,一个忧心泥沙淤积之祸,一个焦虑淹土移民之失。恰恰是这两点,后来成为三门峡枢纽工程的伤口。尤其令温善章眈眈于怀至今的是1957年讨论会议之后,水利部形成的报告,为了造成虚假的一致意见,竟将其"保留意见"写成"他自己也放弃了这一方案(低坝方案)"。

既然上游的水土保持可以迅速生效,苏联专家便没有理由不封死大坝。1961年,黄万里力争要求保留的导流底孔全部被用混凝土堵死。就在这一堵孔工程紧张施工之际,水库内的淤积已经开始迅速发展,15亿吨泥沙全部铺在了从三门峡到潼关的河道中,潼关河床在一年半的时间内暴长

4.5米,黄河上游及支流水面也连涨连高,以西安为中心的工业基地受威胁。大坝泄出的清水一路冲刷沙质河床,又卷起千堆黄沙,行至郑州,河水又浑浊不堪了。对这些问题,周恩来后来有这样的总结:当初"急了点"、"头脑发热"、"打了无准备的仗"。

　　三门峡水利枢纽,距离当初激情规划的巨大综合效益,已经大打折扣:由于水位的一再调低,发电效益已由最初设计的90万千瓦机组,年发电46亿度下降到二期改建后的25万千瓦机组,年发电不足10亿度;灌溉能力也随之减弱;为下游拦蓄泥沙实现黄河清淤的设想,也随着大坝上的孔洞接连开通而作废;发展下游航运,更是因为黄河遭遇长年枯水而无法实现。如果没有后来的两次改建,三门峡水利工程将以一个彻底的水害工程被废弃而告终。①

　　"决策者要想使决策尽量科学民主,自己就不能发挥能量去创造一个多数派;就算有多数派,少数派还需要获得国民待遇,这种国民待遇不能仅仅只是一个发言的机会,而应该能够获得与多数派同等规模与力度的支持,以充分展开各自的论证和试验,最终为决策提供尽量客观的科学依据。"这是当事人之一温善章对历史教训的总结,又何尝不是对社会公共工程决策应该尊重理性、尊重逻辑论证的呼唤和忠告?!

2. 利令智昏

　　马克思在《资本论》中曾摘引托·约·登宁的这样一段话:"一旦有适当的利润,资本就大胆起来。如果有10%的利润,它就保证到处被使用;有20%的利润,它就活跃起来;有50%的利润,它就铤而走险;为了100%的利润,它就敢践踏一切人间法律;有300%的利润,它就敢犯任何罪行,甚至冒绞首的危险。"②古人说,"君子爱财,取之有道"。"人"是精神与物质的复合体。"人"之所以是"人",是因为他的社会性,而社会性则来自社会规则,正是社会规则的约束,以及对社会规则的尊重和遵守,人才得以成为"人"。当然,人也有其欲望,有其生理的需要,这是人的动物性,可以看作

---

① 摘编自李文凯:《三门峡工程半个世纪成败得失:一项大型公共工程的决策逻辑》,载《南方周末》2006年5月20日。

② 马克思:《资本论》第一卷,人民出版社1975年版,第829页脚注。

是"人"之"兽性"的一部分。人的社会化过程,就是对人的"兽性"进行"合理"的制约。虽然在社会历史上,也有制约过头的观念,比如,"存天理,灭人欲",但如果不顾及社会之"道"的制约,不受限制地张扬的人的动物本能属性,"利令"而"智昏",必然冲击社会运行规则,破坏社会良性秩序。

近年查处的涉及官场腐败的各类大案要案,几乎都是权钱交易与权色交易并行,某些"公仆"腐化堕落之程度,令人触目惊心。生理欲望的膨胀,正是反理性因素的张扬。反理性因素的张扬又加剧了对本能需求满足的追求。在现代社会中,有更多的感性诱惑,本能需求的不仅仅局限于"食色,性也",因为满足这些诱惑的手段和途经主要的是"权"和"钱"。因此,若缺乏社会理性的规约,则必导致"权力拜物教"和"金钱拜物教"的盛行。

早在18世纪,卢梭在其《社会契约论》中就曾阐释道:"自然状态"虽然是人类社会最美好的状态,但在这种状态中,人类遇到了种种困难和障碍,如果不改变它,人类就不能继续维持,就会消灭。"契约"是人们自由协议的产物,缔结契约的每个人都必须把自己的一切权利转让给全体,没有任何人可以例外,所以,人人都可以获得同样的权利。这样,人们虽然丧失了自然的平等和自由,但可以获得契约的平等和自由。这种根据契约而形成的"全体"就是国家。国家代表着人民的最高的共同意志,即"公意"。国家的官吏不是人民的主人,人民可以委任他们,也可以撤换他们。

以全心全意地为人民服务为基本规范的现代中国社会的官员,更应该能够在更高理性水平上认识"权力"的本质。可是,现实中,总有一些官员不能控制自己反理性因素的张扬和膨胀,权力不能利民,还在祸害人民。2009年5月1日凌晨,为了突击修路,河南林州陵阳镇政府组织百余名工作人员,悄悄地铲掉了该镇约200亩即将成熟的麦子。在200亩小麦顷刻被毁、农民利益瞬间不保的残酷事实面前,人们看到的是一些地方政府权力的滥用和异化,看到的是基层民众权利随意被践踏、利益动辄被剥夺的切肤之痛!地方政府及其当权者为了所谓的"重点项目的进度",竟置百姓利益于不管、置党纪国法于脑后,打造了"形象工程",赢得了升迁的筹码,却损害了民生利益。而当公权背离轨道变得霸道与张狂时,百姓的利益、诉求乃至尊严便无法保障。① 可悲的是,一些人是在十分"清醒"的情况下

---

① 参见郭安强:《夜铲麦田背后的权力异化与民生之痛》,载《南方都市报》2009年5月7日。

接受甚至推动着这种权力的异化。据媒体报道，2005年前后，安徽省有18个县（区）委书记因为卖官受贿等行为被查处，"书记岗"成为腐败的重灾区，而所有这些"一把手"书记垮掉的县区，都存在着一个共同的引人深思的现象，那就是绝大多数干部"虽然知道他坏，仍然跟着他走"①。

社会理性与反理性之间历来是此消彼长的，社会理性衰退的另一面，必然是社会反理性的张扬，导致社会规则的缺场。1998年，曾经名噪一时的"巨能"公司，其大连分公司法人代表石某，为销售产品巨能钙，请自己的弟弟——大连市某报记者作总策划和发起人。石某弟弟利用种种途径和方法，说服大连市卫生局、市教委、物价局，与巨能公司联合签发一份《关于实施中小学生"补钙工程"的通知》，声称全市90%以上的中小学生不同程度缺钙，"补钙工程"是"希望工程"的一部分，等等。这一活动，巨能公司大连分公司共销售巨能钙2000箱"补钙工程"专用"巨能钙"，销售额288万元，教育部门从中获得劳务费19.2万元。② 社会的公正和正义的规则在这些"官"那里，已经被扭曲，甚至被遗忘。更令人遗憾的是，社会规则的执法者也未能超脱这样的境况。据1997年4月9日的《文汇报》报道，杭州、济南两铁路法院8名着装干警，前往萧山市临浦镇中心信用社，冻结、扣划被执行者临浦镇镇政府账户存款时，该镇人武部部长率领镇侦缉队队长、联防队员等4人，对执行公务的4名法官进行殴打。与此同时，随后赶来的执行法院的领导及部分干警也被反锁在会议室达1小时之久。

近年来，我国社会出现的道德信仰危机与权力腐败不无关系。不受制约的权力必然产生腐败，这是一条铁律。无论何时何地，也不论活动主体是谁，只要权力不受到制约，就必然会有腐败发生。无论何种腐败，从本质上说都是腐败者利用公共权力谋求个人私利的行为。学术腐败同样如此，它是学术界握有公共权力者利用职称晋升、学位点申报、科研成果奖项评比、项目审批等方面的权力，为个人谋求种种好处的行为。当今的学术界大有"天下之大，容不下学者的一张书桌"之势。在一个学术规则不健全或规则得不到有效执行的地方，混乱是必然的现象，混乱的结果只能是伪劣产品大量滋生。一些有大大小小的头衔、手中握有公共资源的人，醉心于

---

① 郭松民：《让公众监督打破官场的"江湖义气"》，新华网，2005年6月22日。
② 中央电视台1998年《3·15特别报道》。

官场游戏,沉溺于行政事务,无心向学却要获得由学问所带来的名和利——在学者面前他们是管理学者的"官",在官员面前他们似乎又是"满腹经纶"的学者。他们没学问但是有权力,用公款收买枪手的论文,或请下属代为捉刀炮制论文……在一些期刊明码标价出售版面的情况下,这些论文都能够顺利发表在职称晋升所要求的期刊上。一旦论文的数量或级别达到职称晋升所规定的要求,他们就能如愿以偿地晋升为教授。一些高校不惜拨巨款作为"公关"费用,一些伪劣的学位点建立起来,再由他们扩大招生,批发出注水的博士、硕士文凭。一些青年人交纳了昂贵的费用,学问得不到提高,却都能够顺利地戴上博士帽、硕士帽。学术腐败使一些具有真才实学的学者备受打击和排挤,而一些学术腐败分子却名利双收。残酷的事实使年轻的学人不安心科学研究,不愿把自己的聪明才智放到科学研究上,他们也学着经营人际关系,溜须拍马,千方百计地投机钻营。① 相对于盘根错节的社会关系而言,"学术"领域本该是相对单纯的求真、讲理的理性圣地,现在连这样的圣地也同样受到了"污染"。面对此景,正直的人们除了悲哀又将奈何? 没有理性的规约,这样的社会又将走向何方?

3. 法理项背

如果说上述这些社会现象是人的非理性、反理性因素过于张扬的结果,在社会理性领域中,人们是否可以"按部就班"地"无矛盾"地生活呢? 事实也未必如此。在社会规则之间,也有合理与否以及合理程度如何的问题。就制约人们社会行为的刚性规范——法律和软性规范——道德之间,也有许多需要我们反思、斟酌和改进的地方。我们不妨看看下面几个案例。

黄建新执导的电影《求求你表扬我》,讲述一个家住农村、人至中年却鲜有被表扬经历的打工仔,其父却是一位荣誉等身的劳模。这位打工仔特别期待能受到一次表扬,以告慰垂暮之际的老父。思来想去之后,他主动来到报社讲述自己如何解救一名险被强奸的女大学生的事迹,期盼此事能

---

① 参见贾如:《学术界伪劣产品泛滥成灾,学术腐败扭曲民族灵魂》,载《中国青年报》2005年11月13日。

够受到报社领导的重视,得到一次"应当"的表扬,以了心愿。可是,报社没有人相信他。于是,他便不断地四处张扬,终于引起了报社的关注,并派记者核查此事。但正当事情要水落石出时,那位受害的女大学生却站出来竭力阻止此事见报,因为此事的宣扬,可能会危及她的"贞节"声誉。面对女大学生的声誉和打工仔的心愿,记者陷入了两难困境。要求得到表扬的打工仔、报道事件真相的记者以及维护自己声誉的女大学生,从各自的立场出发都没有错,但当记者遭到打工仔和女大学生的双重指责的时候,行为符合职业道德规范要求的记者却无法面对自己良心的遣责,他"坚守职业道德"却险些造成女大学生自杀的不良后果。最终,他只能以辞职的方式求得心安。正如该片导演所说:"这就是一个悖论,到最后每个人都背离了原始的初衷。"①

2008年6月12日,安徽省长丰县双墩镇吴店中学的两名学生在课堂上打架,而站在三尺讲台上的授课教师杨某某却视而不见,继续讲授直至下课,最终导致其中一人死亡。② 此事引起了网友的广泛关注。杨某某被网民冠以"杨不管"称谓。"杨不管"是否负有导致学生死亡的责任,也成为人们讨论的焦点。令人惊讶的是,在某著名网站上,九成网民跟帖声援"杨不管",称其"不管"是出于无奈而非冷血。杨某某没有尽到教师的职责是毫无疑问的,而问题在于这一明显违背教师职业道德规范的行为缘何有九成网民声援,而且声援者还多是教师。记者遵循求"真"的职业道德无可厚非,却可能导致损毁女大学生"声誉"的恶性后果;教师放任学生不管的不道德选择毫无疑义,却赢得了诸多网民的理解和支持。这种"奇异"的职业道德矛盾现象,向人们公认的职业道德规范的合理性提出了严峻的挑战。

不仅在道德规范内部,在道德与法律之间往往也存在矛盾和冲突。一位笃信佛教的73岁老太太,在得知自己罹患乳癌后,就已清楚交代了自己的身后事,并且签下了"不予急救"同意书。当病人进入濒死状态后,其子女不忍心看着老人不加救助地抽搐等死,要求医生必须"全力抢救,决不能让母亲断气,否则将告医生及医院疏忽医疗之罪"。医师左右为难,不予施

---

① http://ent.sina.com.cn/m/c/2004-05-17/1410392210.html.
② 参见李光明:《学生打架老师不管致1人死亡 反思"杨不管"背后制度失衡》,载《法制日报》2008年7月11日。

59

救会被患者家属诉诸法律,若施予急救,则违反了病人意愿,况且明知病患者的器官已衰竭,不可能长久于世。迫于法律的威严,医师最终选择同意家属的意见,施行了急救,在实施电击治疗的过程中,造成了老太太多根肋骨断裂,身体变形,含恨而终。①

这类法理与德理之间的矛盾在我们的社会生活中并不鲜见。"失血孕妇苦等输血致死事件"②,是2008年底受到很多人关注的医疗事件,这件事背后的法律与道德的冲突,更是引发了人们诸多深思。

2008年10月9日中午12时左右,济阳患者董明霞由于引产大出血在齐鲁医院三楼的妇产科进行抢救。由于孕妇是RH阴性O型血,而这类血型非常稀有,当时孕妇大约需要至少4000CC的血液,而医院说血库中这种血液冻着呢,解冻要6个小时的时间。

下午2点左右,记者王羲拨打了将近40个电话后,找到了一位21岁的女学生,她的血型符合,此时她正在医院附近,10分钟后,女孩赶到现场。

下午3点半,血液中心也联系了济南的稀有血型志愿者服务队,四位捐献者也赶到了。5位捐献者的2000CC血液被抽取了出来,但是捐献的血液需要化验,在确定没有肝炎、梅毒、艾滋病等病毒后才能送去,而这至少需要两个小时的时间。

下午4点半,经过协调,血液中心同意破例,不按规定,把两包没检测的血液先送过去,但齐鲁医院院方说,不敢对这血液保证,拒绝签收。尽管病人家属要求先输血救命并愿意承担一切后果,但医院仍坚持严格按照法律规定等到血液检验完毕才能输血。

经记者协调齐鲁医院和血液中心,下午5点20分,第一批解冻的血液终于送到了齐鲁医院。但是孕妇董明霞还是因为失血过多,于6点04分离开了人世。

事件发生后,董明霞的家人曾打着横幅去医院讨说法,不但没有讨到说法,反被医院的保安打得进了医院。事后,他们觉得只有走法律这条路才能讨回说法,于是便聘请法学专家中国政法大学的教授卓小勤为诉讼律师,走上控诉之路。

---

① 参见萧宏恩主编:《临终伦理专题》,载《哲学与文化》(台湾)2006年第4期。
② 参见鲁峰:《失血孕妇苦等输血致死事件》,载《齐鲁晚报》2008年10月10日。

卓小勤说:"这件事让我很气愤,医疗机构的责任是很明显的,但是出了事之后,他们却推卸责任,患者家属可以说是走投无路了,我一定要帮他们!"

此事被媒体报道后,引起了广泛关注,大体形成两种不同的观点。一种是斥责院方的,一位网友气愤地说:"如果是他们自己的家人,情况会怎样呢?这个道理恐怕人人都懂!"另一位则说:"不论什么情况下,不能眼看着一个生命就这样消失,医院就是治病救人的,否则到医院干什么。"另一位网友说:"我想说的是,别打着原则的幌子,不顾人的死活,某些条款是死的,人却是活的,任何生命的逝去都是无法挽回的,孰轻孰重请'天使'们自己衡量吧……"

有三位医者身份的网友为院方和医生辩护。一位说:"每个人只能在自己的职责范围内承担责任。不是家属想承担责任就能承担这个责任的。医生执业有一部执业医师法跟着的,它监督着医生的行为。"另一位医生跟帖说:"我就是一个医者,可以很充分地告诉你:为什么医院和医生越来越没人情味了?告诉你们,因为现在患者都把医生当作待宰的肥羊了。充分检查,浪费患者的金钱,是媒体和患者一而再,再而三地逼出来的。是患者们将一切一切检查写上了法律。不做检查出了什么事没有依据,医生就吃不了兜着走,在这种情况下,你有多少勇气去违法?哪怕你冒险成功了,你还是会被处分的。这世界上没多少个医生愿意在做了所谓的好事之后(患者根据自己的意愿做),出了事之后却又立刻被告倒。我告诉你,你就会看到什么叫'翻脸比翻碗还快'……说得难听点,哪怕你在这件事上告成功了,以后一样没多少医生愿意在法律出台之前,为患者冒这个险。一点点的害群之马却被媒体和大众渲染得医疗系统像个大染缸一样,你还想有多少个有良知的医生能存在?"还有一位网友说:"我也是医者,我只想说说我的看法。医院是治病救人、救死扶伤的地方,那是在没有规范的法律法规的年代就提出的,一直被世人认同运用至今,但在法律法规较健全的今天,救死扶伤也同样要受法律规则的约束,不是怕不怕开除,而是是否知法犯法。有一位老者把自己十恶不赦的儿子杀死,为民除害,但他同样要负法律责任,你说是犯法好还是不犯法好。救人也有救生也有救不生,在不违法的情况下尽力了,难道没功劳吗?"

一位以患者身份为院方辩护的网友说:"中国有名话说,有法可依,有法必依,执法必严,违法必究。为什么在医院这方面,总要医院在执行法律的过程中,有法不要依,违法坚决要严究?很多患者在救命的时候,会告诉你这样也行,那样也行,当一切都结束的时候,会去找医院你当初不应该这样,你不应该那样。我生孩子的时候在那个医院,当我执意要从产房出去的时候,医生要求我签字,承认我是自己要出去的,出现后果自负。我按医生的要求写了这句话,之后有人告诉我,如果我出了事,医生一样脱不了干系。从那时起,我就觉得医生和医院从某些方面来讲,是个最大的弱者。"

正是法与理这种似乎"割不断、理还乱"的背离和矛盾的纠缠,让有些人感到无所适从,一位网友感叹道:"规则啊,规定啊,害人啊!病人难,医生也难!"①这种法与理之难,曾经让北京市朝阳医院京西分院的医生,不得不流着眼泪去遵守法律。

2007年11月21日下午4点左右,北京市朝阳医院京西分院,一名孕妇因难产生命垂危被其丈夫送进医院,面对身无分文的孕妇,医院决定免费入院治疗,而与其同来的丈夫竟然拒绝在医院的剖宫产手术单上签字,焦急的几十名医生、护士束手无策,在抢救了3个小时后(19点20分),医生宣布孕妇抢救无效死亡。

在长达3个小时的僵持过程中,该男子一直对众多医生的苦苦劝告置之不理,该医院的院长亲自到场,110支队的警察也来到医院。为了让该男子签署同意手术单,医院的许多病人及家属都出来相劝,一位住院的病人当场表示:如果该男子签字,立即奖励他一万元钱。然而所有说服都毫无效果,该男子自言自语道:"她(指妻子)只是感冒,好了后就会自己生了。"过了一会,他开始放声大哭:"再观察观察吧。"医生和其他病人的百般劝说都不能打动他,该男子竟然在手术通知单上写道:"坚持用药治疗,坚持不做剖腹手术,后果自负。"为确认其精神没有异常,医院紧调来已经下班的神经科主任,经过简单测试,证明其精神毫无异常。有人怀疑该男子不是难产孕妇的丈夫,警方拿到了俩人的身份证,经过查实,双方确为夫妻关系。这也最终导致医院不能自行决定进行手术。

该医院妇产科医生在3个小时的急救过程中,一方面请110电台紧急调查该孕妇的户籍,试图联系上她的其他家人;另一方面上报了北京市卫

---

① 以上网友的评论文字,可参见 http://blog.sina.com.cn/s/blog_5ce9f1620100bq6y.html。

生系统的各级领导,得到的指示是:如果家属不签字,不得进行手术。在"违法"与"救死扶伤"的两难中,医院的几名主治医生只好动用急救药物和措施,不敢"违法"进行剖宫产手术。呼吸机已经无任何作用,几个医生轮番进行心脏按压。晚7点20分,22岁的孕妇抢救无效死亡。看到妻子真的死去,这名男子当场大放悲声,他将这一责任推到医院身上:"我就是不签字,他们也可以做手术啊!"①

  对这一事件,人们的反应是,"很多女医生都哭了!"近30名医生几乎是看着年轻的难产孕妇和其孩子死亡的,虽然她们掌握着医治她的技术,但没有家属签字,手术是非法的。"如果我能动,一定要抽他两个嘴巴。"刚刚动过手术,在隔壁病房休息的郭大妈说。一位网友说:"于情,我们深深谴责这个贫穷而且愚钝的丈夫;于法,想想中国的法制是否该改一改,如果在紧急情况下,把家属不签字的非法化去除,也许结果就该大不一样。"另一位网友说:"法制永远都是落后于时代的,这么残忍的事情,在引起大家情感因素改变的同时,是否更应该引起法学界的深思。"还有网友指出:"中国是一个人道主义社会,也是一个法制社会,让我们就这样期待转变!"②

  这样的转变,不仅是法律和道德内容上的修改,可能更多的还是人们理性思维素养的提升,以及社会对理性规则的遵守和尊重。没有这样的前提,法和理背离便不会自动消解,也不会得到有效消解。比如,下面的这个事例,其实是"理"与"理"之间的矛盾,这样的矛盾必须通过更为合理的"理"才能去化解。2001年6月26日,辽宁省本溪市平山小学金妮同学在上学的路上拾得一只塑料袋,袋内装有两个身份证,一张2.3万元美金的存单和一张1000元的人民币存折,其中5000元美金已经到期,凭袋中一个身份证即可提取。金妮在母亲张琳的带领下,将拾物如数交到派出所,孩子希望能够从失主那里获得一面表扬她的旌旗。后来,失主安英淑来领取失物时民警转告了孩子的愿望,并希望她能够给孩子一点回报。安英淑说:"旌旗我是不会送的,钱我也一分不会给,拾金不昧是中华民族的传统美德,她应该无偿地还给我,如果不还就是犯法,我可以去告她和她的母亲。"按照我国《民法通则》的相关规定,安英淑关于"如果不还就是犯法"

---

① 参见吕卫红:《妻子难产 丈夫拒不签字手术 致死两条人命》,载新华网,http://news.xinhuanet.com/legal/2007-11/22/content_7124392.htm。

② 网友评论文字,参见 http://tieba.baidu.com/f?kz=291465624。

的说法是有依据的。人们公认的道德观念和价值标准被彻底"颠覆"了：安英淑的自我辩解"不近人情"却有法可依，真的令人"大惑不解"！类似这样的矛盾的存在，会动摇人们对道德的信念和法制的信心，会产生影响道德建设和法制建设的双重负效应。这样的矛盾不消解，必然会导致"民无措手足"的困境，不利于社会的稳定和良性发展。①

4. "颠覆"与"恶搞"

当今社会，让人头痛的不仅仅是那些社会矛盾和法理冲突，更让人们不能理解的是一些"无厘头"的"颠覆"和"恶搞"。这种"戏弄"传统社会规则之风，可以追溯至20世纪60年代。时值晚期资本主义和后工业社会时期，借助于自然科学与技术的先进成果，西方资本主义经济得到了长足的发展。两次世界大战的爆发，将科技理性的负面效应充分显现出来，人沦落为工具理性和机器的奴隶，资本主义社会的政治经济矛盾加剧，人们的生存状态更加恶化，资本主义对自然的破坏越演越烈，威胁着人们生存的生态家园。在这样的背景下，一些学者以逆向思维分析方法，批判、否定、超越近现代主流文化的理论基础、思维方式、价值取向，逐步形成了一种影响广泛的后现代主义思潮。

西方传统文化的特点是提倡理性、重视中心、维系结构、尊重历史等，而后现代主义者则反其道而行之，以逆向思维分析方法极力推崇边缘、平俗、解构、非理性、历史断裂，等等。在哲学思想领域，这种思潮有两大代表性派别，其一，有以彻底否定现代哲学的面目出现的激进的后现代主义哲学，主要流派有：以法国哲学家德里达、福柯为代表的后结构主义，以德国哲学家伽达默尔为代表的新解释学，以美国哲学家罗蒂为代表的新实用主义等，它们的共同点是从否定物质与精神、主体与客体的对立统一关系的前提出发，反对基础主义、本质主义、理性主义，主张向统一性开战，取缔"深度模式"；宣扬所谓不可通约性、不确定性、易逝性、碎片性、零散化，最终陷入了以推崇主观性、内在性为特征的相对主义与虚无主义泥潭。其二，有在回应激进后现代主义哲学过程中逐渐形成的建设性后现代主义哲

---

① 参见钱广荣：《道德要求的实现需要公平机制》，载《道德与文明》2002年第1期。

学,主要以美国当代学者大卫·格里芬为代表,他们虽然对现代文化也采取否定的态度,但他们不是激进性地彻底摧毁、全盘根除,而是强调通过对现代性的批判反思,实现对现代性的超越,建立新的世界观,以适应西方现代社会的需要。①

后现代主义思潮对人们的社会文化生活产生了极大影响。就我国的情况而言,自五四前后新文化运动以来,甚至可以说得更远一点,中国的文学一直宣扬经国济世的责任感,褒扬民众的爱国热情,对真善美的歌颂和对假恶丑的鞭挞,确立了自己的审美品格、道德力量和主体精神境界,并且形成了一种政治上的自觉。然而,到了80年代末,在文学创作领域,或如王朔所说的:"真是乱哄哄你方唱罢我登场,热闹喧嚣的一塌糊涂,文学上'伤痕'、'反思'、'寻根'之后紧紧跟着'垮掉的'刘索拉、徐星、莫言这样的'魔幻中国流',马原这样的文体革命之父。在王蒙宣布'文学失去了轰动效应'之后,还应声而起池莉、方方、刘震云等人领军的'新写实主义',苏童、余华、格非、孙甘露等人的'先锋文学'。那时兄弟的'痞子文学'八字还没一撇。"②在他们的作品中,以往所追求的社会历史内容和人文理想化为乌有,文学成了一种缺乏社会历史向度的"语言游戏"。他们甚至把过去被人们视为轰轰烈烈的壮举的社会历史事件瓦解为一大堆偶然的、平庸的事实,用原生态的日常生活占据了作品的全部画面,以冷静的情感描绘衣食住行、饮食男女自在的生活世界,呈现出躲避崇高、消解主体性和文化启蒙的异类文学创作形式。"痞子文学"更是有过之而无不及,常常对传统乌托邦追求采取一种揶揄的态度,质问作家们"玩什么深沉",将昔日泾渭分明的崇高与粗鄙、高雅与庸俗、伟大与卑劣之间的界限混沌化,既然一切传统的价值标准均被消解,其结果只能是"怎么都行",反之则是"怎么都不行"。这样的小说成了一种典型的没有深度追求、即时性消费的文化商品。而当今网络文学作为一种新型的文本样态,更是从内部颠覆了传统写作、阅读样式和传播方式,网络写手们用平面的语言嬉戏、戏耍和亵渎着一切。

一些电视节目为了收视率,为了利润最大化,娱乐覆盖了文化,低俗代替了高雅,这一切只是为了迎合大众的感性趣味。而网络世界的洞开,一

---

① 参见赵光武:《后现代主义哲学述评》,西苑出版社2000年版,导论第1—2页。
② 王朔:《无知者无畏》,春风文艺出版社2000年版,第4页。

些网络"恶搞"大行其道。网络让人们对于眼前爆炸式的海量信息无法应对,有人迷失在其中,迷恋网聊和电脑游戏;有人在后台操控,出现了一大批虚假信息和新闻,网络诈骗和利用网络为载体的色情和其他犯罪活动屡见不鲜。任何人都可以一个虚假的身份进行聊天、发帖、博客、收发邮件,没有责任,没有义务,网络对于某些人来说仿佛是个可以逍遥法外的极乐世界,每天都上演一幕幕的失范剧。网络短片《一个馒头引发的血案》宣告了这个"恶搞"时代的来临,恶搞运用解构、拼贴、反讽、戏仿等手法对经典、权威进行解构、重组和颠覆。随后出现的一系列网络视频、短片不惜拿中华民族优秀的传统文化和英雄形象"开涮",甚至出现以戏谑的方式表达对股市的不满,侮辱国歌的《股歌》。从表面上看,恶搞只是一种没有深度的娱人娱己,从深层次看,它是充满了后现代思潮色彩的文化行为,不再采取公然对抗和反叛的方式,而是采用一种揶揄和反讽的方式,颠覆被人们认为是神圣的事物,打破了传统的审美观念。网络世界虚拟化的人际关系加速了人们对生活观念的更新。有的人"爱怎么干就怎么干","今朝有酒今朝醉",追求简单的生活娱乐和即时性感受,过着一种凌乱的生活;有的一味玩"酷",有的穴居一房不见阳光,有的终日在网上逍遥,自称为"宅男",不计后果和责任,对所作所为抱着无所谓的态度和心理。

以下来说一部有趣却又值得人们深思的关于后现代的电影。2006年,美国新锐导演迈克·朱吉导演了一部黑色幽默的喜剧片,片名叫做《蠢蛋进化论》。影片讲述了一对原本毫不相干的男女主人公因为一场意外而来到了500年后的美国,按照一般科幻片的思路,未来世界到处是飞机满天飞,文明也必将随着时间的推移而由低级进化到高级——这是达尔文主义的一般思路。可是,这部影片却不是这种惯常思路。当主人公在500年后苏醒时,他们看到了令人惊奇的景象:文雅的语言成为装腔作势的代名词,夹杂着脏话和俚语的土著语变成了那个时代通用的"普通话";电视台除了播放色情节目之外再也没有任何可供消遣的东西,而一个长达90分钟镜头定格在臀部的"电影"当选了本年度奥斯卡奖,并受到社会各界的广泛好评;人们让没有任何文化的肌肉男人当选总统,因为他是摔跤冠军;法庭裁决的最终依据是台下"观众"的嘘声偏向哪边,而不是相关的法律条文;还有,人们对水——就是一般的普通水,充满了鄙视,认为那是用来冲刷厕所的脏东西,他们不但只用饮料来维持身体的水分,而且用运动饮料来浇灌农田,结果导致土地的全面沙化……

影片的结尾,原本资质平平的男主人公成为那个时代智商最高的人,在无奈之下成为新一代总统,并试图挽救即将崩溃的人类文明。在总统的就职典礼的演说中,他说了这样一段话:"在这个国家,曾经有过一段时间,那是很久以前了,那时人们读书和写作不是因为无聊;人们创作书籍和电影,不是为了给人看臀部……我相信这种时光一定还会回来!"这不是一部无厘头的搞笑片,而是一部反讽作品。对当今文化现状提出了深刻批判和反思。①

后现代主义思潮对学校教育产生了强烈冲击,尤其是对青少年的影响最为直接和深入,特别是对那些学习落后、性格偏激的青少年,其影响最为明显。这些青少年,反传统、反权威、反理性、反教育、反公德,行为怪异、玩世不恭,不考虑历史,只注重现实;不在乎别人的看法,过分张扬自我;乐意于"无厘头"的生活方式,沉湎于卡通、游戏和网上聊天;在社会信念、传统伦理、道德品行等方面制造了混乱,颠覆着学校的正统教育。有的青少年拒绝依附、渴望独立,勇于表现自我,追求个性、特立独行,他们喜欢按自己的意愿和价值观念为人处世,设计并体验人生。他们信奉"我就是我""年轻没有失败,只要亮出你自己",以标新立异的行为表明自己存在的价值。他们爱玩、善玩、玩刺激、玩酷。在情感方面,他们趋于平淡,不追求天长地久,只在乎曾经拥有。人际交往缺乏深度和诚信,商业味重,习惯于人与人之间临时的简单的交换关系。他们推崇物质至上的生存哲学,追求快乐至上的生活理念,讲求个人至上的生活逻辑,迷恋游戏前卫的生活心态、平淡泛化的生活交往和随意任性的人生格调,正常的生活逻辑被彻底颠覆,生活在"一地鸡毛"的凌乱之中。对于社会规则和逻辑理性,他们则嗤鼻待之。

5. 警世箴言

《荀子·礼论》有曰:"人生而有欲;欲而不得,则不能无求;求而无度

---

① 参见杨昊鸥:《文化快餐时代的经典阅读》,载《解"毒"于丹》,中国物资出版社 2007 年版,第 165—166 页。

量分界,则不能不争;争则乱,乱则穷。"这是荀子关于"礼制"的起因的论述。大意是:人生下来就有欲望,欲望得不到满足,就不得不去追求;这种追求如果没有一定的标准限度,就不能不发生争斗;如果发生争斗,就会引起混乱,如果混乱,国家就会陷入穷困之境。任由欲望的膨胀和宣泄,是社会理性缺位的表现。姜义华在其《理性缺位的启蒙》一书中,曾对中国社会理性缺位的现象及其根源有令人信服的分析。他说:"在中国,占支配地位的传统的思维方式,当是《礼记·中庸》中所说的'君子尊德性而道问学,致广大而尽精微,极高明而道中庸,温故而知新,敦厚以崇礼'。这一思维方式,中心是道德本体主义。'尊德性'成为全部认识活动或思维活动的总前提。在中国古代社会,人的功名成就模式,第一是立德,其次是立功,再次是立言;社会功能模式,第一是正德,其次是利用,第三是厚生。它们都表明,道德取向指导着整个社会的运作。道德标准同样也指导着全部思维活动。"[①]与这种道德本体主义相联系,传统的占支配地位的思维方式,尽管也不乏批评、阙疑的精神,但从根本上来说,它是信奉、屈从乃至迷信各种权威、圣贤、经典、传统与习惯的。批评与阙疑,更多是针对"异端",针对"旁门邪说"。在中国启蒙运动中,启蒙思想家们猛烈抨击了中国传统的权威——孔子、孟子、老子、朱熹,对儒家经典、纲常伦理曾大加挞伐,但是,他们所做的只是以达尔文、卢梭、斯大林取代了孔子、孟子、老子、朱熹,以《天演论》、《民约论》、《列宁主义问题》、《联共(布)历史简明教程》取代了《四书》、《五经》。这就是以对新权威的迷信和盲从取代了对旧权威的迷信与盲从,以新的信仰主义取代了旧的信仰主义。"惟上智下愚不移"的等级性思维这一根深蒂固的传统仍然延续了下来。

中国传统思维,在方法论上,虽然也有考订、求证,但是,它主要不是面向实际,不是面向事实本身,以及在此基础上进行分析与综合,遵循经、传、注、疏的程序成为占支配地位的认识方法。经书上的东西是放之四海而皆准的不可置疑不可动摇的绝对真理,是一切认知结论由以成立的大前提。思想家们只能为经作"传",后世的思想家们只能为"传"作"注",为"注"作"疏";而平民百姓只能对这些经、传、注、疏,认真背诵,悉心揣摩,尽心体会,坚决照办,人们熟悉的是唯上、唯书,不唯实。传统思维方式还有一个

---

① 姜义华:《理性缺位的启蒙》,上海三联书店2000年版,第5页。

重要特点,这就是情理不分,以情代理,放纵情感以取代理智的分析,用主观价值取代客观之理,甚至由此走向唯意志论,走向直觉主义与狭隘经验乃至蒙昧主义的结合。即使在我国现代"启蒙"运动中,这种情理不分、以情代理、以浪漫主义的幻想取代了客观冷静的理智分析的现象同样大量存在。而这一切所带来的,必然是思想和行动的混乱,以及思想和行动的无原则性和无深度性。①

  社会正义和公正规则是需要社会理性支撑的。奠基于逻辑理性的社会理性的特点是:逻辑的明晰性、思维的自觉性、规范的社会性。这三个特点应该是这样的逻辑关系:逻辑的明晰性是基础,没有逻辑的明晰性,对问题的认识就是混乱的,本末颠倒,随波逐流,就谈不上思维的自觉性,即对思维什么、为什么思维、如何正确思维等缺少应有的反思,由这样的思维主体所构成的社会而形成合理的规则和章法,是不可能的,这也是滋生独断与专制的温床。所以,一位并不是地道的"逻辑学"从业者,一位行为学家和畅销书作者——著述《用脑拿订单》的孙路弘,在为《简单的逻辑学》写的推荐序中特别指出,要"注意素质,学点逻辑":

  当我们发现一个人表达有问题,连自己要什么都不清楚,即便清楚也讲不明白时,我们常说要"注意素质";面对街头到处的打闹、喇叭声、插队以及种种违反社会规则的现象,我们不能不高呼"注意素质"。

  那么,素质又是什么?

  素质是一种基本教养,是一种社会公认的行为表现;素质是懂得基本的礼貌,别人讲话时,要保持倾听,然后再发言;素质是尊重基本的社会常识,以及人类文明公认的核心逻辑基础。所有与素质有关的恶劣、低俗和浅薄,其本质原因都与逻辑有关,是缺乏逻辑的基本知识,缺乏运用逻辑的基本能力,缺乏逻辑的思维方式。

  缺乏逻辑已成为社会的一种流行病症:逻辑紊乱症候群。该症状已蔓延至社会的各个角落,包括企业,包括学校,这些原本应是特别强调逻辑的地方。……中国企业家不是一直心有隐忧,无法与世界500强企业竞争吗?其实,这也与逻辑有关。中国企业在用人、融资、管理、研发、营销、战略、战术等方面都严重缺乏逻辑。比如,通过自己用

---

① 参见姜义华:《理性缺位的启蒙》,上海三联书店2000年版,第7—8页。

钱运作的机构来给自己颁发一个世界品牌大奖，然后便沾沾自喜且发自内心地相信自己真的就可以与世界品牌比肩了。再比如，一两次市场成功，便自认为下一次原样重来仍可获得成功。这难道不是严重的逻辑问题吗？

中国的各个组织不是一直在感慨软性管理实力不如西方组织吗？其实，那只不过又是逻辑问题的基本体现。管理讲究按照规律来进行组织、排序、命令、测量、监督、评比和改进，一切都按照逻辑次序进行，而不是靠头脑发热、感性冲动和热血沸腾，也不是靠励志、理想和信念就可以实现的。管理的基石是逻辑。①

孙路弘进一步指出："逻辑是人类文明在进化过程中产生的，对于中国来说，从农业文明向工业文明过渡最需要的就是逻辑知识……逻辑知识可以让我们更加高效地发展到工业文明。"②可惜，这样的"逻辑"认识并没有成为社会的共识，成为社会成员的一种思维自觉。按理说，"官员"是社会的管理者，是人民赋予的公共权力的行使者，应该是具有较高的逻辑自觉性的人，否则，连起码的逻辑素养都不具备，连基本的"逻辑"都不讲的官员，又如何能够理性地管理社会，合理地行使公共权力呢？令人遗憾的是，这样的官员却并不少见。L. S. 斯泰宾在其《有效思维》一书中说，20 世纪初期，英国政界竟然出现了"以不讲逻辑而自豪"的怪现象。他举了两个例子，一个是塞尔本勋爵在 1924 年复活会的年会上的演说词，"塞尔本勋爵……在谈到在南非的教会工作的时候，很恰当的说到'对于清晰思维之光荣的无能是我们民族的突出标志之一。它是我们诸多巨大困难的原因，可也是我们的某些巨大成功的秘诀……'"。③ 另一个是奥斯丁·张伯伦爵士 1925 年 3 月 24 日在众议院的发言。他批评日内瓦协定里的条款，针对亚塞·亨德生的发言说："我真不知道这位议员阁下本人对这个[协定]是怎么个看法。他一会儿说我们没有承担新的义务，一会儿说这是盟约（指国际联盟盟约）的合乎逻辑的结论。我深深的不信逻辑，当人们把逻辑应用到政治上的时候。整个的英国史支持我的观点。[政府席上欢呼。]为什

---

① 麦克伦尼：《简单的逻辑学》（推荐序），中国人民大学出版社 2008 年版，第 7—9 页。
② 同上书，第 9 页。
③ 斯泰宾：《有效思维》，吕叔湘、李广荣译，商务印书馆 1997 年版，第 1 页。

么跟别的国家比较,我们国家的发展是和平的而不是剧烈的?为什么在最近三百年里我们国家经历了巨大的变化,却没有遭遇过震撼那些比我们更具有逻辑头脑的国家突如其来的革命和反复?这是因为本能和经验都教导我们,人类天性不是逻辑的,把政治机构当作逻辑工具看是不聪明的,和平发展和真实改革的途经在于明智地约束自己,不把结论推到它的逻辑的终点。"①正如斯泰宾所指出的:"我们必须承认奥斯丁·张伯伦在逻辑的结论这个问题上表现出他的思想很糊涂。"②

上世纪70年代,香港学者黄展骥针对香港的社情民意曾经指出:"这是一个动荡不安的时代,政见主义纷纭,我们最需要运用理智来判别是非,权衡取舍。可是,偏在这个时代,被称为'理性动物'的人类,却摒弃理智,盲动妄为,祸乱丛生。"③作为一位逻辑学人,黄展骥撰写了通俗性著作《谬误与诡辩》,旨在弘扬社会重理智的精神,并提供思维方法训练,为这个畸形社会建立评论的最低标准——在求真不在求胜,作为解决社会、政治、道德、宗教、人生等问题的初阶。他指出,提出重理智和方法训练,并不排斥情感的重要性。相反地,人生之所以有价值,之所以多姿多彩,情感是不可或缺的因素。没有情感作原动力,理智就会干竭;没有理智作指引,情感就会盲目。环顾四周,盲目的情感泛滥肆虐,情感用事、妄作胡为,不时还披上理智的外衣,愚弄大众,弄出许多社会悲剧。提倡思想方法,就是希望大家正视这个问题,善用和发挥理智的最大力量。

黄展骥认为,在当时畸形的香港社会,盛行浅薄的功利主义,处处人吃人,金钱至上,唯利是图,不问是非对错和真假曲直;加以向来对思想方法与逻辑的轻视与排斥,早已弄到是非真假标准荡然无存,没有公是公非,于是谬误、诡辩、狡辩满天飞,真理与假理鱼目混珠,只要有财有势,就可大发议论,广为宣传,不论动机和内容的好坏,都不愁没有信徒。有见于此,他发出这样的呼吁:建立一套判别和评定是非诚妄、真假对错的最低准则,作为解决社会、政治、道德、宗教、人生等重大问题的初阶,实在是当务之急。④

挪威哲学家达格芬·弗罗斯达尔(Dagfinn Føllesdal)关于分析哲学的

---

① 转引自斯泰宾:《有效思维》,吕叔湘、李广荣译,商务印书馆1997年版,第2页。
② 同上书,第1—2页。
③ 黄展骥:《谬误与诡辩》(黄展骥序),香港蜗牛丛书1977年版,第1页。
④ 同上。

价值和功能的论述,对于我们理解逻辑的社会功能也具有同样重要的意义:"当我们努力使我们的同伴采纳我们自己的观点时,我们不应该通过压制或通过修辞的手段来达到。相反,我们应该努力说服他人根据自己的思考接受或者拒绝我们的观点。这只能通过理性的论证来达到,在那儿,他人被认为是自主的和理性的生灵。这不仅在个体伦理方面,而且在社会伦理方面是重要的。在我们的哲学写作和教学中,我们应当强调论证和辩护必定要担当的决定性的作用。这将使得传播谣言的政客和盲信者的日子更难过。这些谣言注定经受不起批判性的考察,相反经常能诱使群众变得偏执和狂热。理性的论证和理性的对话对健全民主制而言是重要的。在这些活动中教育群众也许是分析哲学的最重要的任务。"[1]

我们说,社会需要"逻辑",不仅需要形式技术层面的"逻辑"支持,也需要方法和工具层面的"逻辑"支持。这是因为,要达到社会与自然、人与社会、人与人之间的相互融合、相互协调、和谐相处和共同发展,就必须以理性精神处理和解决人类面临的各种问题;要实现社会的现代化,就必须实现社会的民主化、法治化,而民主和法治所追求的,首先是程序意义上的合法性和有效性,而合法性和有效性只能从以理性思维为前提、以客观实际为基础的逻辑论证中得到。民主、科学、法治不是哪一个人凭借其偏好就能左右的,也不是少数人通过良心发现就能够实现的,只有通过精确分析、严谨推理、有效论证建立的社会规则,才能成为人们判别是非的标准,成为世人行为的规范。无视逻辑,不讲规则,没有合理的规则,肆意地破坏规则、践踏规范,社会就必然会陷入失范、失序的混乱状态。因此,社会的良性运行和持续发展的需要,呼唤着世人的逻辑意识、期待着世人的逻辑自觉。

---

[1] 弗罗斯达尔:《分析哲学:是什么以及为什么应当从事》,载上海中西哲学与文化比较研究会编:《20世纪末的文化审视》,学林出版社 2000 年版,第 280—281 页。

第二章 演绎求"真":形式理性的法庭

"演绎"一词,是我国现代学者通过"演算"与"抽绎"之意的融合,对英语中 deduction 的意译,是"演绎推理或演绎论证"的简称。在很长时间内,这是这个词的唯一用法,商务印书馆出版的《现代汉语词典》也只列出了这一种用法。但由于这个词与古代汉语中已出现的"演义"一词同音,经常出现将二者混用的情况,近年更是出现了一些"转义"用法,比如"这部名剧的一次崭新演绎"、"这首歌的完美演绎"等等,其中的"演绎"一词只能释义为"表演、表现"。甚至我国的《著作权法》也使用了"演绎作品"和"演绎权"这样的术语,用作"改编、翻译、注释、整理、编辑和摄制"等"再创作"作品及其权利的统称。这些新的的用法都与逻辑学"演绎"一词无关。演绎逻辑所研究的演绎推理与演绎论证并不神秘,它们都是理性人的一种天赋能力,下面的例子可以很好地例示这一点。

某教会获得一个富翁的大笔捐赠,指定一位神父代为接受。在接受仪式上富翁迟迟未到,神父只好发表谈话打发时间。他谈到自己神职生涯中的一些难忘经历,其中提到他第一次听取告解的时候,忏悔者是一个杀人凶手,使他感到不知所措。稍后富翁赶到,在致辞时说明他与神父有缘,多年前曾向神父告解,而神父告知这是他第一次听取告解。富翁此言一出,举座哗然。①

富翁的话之所以引起"举座哗然"的反响,乃是因为听众从"神父的第一个告解者是杀人凶手"和"富翁是神父的第一个告解者"这两个前提,很容易推出"富翁是杀人凶手"的结论。这个推理显然是能够"必然地得出"、"形式保真"的有效的"演绎推理"。而如果我们以两个前提为论据去说服人们相信结论(论题),就构成一个有效的、有高度说服力的"演绎论证"。即使我们未学过逻辑,也不会做不出这样的推理或论证。

然而,人们的这种天赋能力并不能总是得到正确运用。有时人们以为可以"必然地得出"的结论实际上并不真正能够推出。上世纪50年代初,是东西方"冷战"最热之时,美国笼罩在极端反共的"麦卡锡主义"阴影之中。在一次议会辩论中,议员贝克尔遭到另一位议员的如此诘问:"共产党极力反对我,而你也极力反对我,你与共产党何异?"深谙逻辑原理的贝克尔不紧不慢地站起来回应道:"亲爱的先生,我知道鹅喜欢吃白菜,而你也喜欢吃白菜,请问你与鹅何异?"对方立即哑口无言。贝克尔这个貌似"不相干"的反驳之所以有力,乃是举出了一个与对方的论证结构完全相同,但是前提(论据)为真而结论(论题)为假的"反例",表明对方的论证所使用的推理并不"形式保真",即使其前提都是真的,结论也不是能够"必然地得出"的,因而是"无效"的。

这个例子表明,即使如此简单的演绎推理和论证,也需要进行有效形式和无效形式的区分,更遑论一些更为复杂的情况了。只有在演绎推理和论证中使用有效形式,拒斥无效形式,合理的论辩及求真研究才有可能展开。换言之,演绎推理和论证能否从前提到结论"必然地得出",不是取决于其内容,而是取决于其形式。亚里士多德所创立的演绎逻辑学,其根本宗旨就是通过对推理形式的系统研究,将有效形式与无效形式区别开来,并为合理的演绎推理与论证制定形式规则。演绎的形式规则既是其推理的结论能否"必然地得出"的保障,也是判别"演绎"能否成立的标准。在理性思维中,有了这样标准,便从思维形式结构的角度,为人们的求"真"活动建立起了审判正误的"法庭"。

---

① 参见叶保强、余锦波:《思考和理性思考》,(香港)商务印书馆1993年版,第141页。

1. "真理"之假

演绎的"必然地得出"包含两个方面的含义。其一,在假设演绎的前提为真的情况下,依据推理规则可以必然地得出其真的结论,这是演绎的"保真性"的功能。其二,如果推理是符合形式规则的,而结论明显不能成立,就说明其前提不可能都是真的,即至少有一个前提是假的,此即演绎推理的"保假性"功能。演绎的这两个功能,既是人们探求真理的工具,也是人们反思教条性前提、揭露"伪真"性言论的工具。

社会以"规则"制约运行,法律和道德是规范社会运行的两大系统。有没有"规则"是一个问题,"规则"是否合理是另一个问题。社会规则形成的理想方式应该是通过广泛而又充分的论证来得到。但是,很多社会规则,甚至是为人们奉行了成百上千年的经典规则,往往仅来自"圣贤们给出"。比如,被人们广泛视为道德的"金规则"的"己所不欲,勿施于人",便是这样诞生的。

"己所不欲,勿施于人"是孔子提出的道德准则,后来成为儒家伦理思想的核心内容之一。在很长一段历史时期内,它都拥有神圣的权威性,几乎是中国社会伦理道德领域的"绝对真理"。两千多年来,中国社会经历奴隶制社会到封建制社会、半殖民地半封建社会,发展到社会主义社会,经济基础、政治制度和社会意识形态都发生了根本的变化,但"己所不欲,勿施于人"的道德准则长期被当作传统美德得到肯定和继承。历代封建统治者把它奉为最高道德准则,一些当代伦理学家也对它给以充分的肯定,甚至国外学者也是对此褒扬有加,将其奉为道德"黄金律"。比如,畅销书作者、历史学家克伦·阿姆斯壮在她的新书《伟大的转型》中指出,世界上伟大宗教的共同出发点,可以用孔子的"己所不欲,勿施于人"来概括。阿姆斯壮认为,世界上的宗教类别虽然不同,但却有一个共同点,就是不要伤害他人。但令人遗憾的是,秉持这一原则的宗教,在坚持教义之下,却常常会伤害到其宗教之外的人。究其原因,是每个人都有这种想法——"我的宗教比你的宗教好"。作为一个信仰者,认可自己的宗教原本是天经地义的,但不知不觉中,这种排它的思维却正好与"不伤害他人的"原则相左。阿姆斯壮指出,不管人们愿意与否,世界已在政治、经济上融成一体,迦沙和伊拉克发生的事,将会影响到纽约的社区生活。而唯一可以让宗教间和平共处的方法,就是孔子提出的"己所不欲,勿施于人"。

2007年12月16日至18日,全球孔子学院院长研修班中华文化体验(山东)暨首届"孔子思想与中华文化论坛"在山东大学举行,来自亚、欧、美、非四大洲18个国家34个孔子学院和孔子课堂的44名国际友人参加了论坛活动,山东大学儒学研究中心的一位教授在论坛上作了《孔子,我们共同的老师》的演讲,他说:"孔子的'忠恕之道'是和谐共存之道,受到世人的欢迎,成为世人的道德共识,被奉为普世道德金律。1793年法国大革命起草的《人权宣言》和1795年法国宪法,都把'己所不欲,勿施于人'作为重要的格言写了进去。1993年在美国芝加哥召开的世界宗教大会签署的《走向全球化伦理宣言》也有这样的表述:'数千年来,人类的现代宗教和伦理传统都具有并且一直维系着这样一条原则:'己所不欲,勿施于人'。这个宣言的中心起草人,当代世界著名的天主教神学家孔汉思教授大力倡导的全球化伦理,一直环绕一条基本原则,即'己所不欲,勿施于人。'他认为,由此引申而得出的必然结论是:每个人都必须得到人道的待遇。这两条原则,体现了所有人类伟大伦理与宗教的共性,成为普遍伦理中的道德金律。"[①]在《走向全球化伦理宣言》之后发表的《全球伦理普世宣言》中,伦理的"基本规则"被进一步简化为"己所不欲,勿施于人"。

可见,作为道德"真理","己所不欲,勿施于人"不仅被国人长期推崇,也受到国外学者的认同和推崇,那么,"己所不欲,勿施于人"是不是恒真的道德真理呢?逻辑学者杨树森从社会学、伦理学等不同的角度对规则进行了逻辑推理,揭示了这一规则的种种局限性。

杨树森认为,从社会学角度看,"己所不欲,勿施于人"的准则抹杀了人与人之间的个性差异,不利于调整当代社会人与人之间的关系。个性是否得到充分的承认和尊重,是社会文明发展程度的一个重要标志。人的个性差异包括各人有着不同的需要,不同的兴趣、不同的爱好等,这在任何社会都是一种客观存在,而"己所不欲,勿施于人"的道德准则否定了人与人之间这种个性差异。按照这种理论,自己不喜欢、不想要的,别人也一定不喜

---

① 丁冠之:《孔子,我们共同的老师》,http://www.view.sdu.edu.cn/news/news/sdxs/2007-12-19/1198028341.html。

欢、不想要,所有人的需要和爱好都是一样的,不存在差异。中国古代有一则笑话,说的是两个穷衙役打架,县官很生气,想狠狠惩罚他们。因为县官自己天生怕吃肥肉,于是,便命人送来两大碗肥肉,硬要这两个生事的衙役吃下去……那个惩罚穷衙役吃肥肉的县官,就忽视不同个体之间的差异性。

从伦理学角度看,杨树森认为,"己所不欲,勿施于人"与它的许多支持者所坚持的"集体主义"原则相违背。所谓"集体主义",就是从人民群众的根本利益出发,坚持集体利益高于个人利益,在二者发生矛盾时,个人利益必须服从集体利益,并在保证集体利益的前提下把集体利益和个人利益结合起来。从表面看,"己所不欲,勿施于人",是要人们从他人的角度来思考利益问题,实质上它的出发点仍然是"己":自己所不想要的,就不要施加给别人;自己不喜欢的,就不要给予别人。这一原则只有在自己和他人、个人和集体之"所欲"完全一致的情况下,才能协调自己和他人、个人和集体之间的关系,而在自己和他人、个人和集体之"所欲"不一致的情况下,这一原则就是要别人服从自己,要集体服从个人,因为它从根本上忽视了他人的"所欲",忽视了集体的需要,忽视了大多数人的利益。试想:当"己所不欲"正是他人"所欲"、正是集体所需要的时候,是不是应该"施于人"呢?按照集体主义的道德原则,毫无疑问,应当"施于人"。而按照"己所不欲,勿施于人"的行为准则,却又应当"勿施于人"。这不是存在逻辑矛盾吗?

当然,正如杨树森所强调,揭示"己所不欲,勿施于人"道德准则的历史局限性,目的并不是要全盘否定它在历史上的进步意义,也不是否定它在现代社会一定程度的合理性,更不是主张与其相反的"己所不欲,施之于人;己之所欲,勿施于人",而是要通过对"己所不欲,勿施于人;己之所欲,施之于人"局限性的客观分析,寻找一种更合乎社会实际,更有利于调整现代社会人际关系的道德行为准则。至少,这样的分析有助于人们认识到需对上述"金律"的使用予以合理限制。[①] 我们知道,演绎逻辑所提供的分析工具并不会对这种推理分析所使用前提的真实性或正确性有所断定,但它所揭示的命题间形式上的真假关联,为讨论这样的问题提供了基本的"讲

[①] 参见杨树森:《"己所不欲,勿施于人"道德准则的历史局限性》,载《云南师范大学哲学社会科学学报》1996年第3期。

理"途径。

有学者主张,"以己度人"应作为一条放之四海而皆准的"铁律"。"己所不欲,勿施于人;己之所欲,施之于人","己欲立而立人,己欲达而达人",正是中国传统哲学思维方式的典型体现。如果我们遵从演绎推理的形式规则,以此前提进行演绎推论,不难发现,这样的认知方式是存在漏洞和缺陷的。有人认为,用演绎的方法将伦理学推演成为一门科学是困难的,但伦理学的研究古已有之,几千年来的众多思想家的努力也不能白费,哪些是可以做的,哪些是不可以做的,通过逻辑特别是演绎逻辑的反思,就可以使问题变得更清楚了,而且只有在问题得到相对澄清的基础上,修正和创新才能成为可能,缺陷和漏洞才能得到修补,社会认知才能在理性的基础上实现新的飞跃。

2. 演绎的特质

推理是逻辑思维的主体,而演绎推理又是逻辑推理中最为基础的部分。在不严格的意义上,人们常常将"演绎推理"与"演绎逻辑"、"演绎法"混用。其实,这三者之间是有区别的。

我们在前面给出了形式逻辑学家(无论传统形式逻辑还是现代形式逻辑)关于"演绎推理"的界说:所谓演绎推理,就是有"形式保真"诉求的推理,看一个推理是否演绎"有效",就是看它是否是"形式保真"的。"形式保真"就是前提能够"必然地得出"结论,故演绎推理又称"必然性推理"。这种"形式保真"、"必然地得出",也经常被说成是前提"蕴涵"结论,或者说结论是前提的"逻辑后承"。我们在本书导言中讲过,人类思维中并不是所有推理都有这种"形式保真"的演绎诉求,从亚里士多德开始就研究那种前提到结论并不"保真",但是可为结论提供一定程度的"支持"的推理,统称"或然性推理"。形式逻辑学家把所有具有这种"或然性"诉求的推理都称为"归纳推理"。也就是说,形式逻辑学首先把推理划分为演绎推理(必然性推理)和归纳推理(或然性推理)两大类,然后分别研究它们的逻辑性质,区分好的推理和不好的推理。

换言之,如果你认为你的推理能够"必然地得出",那么就是在做演绎推理,而如果你的推理实际上并不能"必然地得出"(不能"形式保真"),那就是一个不好的演绎推理；如果你并不认为你的推理前提真结论必定真，而只是认为前提可以"或然地得出"结论，那么，你就是在做归纳推理，而如果实际上你的推理的前提对结论的"支持度"很低，那就是一个不好的归纳推理。

初学逻辑，需要把形式逻辑学对"演绎推理"与"归纳推理"的这种界划，与人们经常使用的哲学认识论上的界划区别开来。哲学认识论上所谓"演绎推理"即"从一般（普遍）性前提推出个别（特殊）性结论的推理"，归纳则是"从个别（特殊）性前提推出一般（普遍）性结论的推理"，这是从人的认识进程所做的界划。由这种界划看，类比推理既不是演绎的，也不是归纳的，所以我们经常看到"演绎"、"归纳"、"类比"三分法。但我们也经常可见人们把这两种根本不同的界划相混淆，造成了理解上的困难。实际上，形式逻辑中的"演绎"并不都是"一般到个别"，如我们下面所要讨论的"直接推理"；即使直言三段论推理也有许多不是"一般到个别"，如"中子是基本粒子，中子是不带电的，所以有的基本粒子是不带电的"这种常见三段论。"一般到个别"也不都是形式逻辑的演绎推理，如"绝大多数M是P，这个S是M，故这个S是P"，从演绎看它并不是有效形式，但若作为一个归纳推理形式使用，前提可为结论提供高度的支持（此即所谓"概率三段论"），因而从归纳逻辑视角看，具有这种形式的推理是一个好的归纳推理。同样，形式逻辑的"归纳"也不都是"个别到一般"，如上述"概率三段论"与类比推理；"个别到一般"也不都是形式逻辑的归纳推理，比如后面要讨论的"完全归纳推理"，就是能够"必然地得出"的演绎推理。可见，把这两种界划混为一谈，会带来不应有的混乱。

不过，如果我们运用辩证逻辑的"一般（普遍）"与"个别（特殊）"范畴去把握人类整体性思维进程，那么在"一般到个别"进程中形式逻辑的演绎推理当居主导地位；在"个别到一般"进程中则是归纳推理居于主导地位。但这完全是另一层面的问题。只有在分清层面的基础上才能做出清楚把握，不然就捣成"一锅糨糊"了。

一般地，人们把以形式逻辑含义上的"演绎推理"之有效性研究为基本内容的逻辑系统称之为"演绎逻辑"。传统的演绎逻辑的研究对象包括亚里士多德开创的以直言命题的直接推理、直言三段论理论为主体的"词项逻辑"和斯多亚学派开创的以假言推理、选言推理理论为主体的传统"命题逻辑"。尽管传统演绎逻辑具有很大的局限性,但是,在现代演绎逻辑产生之前,正是它们奠定了作为"赛先生"与"德先生"之思维根基的西方形式理性的基础。传统逻辑主要运用自然语言手段的特点虽然限制了它们的发展,从理论上是它相对于现代演绎逻辑的缺点;但与现代逻辑的形式系统方法相比,其更强的可接受性恰恰是它的优点。作为逻辑启蒙,仍可以从现代逻辑观点指导下的传统逻辑的学习入手,借此训练理性化思维方式。

至于"演绎法",则是一个颇多歧义用法的术语。它有时也用作"演绎推理"的别名(或者在形式逻辑的意义上,或者在哲学认识论的意义上),有时又用作"公理化方法"甚或"形式系统方法"的别名;有时它指谓"演绎科学方法论",有时它又指谓经验科学方法论中的"假设—演绎"方法。我们在看到这一术语时,要注意分辨它的实际用法,不要把这些含义混为一谈。

虽然"演绎推理"、"演绎逻辑"和"演绎法"之间存在这些差异,但需要我们着重掌握的一点就是,形式逻辑所谓"演绎"的基本特征,就在于正确的演绎都能够"必然地得出";而之所以能够"必然地得出",是因为有形式规则的制约。在明确这一点的基础上,我们一起来分析一下关于演绎逻辑学之父亚里士多德的一则故事。

亚里士多德曾经是马其顿国王亚历山大儿时宫廷教师,他后来回到雅典创办"吕克昂学园",也一直得到亚历山大大帝的资助,为亚里士多德的教学研究活动提供了重要条件,一直被传为学坛佳话。在近年中国少年儿童出版社推出的"人之初名著导读丛书"《亚里士多德与〈政治学〉》分册中,对亚里士多德教育亚历山大的情景做了生动的描述:

> 亚历山大天资聪颖,悟性很高。有一天,与王子一起学习的伙伴们要求亚里士多德讲一讲逻辑学命题"三段论",亚里士多德望了一眼亚历山大,缓缓地说:"这问题不能空想,如果结合实际就容易理解得多。我们希腊人有个很有趣的谚语说,如果你的钱包在你的口袋里,而你的钱又在你的钱包里,那么,你的钱肯定在你的口袋里。这就是一个非常完整的'三段论',即由大前提小前提,然后得出结论。"亚里士多德望着这群聚精会神聆听的少年,问亚历山大:"王子殿下,您听懂了吗?能不能结合雨中的景观再举个实例说明三段论呢?"春雨淅

逻辑时空 | 逻辑的社会功能

沥,蛙鸣一片。卡利斯提尼斯(亚氏之侄)问叔叔青蛙是否用肺呼吸。未等亚里士多德回答,亚历山大接着说:"青蛙怎么有肺呢?它又不是胎生动物。卡利斯提尼斯,你忘了老师刚刚还在说的三段论了吗?所有能呼吸的动物都有肺,所有胎生动物都能呼吸,所以,所有胎生动物都有肺。老师,我说得对吗?"亚里士多德一时语塞,竟找不到恰当的字眼来表达其惊讶的心情。波里比阿曾说:"此人(亚历山大)才智超乎常人才智之上,这点是无可置疑的。"①

不管这段绘声绘色的描述是有史料所本,还是来自作者的艺术构思,我们这里请读者仔细斟酌一下,看看这段故事中存在什么问题。知道亚里士多德生平思想历程的读者可能会提出,"三段论"理论是亚里士多德在其吕克昂学园后期才创立的,不可能用于对亚历山大的教学之中,不过,这不是我们这里要讨论的问题。我们提请读者思考的是,这段故事中有没有明显的"逻辑错误"呢?

故事中亚历山大的一个推理是如下这个三段论:

所有能呼吸的动物都是有肺的,
所有胎生动物都是能呼吸的动物,
所以,所有胎生动物都是有肺的。

按亚氏三段论理论,这个三段论无疑是有效的即"形式保真"的,它的推理形式即:

所有 M 是 P
所有 S 是 M
―――――――
所有 S 是 P

前提形式与结论形式之间的横杠代表"所以"或"推出"。这里的"M"、"P"、"S"无论代入什么具体概念,都不可能从真前提得到假结论,因而结论是可以从前提"必然地得出"的。然而,故事中的亚历山大根据上述推理的结论,又进行了如下推理:

所有胎生动物都是有肺的动物,

---

① 王方东、翟丽红:《亚里士多德与〈政治学〉》,中国少年儿童出版社 2001 年版,第 20—21 页。

所有青蛙都不是胎生动物，

所以，所有青蛙都不是有肺的动物。

这个推理是不是一个有效的推理呢？的确，这个推理的前提与结论都是真的，但是，正是亚里士多德说明，一个推理的前提到结论能否"必然地得出"，并不取决于其前提与结论实际上的真假，而是取决于其是否具有普遍的"形式保真"性。这个推理的形式可刻画为：

所有 M 是 P

所有 S 不是 M
_____

所有 S 不是 P

亚氏三段论理论清楚地表明，这个三段论的形式是无效的。我们很容易为它找到前提为真而结论为假的反例，比如：

所有胎生动物都是动物，

所有青蛙都不是胎生动物，

所以，所有青蛙都不是动物。

这个推理与上面亚历山大的推理形式完全一样，但其前提明显为真而结论明显为假，这说明，原来亚历山大的那个推理是一个明显无效的三段论。因而，亚里士多德绝不可能由此"惊讶"于亚历山大的"才智超常"，即使他当时还未发明三段论理论。

通过这个例子可以说明"自觉"地区分"有效推理"与"无效推理"的必要性。我们承认演绎推理是人的一种天赋能力，但这并不意味着，人们能够自觉地把有效推理与无效推理区别开来。故事中的亚历山大或者说这个故事的作者，就明显地混淆了有效式与无效式。如果我们用这样的无效式思考问题，那么就会有下面的推理："所有金属都导电，湿木不是金属，所以，湿木不导电"，若认为这个推理是"必然地得出"的，将它用在科学中会导致科学探究的混乱，用在日常生活中甚至会危及生命。再请考虑以下两个我们曾经相识的推理：

资本主义经济都是市场经济，

社会主义经济不是资本主义经济，

所以，社会主义经济不是市场经济。

资本主义制度都搞权力制衡，

　　社会主义制度不是资本主义制度，

　　所以，社会主义制度不搞权力制衡。

　　这两个推理与上面那个得出"青蛙不是动物"的推理形式如出一辙，我们可以由此深切体会演绎逻辑学致力于探究推理有效性的价值所在。

　　无论传统演绎逻辑还是现代演绎逻辑，其核心诉求都是要把握演绎推理形式的这种"有效性"，区分有效推理（论证）和无效推理（论证）。这里强调"形式"，就是要表明推理或论证是否可以"必然地得出"结论，并不在于其前提和结论的内容是否为真，或者说，不在于前提是否合理，而只在乎推理或论证形式是否有效，即是否合乎逻辑。一个推理之所以有效，或者说形式保真，反映在两个方面：其一，我们可以带入任何实例（如上面将概念变元代以具体概念），如果前提内容是真的，它可以保证从真前提一定推出真结论。其二，一个推理是否有效，并不以其前提实际的真假为转移。前面我们已看到了前提与结论都真而形式无效的例子。即便其内容不是真的，其形式仍然有可能是有效的。比如，"所有动物都是会飞的，所有的人都是动物，所以，所有的人都是会飞的"。这个推理的形式与亚历山大第一个推理的形式相同，也是有效的。但是，后面这个例子其前提和结论在内容上显然不合乎经验事实，也就是说，前提和结论很明显是假的。如果没有理解演绎特质的人看到这个例子，很可能会说这个推理或论证不合逻辑。这显然是误解了演绎逻辑的"合逻辑"的本来意义。

　　如前所述，实际"逻辑"思维具有自发性的特点。一般地，人们能够拥有推理有效与否的朴素直观的看法，即使未学习、研究过逻辑学或受过专门的逻辑训练的人，凭借这种直观的看法往往也能正确地判别什么样的推理是正确的，什么样的推理不是正确的。但是，这种朴素直观的看法存在严重的缺陷——模糊、不精确。所以，根据这种模糊看法判定有效性时有出错的可能。20世纪末期，网络小说时兴起来，其中一本相当有销量的小说《第一次的亲密接触》，开篇便写有这样几句话：

　　如果我有一千万，我就能买一栋房子。

　　我有一千万吗？没有。

　　所以我仍然没有房子。

如果我有翅膀,我就能飞。
我有翅膀吗?没有。
所以我也没办法飞。

如果把整个太平洋的水倒出,也浇不熄我对你爱情的火焰。
整个太平洋的水全部倒得出吗?不行。
所以我并不爱你。①

笔者曾以这些语句作为逻辑学课程的开场白,问文科大学生这些说法对不对,由于没有掌握演绎的形式规则而仅仅凭借经验去判别这些推断的有效性,学生之间常常就真假、对错争论得不可开交。实际上,不管前提真假,这几个有着同样推理形式的"所以"犯了充分条件假言推理的"否定前件"谬误,是"所以"不来的。因而这种"逻辑"属于"痞子蔡"的"痞子逻辑"。逻辑学家的一个重要贡献就是把直观的有效性观念在逻辑系统内精确化、明晰化。人们注意到,"更正确地说,这是想承认这样一种事实:如果人们都是有理智的,那么他们应该只被那些具有真前提的有效论证所说服,但事实上,人们常常被那些非有效论证、或者被那些具有假前提的论证所说服,而不是被可靠的论证所说服"。② 因此"逻辑的一个中心问题是在有效的论证和无效的论证之间做出区分。形式逻辑系统,例如人们熟悉的语句和谓词演算,旨在提供有效性的精确规则和纯形式的标准"。③ 这样,推理究竟合不合乎"逻辑",就可以用其形式结构是否"有效"作为标准去判别了。没有这样的标准,或者离开这样的标准,就难免会出现"秀才遇到兵,有理难说清"的情况。我们来看几个实例。

例一,某中学学生李霞与张玉相约:"如果明天上午不下雨,8点我们在教学楼前会面,然后一起去图书超市买书。"第二天上午,下起了小雨。张玉想:既然下雨了,李霞就不会去图书超市买书了。于是,张玉去李霞的宿舍,想约李霞一起去图书馆查资料。谁知李霞仍然去了图书超市。两人见面后,张玉十分生气地责备李霞食言,李霞却说张玉的推论不合逻辑。俩人本是好友,因为这事弄得很不愉快。显然,这是由于张玉不理解"如

---

① 蔡智恒:《第一次的亲密接触》,知识出版社1999年版,第11页。
② 哈克:《逻辑哲学》,罗毅译,商务印书馆2003年版,第21页。
③ 同上书,第8页。

果—那么—"这样的充分条件假言命题的逻辑性质,其推理与"痞子蔡"一样犯了"否定前件"谬误。(当然,张玉犯这种错误是不自觉的,而"痞子蔡"构造这样的推理属于"故意地犯谬误",属于一种诡辩手法。)

例二,某市检察部门对犯罪嫌疑人李某说:"不把经济问题交代清楚,你就不能离开本市。"过了几天,李某把经济问题交代清楚了,要求离开该市,检察部门仍不同意。李某便到处喊冤叫屈,说检察部门言而无信,检察部门却认为李某曲解了他们的要求,无端损害他们的声誉。这同样属于没有理解上面这个充分条件假言命题的逻辑性质,犯了"否定前件"的谬误。如果平民百姓没有一定的辨析其中逻辑对错的能力,将会导致检察部门的公信力受到怀疑和挑战。

如果我们能够把握演绎的特质,情况可能就不一样了。某市法院在审理一件盗窃案件时,犯罪嫌疑人拒不认罪,公诉人员经过反复研究,决定在搜出的大量赃物中,以追问一架新款数码相机的来历为突破点,揭露被告人的狡辩,使其认罪。下面是这次法庭调查中的一段笔录:

  公诉人(出示从被告家中搜获的一架新款数码相机)问:被告,这架相机是谁的?
  被告人:是我的,春节前买的。
  公诉人:它有什么特征?
  被告人:这是一架日本产索尼相机,没有什么特征。
  公诉人:你用过它吗?
  被告人:最近我一直在使用这架相机。
  公诉人请求法官传证人到庭。法警领证人即失主到庭。
  公诉人:证人,你认识这架相机吗?
  证人:这是一架日本产新款索尼相机,是我的一个朋友送给我的。三个星期前被盗了。发现失窃后,我立即向派出所报了案。
  公诉人:相机有什么特征吗?
  证人:有。我的相机内侧的右上方涂了一块红漆。另外,这架相机有个特点,它有一个暗钮,不熟悉的人找不到这个暗钮,也打不开相机。
  公诉人:被告,你把这架相机打开。
  被告人:审判长,假如我能把它打开,那就证明相机是我的,对吗?!

审判长:不对!打开了,并不证明它一定是你的;如果你打不开,那就证明它一定不是你的。

法警把相机递给被告人,被告人颠来倒去拨弄了好几分钟,也没有打开,神色慌张,手足无措。

公诉人:被告人,你究竟能不能打开?

被告人:唔……我现在忘记了。不过这架相机肯定是我的。

公诉人:你刚才不是说,你最近一直在用这架相机吗?既然你一直在用,为什么又不知道怎么打开呢?

被告人低下了头,无言以对。

审判长:证人,请你把相机打开。

证人接过相机,随着一阵开机音乐响起,相机打开了。然后,他向法庭展示了相机内侧右上方涂的红漆。

审判长:被告人,你现在还有什么要说的吗?

被告人脸色煞白,冷汗涔涔,狼狈不堪……

这段庭审记录表明,公诉人从出示相机追问被告开始,到迫使被告人低头认罪,充分显示了演绎推理的理性力量。它突出地表现在:其一,公诉人要被告人打开相机——被告人:"审判长,假如我把它打开,那就证明录像机是我的,对吗?!"审判长:"不对!打开了,并不证明它一定是你的;如果你打不开,那就证明它一定不是你的。"这里,被告人企图混淆逻辑关系,实际上,能够打开这架相机,只是这架相机属于他的必要条件,即"有之不够,无之不行"。就是说,"能够打开"并不能证明是他的;"不能打开"就证明一定不是他的。被告人企图把它混淆为充分条件,即"有之足矣",就是说,"能够打开"就一定证明是他的。审判长敏锐地察觉到被告人偷换逻辑条件关系的伎俩,立即给予驳斥。其二,当被告人打不开相机的时候,说"我现在忘记了",公诉人立即给予驳斥:"你刚才不是说,你最近一直在用这架相机吗?既然你一直在用,为什么又不知道怎么打开呢?"这里的假言推理是:如果你最近一直在使用这架相机,你就一定能够熟练地开机。你现在不会开机。所以你最近并不是一直在使用这架相机。这就说明,被告人说了谎话。由于公诉人揭露了被告人前言后语之间出现的逻辑矛盾,迫使被告人低头认罪。

经常为人们所称道的林肯为小阿姆斯特朗的辩护词,也是值得在此推荐和分析的案例。作为辩护律师的林肯与控方证人在法庭上展开了如下辩论:

  林肯:你真的看清了被告?
  证人:是的,我看清了。
  林肯:你在草堆后,被告在大树下,两处相距20至30米,你能看清吗?
  证人:看得很清楚,因为月光很亮。
  林肯:你肯定不是从衣着方面看清的吗?
  证人:不是的,我肯定看清了他的脸,因为当时月光正照在他的脸上。
  林肯:你能肯定时间是夜里11点钟吗?
  证人:充分肯定。因为我回屋看了时钟,那时正是11点15分。
  由于案发当天相当于我国农历九月初八或初九,夜里11点钟左右是没有月光的。林肯大声地说道:"我不能不告诉大家,这个证人是个彻头彻尾的骗子!"

这场法庭辩论中,林肯的辩论之所以具有不可辩驳的逻辑力量,之所以让作伪证的证人屈服,是因为他的辩护中包含两个有效的必要条件假言推理:

  只有在月光的照射下,证人才能看清被告的脸,
  那时(夜里11点)没有月光,
  所以,证人不可能看清被告的脸。

这个必要条件假言推理的一个前提否定了假言命题的前件,结论否定了假言命题的后件。这种推理结构叫做必要条件假言推理的否定前件式。

  只有在月光的照射下,证人才能看清被告的脸,
  证人看清了被告的脸,
  所以,那时(夜里11点)一定有月光。

这个必要条件假言推理的一个前提肯定了假言命题的后件,结论肯定了假言命题的前件。这种推理结构叫做必要条件假言推理的肯定后件式。

读者可通过这两个例子，体会有效推理前提到结论的"形式保真"和结论到前提的"形式保假"。

也许有人会奇怪，为什么逻辑演绎特别强调形式的有效性呢？因为我们运用演绎主要是想发现新知识，或者是修正旧知识。在进行理论上的探索时，我们往往无法确定我们所依赖的前提或结论究竟是不是真的。如果我们早已知道其为真，那就是旧知识了，也就谈不上什么探索、创新或发现了。如果演绎的形式是有效的，通过实践检验发现其结论为假时，我们就可以推测，很可能是诸多前提中至少有一个是假的。继而检验前提的真假。如果我们能够检验出某个前提原本是假而被我们假设为真，就必须修正这一前提。这样我们的知识就又前进了一步。比如，我们原来有如下推理："所有天鹅都是白的，所有澳大利亚的天鹅都是天鹅，所以，所有澳大利亚的天鹅都是白的。"后来我们发现澳大利亚有黑天鹅存在，可以确定原推理的结论是假的。但由于这里的推演形式是有效的，我们就可以推知，其前提至少有一个是假的。那么，这样的两个前提究竟何者为假呢？显然，"澳大利亚的天鹅是天鹅"不可能是假的，另一个前提"所有天鹅都是白的"就必然是假的。当然，也有可能前提原来已经被检验为真，而且演绎推理的形式也是有效的，所得结论即使目前无法检验其为真，我们也可以相信其必然为真。一个经典的案例是爱因斯坦提出光具有波粒二象性的理论被普遍承认后，法国科学家德布洛意运用一系列有效演绎推理（即一系列直言三段论的连锁式）推出了"物质波"理论。

> 凡物质粒子都是有质量的，
> 凡有质量的都是有能量的，
> 凡有能量的都是有频率的，
> 凡有频率的都是有脉动的，
> 凡有脉动的都是有波动性的，
> 所以，凡物质粒子都是有波动性的。

1927年的电子衍射图样的发现，证实了德布洛意推测的物质波的理论。1929年，德布洛意获得了诺贝尔奖。在德布洛意推测"物质波"之前，"物质"的"波"属性是不可想象的事情。而德布洛意的成功，也再一次让人们感受到了合乎逻辑地演绎的科学力量。

当然有些前提本身并不是单纯的符合不符合事实问题,它还涉及主观价值评判问题,即受认识主体认识水平和情绪倾向等限制,很难使某些前提符合事实。而要尽可能避免非理性因素对人们求"真"思维和目的的负面影响,演绎逻辑特别偏重于对推理形式有效性问题的关注。至于人们在日常生活中所说的合不合乎"逻辑",往往只意味着他所说的话是否合乎情理,其形式是否有效却并不一定。形式有效的、合乎逻辑的推演有的可能合乎情理;也有可能每个命题都合乎情理,但其推理形式却并不合乎逻辑。恰恰是后一种情况,即不合乎逻辑(推理无效性)的情况,被那些没有受过逻辑训练的人"坚持"认为自己的思维是"很合乎逻辑的"。这是逻辑要发挥其社会功能的困难所在,也是发展逻辑的社会性事业的空间和使命所在。

3. 以规则保证

演绎的有效性是可以用逻辑语形和逻辑语义的方式进行证明的,但这样的证明过程并不是在任何情况下都需要的。在大量有效式的基础上,逻辑学者对传统演绎推理形式概括出了简便的规则(在现代逻辑中主要是通过公理化或形式化方法来保障推理的有效性)。在日常思维中,只要遵守了这样规则,一方面可以合乎逻辑地推理和思维,另一方面,也可以检验推演的产品是否有效。

传统演绎逻辑揭示了演绎推理的哪些有效式,又制订了哪些需要遵循的规则呢?

在亚里士多德型词项逻辑方面,首先是直言命题对当关系推理中的有效式和规则。

直言命题之间存在一种对当关系,所谓对当关系是指同一素材的直言命题 A、E、I、O[①] 之间存在的形式上的真假制约关系。如下四个直言命题

---

① 直言命题之所以用 AEIO 的符号表示依循的是欧洲中世纪经院逻辑的约定,这是根据拉丁文 "Affirmo" 和 "Nego" 而制定的。"Affirmo" 的意思是"我肯定","Nego" 的意思是"我否定",全称肯定命题 A 是取"Affirmo"的第一个元音,表示"全是",特称肯定命题 I 取"Affirmo"的第二个元音,表示"存在";全称否定命题 E 取"Nego"的第一个元音,表示"全否",特称否定命题 O 是取"Nego"的第二个元音,表示"存在否"。

便是同一素材的直言命题。

  所有花是红的　　（A）
  所有花不是红的　（E）
  有花是红的　　　（I）
  有花不是红的　　（O）

  这四个命题只是量项（所有、有）和联结词（是、不是）不同，而它们的主项是相同的，谓项也是相同的。直言命题的对当关系是A与E之间的反对关系；A与O、E与I之间的矛盾关系；A与I、E与O之间差等关系；I与O之间的下反对关系。它们之间所具有的真假制约情况是：反对关系A与E之间，可同假、不可同真；下反对关系I与O之间，可同真、不可同假；矛盾关系A与O、E与I之间，不同真、不同假；差等关系A与I、E与O之间，可同真、可同假。

  在对当关系基础上进行推理，其有效式有：（用"⊢"表示"必然地得出"，用"¬"表示"并非"）

  反对关系：(1) SAP⊢¬SEP，比如，由"某车间所有产品都是合格的"真，可以必然地推出"某车间所有产品都不是合格的"假，但我们不能由"某车间所有产品都是合格的"假，必然地推出"某车间所有产品都不是合格的"真。(2) SEP⊢¬SAP，比如，由"某车间所有产品都不是合格的"真，可以必然地推出"某车间所有产品都是合格的"假，但我们不能由"某车间所有产品都不是合格的"假，必然地推出"某车间所有产品都是合格的"真。

  矛盾关系：(1) SAP⊢¬SOP，(2) SOP⊢¬SAP，(3) SEP⊢¬SIP，(4) SIP⊢¬SEP。具有矛盾关系的直言命题之间，必然地相互推出真与假。当然，我们是不可能对矛盾关系的直言命题进行真与真、假与假之间的相互推出的。

  差等关系：A与I、E与O之间是"保真"关系，即(1) SAP⊢SIP，(2) SEP⊢SOP；I与A、O与E之间是"保假"关系，(3) ¬SIP⊢¬SAP，(4) ¬SOP⊢¬SEP。比如，由"某车间所有产品都是合格的"真，可以必然地推出"某车间有产品是合格的"真，但不能由"某车间所有产品都是合格的"假，必然地推出"某车间有产品是合格的"假；由"某车间所有产品都不是合格的"真，可以必然地推出"某车间有产品不是合格的"真，但不能由

"某车间所有产品都不是合格的"假,必然地推出"某车间有产品不是合格的"假。由"某车间有产品是合格的"假,可以必然推出"某车间所有产品都是合格的"假,但不能由"某车间有产品是合格的"真,必然地推出"某车间所有产品都是合格的"真;由"某车间有产品不是合格的"假,可以必然地推出"某车间所有产品都不是合格的"假,但不能由"某车间有产品不是合格的"真,必然推出"某车间所有产品都不是合格的"真。

下反对关系:(1) ¬SIP⊢SOP,(2) ¬SOP⊢SIP。比如,由"某车间有产品是合格的"假,可以必然地推出"某车间有产品不是合格的"真;由"某车间有产品不是合格的"假,可以必然地推出"某车间有产品是合格的"真。但不能由"某车间有产品是合格的"真,必然地推出"某车间有产品不是合格的"真或假;由"某车间有产品不是合格的"真,必然地推出"某车间有产品是合格的"真或假。

其次是直言命题变形推理的有效式和规则。

直言命题变形推理就是通过改变一个直言命题的形式,由一个直言命题推出另一个直言命题的推理。直言命题变形推理主要有两种基本形式,即换质推理和换位推理。要使换质推理能够从所给的真实前提必然地推出真实的结论,必须遵守以下规则:第一,推理时不改变前提命题的主项和量项;第二,改变前提命题的质,即把肯定命题变为否定命题,把否定命题变为肯定命题;第三,找出前提直言命题谓项的矛盾概念,用它作为结论直言命题的谓项。

直言命题换质推理的有效推理形式有:
(1) SAP⊢SE$\bar{P}$,(2) SEP⊢SA$\bar{P}$,(3) SIP⊢SO$\bar{P}$,(4) SOP⊢SI$\bar{P}$。
比如:

  所有金属都是导电的,所以,所有金属都不是不导电的。
  唯心主义者不是马克思主义者,所以,唯心主义者是非马克思主义者。
  有些学生是党员,所以,有些学生不是非党员。
  有些疾病不是传染的,所以,有些疾病是不传染的。

每个直言命题都对其主项和谓项所反映的对象范围作了断定。一个直言命题如果断定了其主项或谓项所反映的全部对象,这个主项或谓项就是周延的。没有断定其主项或谓项所反映的全部对象，这个主项或谓项就是不周延的。直言命题中的主项和谓项，究竟是否周延则是由命题的量项和联项决定，而直言的量项和联项又决定着命题的具体形式，所以，直言命题主项和谓项的周延问题就可以转换为命题形式问题。要确定一个命题的主项、谓项是否周延，只要看它处于什么命题之中即可辨识。直言命题主项和谓项的周延情况：

命题种类	主项	谓项
全称肯定命题	周延	不周延
全称否定命题	周延	周延
特称肯定命题	不周延	不周延
特称否定命题	不周延	周延
单称肯定命题	周延	不周延
单称否定命题	周延	周延

要保证直言命题换位推理能够从所给的真实前提不得出虚假的结论，必须遵守以下规则：第一，推理时不改变前提命题的联项，即前提命题是肯定的，换位后还是肯定的；前提命题是否定的，换位后仍为否定的。第二，将前提命题的主项和谓项的位置互换。第三，在前提中不周延的项，换位后也不能周延。

直言命题换位推理的有效式有：（1） SAP⊢PIS，（2） SEP⊢PES，（3） SIP⊢PIS。

由"所有的商品都是劳动产品"，可以必然地推出"有的劳动产品是商品"，但不能必然地推出"所有劳动产品都是商品"。如果这样推理，就是将前提中"劳动产品"这个不周延的概念扩大了外延，使其由不周延变成了周延。这样推理是无效的。

由"正当防卫不负刑事责任"，可以必然地推出"负刑事责任的（行为）不是正当防卫"。

由"有些中学生是歌迷"，可以必然地推出"有些歌迷是中学生"。

我们不能从"真理都是有用的"推出"有用的都是真理"，也不能从"有的人不是说谎者"推出"有的说谎者不是人"。如果这样推理，就是将前提中不周延的概念"有用的（理论）"和"人"的外延，由不周延扩大为周延的概念。

再次是直言三段论的一般规则和有效推理形式。

直言三段论推理是借助于一个共同的项将两个直言命题连接起来,并从中推出结论的间接推理。

直言三段论推理应该遵守如下规则。

(1)每个三段论只能有三个项,否则,犯"四概念"的逻辑错误。比如:"白头翁会飞,王大爷是白头翁,所以,王大爷会飞。"此推理中的"白头翁"语词可以表达多个概念,第一个概念所指对象是"鸟",第二个概念所指对象是"老人",它们不是同一个概念。在直言三段论推理中,有人常常利用这样的偷换概念的方式进行不正确推理,以达到其混淆视听的目的。

(2)中项至少周延一次,否则,犯"中项不周延"的错误。比如,"张三是罪犯,李四是罪犯,所以,李四是张三。"此推理的中项是"罪犯",在两个前提中都是肯定命题的谓项,都不周延,所以,不能起到有效联结大项"张三"与小项"李四"的作用。再如,"有的舞迷是小孩,有的舞迷有孩子,所以,有的小孩有孩子。"此推理的中项是"舞迷",在两个前提中都是特称命题的主项,都不周延,也不能起到有效联结小项"小孩"与大项"有孩子"的作用。这样的推理是无效推理。

(3)前提中不周延的项在结论中不得周延,否则,犯大项不当扩大或小项不当扩大的错误。比如:"党员要守法,我不是党员,所以,我不要守法。"这个推理中,"守法"概念在前提中是肯定命题的谓项,是不周延的,但在结论中是否定命题的谓项,是周延的,这就扩大了概念的外延。再如,"你说甲生疮,甲是中国人,所以,你说中国人生疮。"这个推理中,"中国人"概念在前提中是肯定命题的谓项,是不周延的,但在结论中是全称命题的主项,是周延的,也扩大了它的外延。这个规则也回答了本节开头所述故事中亚历山大关于"青蛙不是有肺的动物"的推理为什么无效的问题。

(4)两个否定的前提推不出结论,否则,犯双否定前提的错误。比如,"艾滋病不是源于中国,肺炎不是艾滋病,所以,肺炎不是源于中国"。这个推理中,"艾滋病"是中项,在大前提中与"源于中国"排斥,在小前提中与"肺炎"概念排斥,没有起到联结小项和大项的作用,不能必然地推出结论。

(5)前提中有一个否定结论为否定,反之亦然,否则,犯结论或前提不当肯定的错误。比如,"商品是劳动产品,空气不是劳动产品,所以,空气不是商品"。在这个推理中,不能得出"空气是商品"的结论。否定命题不论是E还是O,都是对概念之间排斥关系的概括,如果结论是必然地从前提中推导出来的,那么,若前提有概括概念排斥关系的命题,结论也必然有概括概念排斥关系的命题。同理,从两肯定前提也不可能有效地推出否定的结论。

在遵循直言三段论一般规则的基础上,可以概括出直言三段论推理的有效式。直言三段论的式与格是紧密联系在一起的。依据中项在前提中的位置不同,直言三段论可分为四个格:

```
M—P      P—M      M—P      P—M
S—M      S—M      M—S      M—S
─────    ─────    ─────    ─────
S—P      S—P      S—P      S—P
第一格    第二格    第三格    第四格
```

有了上述5条规则制约,可以得出直言三段论推理如下24个有效推理形式。

第一格:AAA　AAI　AII　EAE　EAO　EIO

第二格:AEE　AEO　AOO　EAE　EAO　EIO

第三格:AAI　AII　EAO　EIO　IAI　OAO

第四格:AAI　AEE　AEO　EAO　EIO　IAI

后来,由于德摩根等学者的探讨,传统词项逻辑也可处理关系推理中的一些极简单的逻辑推理。

关系推理的基础是关系命题。关系命题是断定思维对象之间具有或不具有某种关系的命题。这里只讨论两个对象之间的二元关系,多元关系命题的有关逻辑问题可以依据两项关系命题进行类推。比如,"鲁迅的年纪比路遥大"、"南京位于上海和北京之间"、"我们班有的同学认识奥巴马"。传统关系推理是依据关系命题的对称性和传递性的逻辑性质进行的演绎推理。

从对称性角度看关系推理,有两种有效的推理形式:其一是对称关系推理,当R为对称关系时,由"aRb"可以必然地推出"bRa"。比如"张三与李四是老乡,所以李四与张三是老乡"。其二是反对称关系推理,当R为反对称关系时,由"aRb"可以必然地推出"并非bRa"。比如"张三比李四岁数大,所以李四不比张三岁数大"。但是,对于偶对称关系,不能进行必然性推理,比如,从"张三打了李四",不能必然地推出"李四打了张三"或"李四没有打张三";从"张三控告了李四",不能必然地推出"李四没有控告张三"或"李四控告了张三"。

从传递性角度看关系推理,也有两种有效的推理形式:其一是传递关系推理,当 R 为传递关系时,由"aRb,bRc"可以必然地推出"aRc"。比如"张三比李四岁数大,李四比王五的岁数大,所以,张三比王五岁数大"。其二是反传递关系推理,当 R 为反传递关系时,"aRb,bRc"可以必然地推出"并非 aRc"。比如"小李是大李的儿子,大李是老李的儿子,所以,小李不是老李的儿子"。但是,对于偶传递关系,不能进行必然性推理,比如"张三爱着李四,李四爱着王五,"不能必然地推出"张三爱着王五"或"张三不爱王五"。

传统命题逻辑研究的复合命题推理,主要有联言推理、选言推理、假言推理等。

联言推理是前提或结论为联言命题并且依据联言命题的逻辑性质进行的推理。联言命题是断定若干事物情况同时存在的复合命题。联言命题具有这样的逻辑性质,即只有当组成联言命题的支命题都真时,联言命题才真;当有一个乃至于所有的联言支假时,联言命题为假。联言推理的规则有二。其一,已知若干独立命题为真,可以推出以它们为支命题的联言命题为真。其二,已知一个联言命题为真,就能推出它的任何一个支命题为真。

依据规则一,有联言推理的组合有效式。比如:"构建社会主义和谐社会需要我的努力,构建社会主义和谐社会需要你的努力,构建社会主义和谐社会需要他的努力,所以,构建社会主义和谐社会需要我、你、他的共同努力。"

联言推理组合式:$p, q, r \vdash p \wedge q \wedge r$(用"$\wedge$"表示"并且")

依据规则二,有联言推理的分解有效式。比如,"德之不修,学之不讲,闻义不能徙,不善不能改,是吾忧也!所以,德之不修,是吾忧也!"

联言推理分解式:$p \wedge q \wedge r \wedge s \vdash p$

选言推理是依据选言命题的逻辑性质进行的推理。选言命题是断定若干事物情况至少有一种或者只能有一种情况存在的复合命题。对于相容性选言命题,只要构成它的一个支命题真时,选言命题即为真;只有当所有支命题假时,选言命题才假。依据这种逻辑性质,相容性选言推理需要遵循两个规则。其一,已知一部分选言支假,可推知另一部分选言支中至少一支为真。其二,已知一部分选言支真,不能必然推出另一部分选言支的真假。比如,"今天这个会议,或者你去参加,或者我去参加,现在你不去参加,所以,我去参加。"其推理形式是:$(p \vee q) \wedge \neg p \vdash q$。(用"$\vee$"表示"或者")

但是,我们不能这样进行必然性推理,比如,"某同学学习成绩不好,或者是自己不努力,或者是方法不对头,或者是老师没教好。我们知道老师教得不好,所以,不是他自己不努力,也不是方法不对头。"其无效的推理形式是:$(p \vee q \vee r) \wedge r \vdash \neg p \wedge \neg q$。

对于不相容性选言命题,当且仅当有一个选言支真时,选言命题才真,当所有的选言支均假,或有两个以上的选言支同真时,不相容选言命题为假。依据这种逻辑性质,不相容性选言推理也需要遵循两个规则。其一,已知一部分选言支假,可推知另一部分有且只有一个选言支为真。比如,"我们的干部路线要么任人唯贤,要么任人唯亲,任人唯亲与我们的根本宗旨相违背,所以,我们只能实行任人唯贤的干部路线。"其推理有效式是:要么p,要么q;非p,所以,q。要么p,要么q;非q,所以,p。其二,已知一个选言支为真(或一部分中有一支为真),可推知其余的选言支为假。比如,"某一犯罪行为要么是故意犯罪,要么是过失犯罪,法庭调查认定这是过失犯罪,所以,这一犯罪行为不是故意犯罪行为。"其推理有效形式是:要么p,要么q;p,所以,非q。要么p,要么q;q,所以,非p。

假言推理是依据假言命题的逻辑性质进行的演绎推理。假言命题是断定一事物情况是另一事物情况存在的条件的命题。这种逻辑意义上的"条件"分为三种,即充分条件、必要条件和充要条件。充分条件假言命题是断定一事物情况存在则另一事物情况也存在的命题。依据充分条件假言命题的逻辑性质,可以确立充分条件假言推理的规则。其一,已知前件为真,可以必然地推出后件为真。其二,已知前件为假,不能必然地推出后件的真假。其三,已知后件为真,不能必然地推出前件的真假。其四,已知后件为假,可以必然地推出前件为假。根据规则一和规则四,可以得到两个有效的推理形式。肯定前件式:$(p \rightarrow q) \wedge p \vdash q$。(用"$\rightarrow$"表示"如果…那么") 比如,"如果天下雨,那么地面湿;现在天下雨,所以,地面湿。"但是,我们不能这样进行必然性推理,即"如果天下雨,那么地面湿;现在地面湿,所以,天下雨。"这是所谓"肯定后件谬误"。另一有效形式是否定后件式:$(p\rightarrow q)\wedge\neg q\vdash\neg p$。比如,"如果天下雨,那么地面湿,现在地面未湿,所以,天没有下雨。"但是,我们不能这样进行必然性推理,即"如果天下雨,那么地面湿;现在天没有下雨,所以,地面不会湿。"这就是"否定前件谬误"。

必要条件假言命题是断定一事物情况不存在另一事物情况就不存在的命题。依据必要条件假言命题的逻辑性质,可以确立必要假言推理的规则。其一,已知前件为真,不能必然地推出后件为真。其二,已知前件为假,可以必然地推出后件为假。其三,已知后件为真,可以必然地推出前件为真。其四,已知后件为假,不能必然地推出前件的真假。根据规则二和规则三,可以得到两个有效的推理形式。否定前件式:$(p\leftarrow q)\wedge\neg p\vdash\neg q$。(用"←"表示"只有……才")比如,"男性公民只有年满22周岁,才能合法地结婚。张明年龄不满22周岁,所以,张明不能合法地结婚。"但是,我们不能这样进行必然性推理,"男性公民只有年满22周岁,才能合法地结婚。张明年龄满22周岁,所以,张明能够合法地结婚。"这是"肯定前件谬误"。另一有效式是肯定后件式:$(p\leftarrow q)\wedge q\vdash p$。比如,"男性公民只有年满22周岁,才能合法地结婚。张明已经合法地结婚。所以,张明年龄满22周岁。"但是,我们不能这样进行必然性推理,"男性公民只有年满22周岁,才能合法地结婚。张明没有结婚。所以,张明年龄不满22周岁。"这是"否定后件谬误"。

充要条件假言命题是断定一事物情况存在另一事物情况就存在、一事物情况不存在另一事物情况就不存在的命题。依据充要条件假言命题的逻辑性质,可以确立充要假言推理的规则。其一,已知前件为真,可以必然地推出后件为真。其二,已知前件为假,可以必然地推出后件为假。其三,已知后件为真,可以必然地推出前件为真。其四,已知后件为假,可以必然地推出前件的真假。根据这些规则,可以得到四个有效的推理形式。肯定前件式:$(p\leftrightarrow q)\wedge p\vdash q$。(用"↔"表示"当且仅当")比如,"a能被2整除,当且仅当,a是偶数。a能被2整除,所以,a是偶数。"否定前件式:$(p\leftrightarrow q)\wedge\neg p\vdash\neg q$。比如"a能被2整除,当且仅当,a是偶数。a不能被2整除,所以,a不是偶数。"肯定后件式:$(p\leftrightarrow q)\wedge q\vdash p$。比如"a能被2整除,当且仅当,a是偶数。a是偶数,所以,a不能被2整除。"否定后件式:$(p\leftrightarrow q)\wedge\neg q\vdash\neg p$。比如"a能被2整除,当且仅当,a是偶数。a不是偶数,所以,a 不能被 2 整除。"

显然,我们可以把上述有效式复合起来进行多重复合推理。传统命题逻辑研究了一种非常有用的"多重复合推理",即二难推理。二难推理又称为假言选言推理,其大前提是两个充分条件假言命题,小前提是两个选言支的选言命题,可推出一个使论辩对方"左右为难"的结论。比如:古代无神论者曾向鼓吹"上帝是无所不能的"僧侣提出一个问题:请问上帝能不能创造一块他自己举不起来的石头?面对这个问题,被问者陷入了两难的境地。因为如果上帝能够创造这块石头,那么他有一块石头他自己举不起来;如果上帝不能创造这块石头,那么他有一块石头他创造不出来。上帝或者能够创造这块石头,或者不能创造出来这块石头,所以,上帝或者有一块石头他举不起来,或者有一块石头他不能创造出来(在这两种情况下,上帝都不是无所不能的)。这就是一个二难推理,其结构可塑述如下:

> 上帝若能创造一块他自己能举不起来的石头,他不是万能的。
> 上帝若不能创造一块他自己能举不起来的石头,他不是万能的。
> 或者上帝能创造一块他自己能举不起来的石头,或者上帝不能创造出一块他自己举不起来的石头。
> ───────────
> 上帝不是万能的。

再如,元人姚燧写的《寄征衣》,也描写了一种日常社会生活中的二难困境。

> 欲寄征衣君不还,
> 不寄征衣君又寒。
> 寄与不寄间,
> 妾身千万难。

这首小诗,可以被重塑为如下规范的二难推理形式,即:

p→q	如果将衣服寄给夫君,那么夫君有衣穿而不回家团圆,
r→s	如果不将衣服寄给夫君,那么夫君无衣御寒,
p∨r	或者寄衣服给夫君,或者不寄衣服给夫君,
───	───
q∨s	或者夫君不回家团圆,或者夫君无衣御寒。

在现实生活中,如果能够自觉地运用二难推理,可以实现特殊的论辩功能。曾有过一则电视报道,某市工商和环保人员联合查处一家经营"天鹅肉"的野味餐馆。老板开始说他卖的天鹅肉"货真价实",后又改口说是"野鸭子肉"。执法人员对他说:如果你卖的天鹅肉是真的,那么你违反了珍稀动物保护法;如果你卖的天鹅肉是假的,那么你违反了消费者权益保护法;你卖的天鹅肉或者是真的,或者是假的;你或者违反珍稀动物保护法,或者违反了消费者权益保护法。那位老板哑口无言,只好接受处罚。

这里,我们只是列举了传统演绎推理的主要推理规则和有效式,在这些基本的推理规则和有效式的基础上,还可以进一步扩展更多的有效式。比如,选言假言推理(抉择推理)的有效式、反三段论推理的有效式等。在日常思维中,这些有效式都是经常用到的。

需要强调指出的是,传统演绎逻辑对这些有效式的把握,都是奠定在亚里士多德在其《形而上学》一书中所阐发的逻辑思维基本法则——矛盾律、排中律以及同一律之上的,由于本丛书中对此已有大量论述,我们这里就不再多费笔墨了。

基于本书导言所说明的逻辑理论与方法的变革,现代演绎逻辑所揭示的有效式远远多于传统演绎推理的有效式。但是,人们往往存在误解,认为现代逻辑是纯形式化的,对思维过程的揭示近乎是一种纯符号的推演,技术含量高,使用难度大,所以,有人认为现代逻辑在自然科学特别是在计算机科学领域功能巨大,但它远离了人们的思维实际,远离社会生活,在社会生活领域,它是无用的。的确,现代逻辑主要使用人工语言,传统逻辑则使用自然语言。所谓自然语言,是指人们在日常交往中、在一定的语言范围内所使用的某种民族语,它具有多义性、模糊性和民族性,适合于定性分析与模糊思维;而人工语言则是指人们根据特殊需要而自觉创造的符号系统,具有单义性、精确性、世界性等特征,适合于定量分析与精确思维。深刻、严谨、精确是现代逻辑的特征。深刻、严谨、精确在社会生活领域不是没有用处,而是人们忽视了它的用处,或者说还没有发掘出它的用处。其实,现代逻辑也是为适应人类社会实践和科学技术发展需要而产生的,是遵循人类认识发展规律而发展起来的,是人们思维活动的重要工具。它来源于人类的实践活动,也能够指导、服务于人类的实践活动。在具备了传统演绎思维的基本素养之后,思维要进一步深化,就必然要走向更为深刻、严谨、精确,现代演绎逻辑的功能也就会愈来愈多地得以呈现。

4. 预见的方式

常言道:凡事预则立,不预则废。预,就是根据已经发现的事实情况,预测事物的未来发展走向及其可能的后果。善于预测并能够准确预测,是成功、高效地处世立事、科学决策、解决问题的重要基础和必要条件。从思维方式上说,"预见"其实就是要有演绎推理的意识,并善于进行逻辑演绎。

有这样一个故事,说的是化学家尼德林教授知道自己的研究生肯普与自己的女儿相爱。为了判定自己的研究生的逻辑思维能力,尼德林教授写了一串阿拉伯数字,要他的学生马上回答出来是什么意思。如果回答正确,就将女儿许配给他;如果答不出来,婚事告吹。尼德林教授写的数字是:

69663717263376833047

面对这20个数字,肯普作了以下一系列的推论。

1. 教授您是一位诚实的人,绝不会给我出无法解决的难题。因此,这一串数字密码您一定认为我能够揭示其中的奥秘。

2. 您要我立即回答,不给很多时间准备,表明这些数字密码一定与我所十分熟悉的东西有关。

3. 数字密码无非有两种可能:或者是简单的数字排列,或者是与我的专业有关的数字。如果是简单的数字排列,只能得出上面有5个"6",5个"3",没有"5",这没有什么意义,得不到什么启示。因此,这些数字肯定是与我的专业有关。

4. 我的专业是化学,研究化学的人看到数字马上就会将它与原子序数联系起来;每种化学元素都有自己的原子序数,现已发现104种元素。因此,数字密码可能与从1到104的原子序数有关。

肯普说到这里,尼德林教授很满意,点头示意他继续推论下去。

5. 可以排除三位数的原子序数,因为这些原子序数是在1后紧跟0,而在密码中只有一个"1",而它的后面又是"7"。

6. 因此,20 个数字可能是 10 个二位数;也可能是 9 个二位数,两个一位数;或者 8 个二位数,四个一位数……这样将有几百种排列组合,要我立即回答出来是做不到的。所以,这 20 个数字密码应该是 10 个二位数。

7. 10 个二位数本身也无意义,应该写成它们所代表的元素名称,或许有意义。它们所代表的元素名称是:铥、镝、铷、氯、铁、砷、锇、铋、锌、银。

8. 元素除了原子序数外,是否还有使化学家能够马上想到的东西呢?显然是元素的化学符号。上述 10 种元素的化学符号分别是:Tm、Dy、Rb、Cl、Fe、As、Os、Bi、Zn、Ag。

9. 取符号的第一个字母组不成字,没有意义;取符号的第二个字母正好组成一个语句,即 My blessing,意思是"我的祝福"。

至此,肯普终于用逻辑推论的方法,把他老师设定的密码揭示出来了。尼德林教授十分赞赏肯普的逻辑思维能力,把女儿嫁给了肯普。

预测,本质上就是一种关于事物信息的推理,其方法不外乎有两种,一种是以过去的资料为基础进行推理——"因为是这样,所以就这样"、"因为从来如此,所以如此",这是一种归纳推理的方式;另一种是从很少的资料做出演绎推理的假设——"如果是这样的,那么结果应该是那样的。"这种假定推理的方法,人们称之为"假设—演绎法"。灵活地应用假设—演绎法并不是多么艰难的事情,只要有这种演绎思维的意识,并能够理解和用好"如果—那么—"这种充分条件假言命题及关于它的推理就行了。但是,是否有这种演绎意识,能否构建"如果—那么—"的演绎推理链,其结果是大相径庭的。

说一个对我们颇有启迪意义的典型案例——美国政策制定者在爱尔·基琼火山爆发事件中进行的演绎预测推理。1982 年 2 月,墨西哥爱尔·基琼火山爆发了。这次火山爆发,史无前例的大量火山灰喷上了天空。根据既往的气象记录,美国决策者推测:如果大量的火山灰喷上了天空,必然会导致全球气候发生重大变化;如果全球气候发生重大变化,必然给惯常性的农业生产带来毁灭性破坏;如果农业生产遭到毁灭性破坏,全球粮食生产和粮食供应必然发生严重短缺;如果全球粮食生产和粮食供应发生严重短缺,必然导致粮食生产和供应能力不足的国家发生粮荒。"人是铁饭是钢",人不能不吃饭,粮食短缺的国家必然屈求于有充裕存粮的国家,如果粮食短缺的国家屈求于有充裕存粮的国家,那么有充裕存粮的国家必将掌控这些国家在国际关系上的主动权。而当时的美国正是全球粮食存量最多的国家,苏联却是全球粮食生产和供给严重不足的国家。依据前述构建的演绎"条件链",美国政府当即制订并实施了限制粮食生产和粮食出口的政策。后来的气象事实表明,爱尔·基琼火山的爆发的确导致了全球灾难性天气。而美国决策者依据其演绎推理链条制订和实施的限粮政策,却得到了"一箭三雕"的好处。

其一,繁荣了国内经济,化解了国内矛盾。在爱尔·基琼火山爆发之前,美国曾将粮食作为战略物资,禁止对苏联出口,但失败了。因为美国以外的一些国家具有粮食出口的余力,在阿根廷拉布拉塔河口,人们可以看到苏联的庞大船队。由于美国禁止了粮食对苏联的出口,结果却导致美国剩余了大量的谷物,国内谷物价格直线下跌,引起了农民以及一部分市民的不满。爱尔·基琼火山爆发后,美国决定减少耕种面积,并对减少耕种面积的农民给予全额补贴。由于全世界收成剧减,谷物的价格自然上涨,芝加哥的谷物市价升到以往的1.6倍左右,美国因为限制谷物出口而造成的损失转眼间赚了回来,农民的不满情绪消失了。与农业有关的企业随之得利。由于芝加哥谷物市场的小麦市价提高到了原来的1.6倍,政府对缩减了三分之一耕地面积的农民以实物兑现付给,农民的收入等于增加了1.6倍,这是不需任何本钱就可以繁荣经济的绝妙对策。同时,和农业有关的一些企业,如农具、肥料等企业也随之得到了良好的转机。

其二,趁机胁迫敌手,保持国际优势地位。世界各地粮食歉收,苏联从美国以外的国家购买粮食的计划已经无法实现。作为外交策略,苏联舆论一度宣传说,他们当年的农业生产获得了丰收。可惜,这样的策略没有发挥作用。若在往年,从西欧缓缓刮来的风里带来大量的湿气,可望给苏联送来雨水。由于爱尔·基琼火山的爆发,西欧已经降了比往年多得多的雨水,苏联只会因为严重的干旱而感到焦灼不安,不可能获得农业丰收。如今,美国是唯一拥有剩余粮食的国家,而且还将这仅有的剩余粮食缩紧再缩紧,然后提高价格。苏联进口粮食的唯一对象就只有美国了,因其致命性的弱点被对方拿捏在手中,对美国在加勒比海及其他一些地区制造的那些小小的摩擦,也不得不作出"大度容忍"的姿态;在限制中程核武器谈判中,苏联不得不有所让步,甚至在阿富汗问题上也不得不甘认吃亏。由于谷物价格昂贵,进口相同数量的粮食,却要花上原来1.6倍的外汇。为此,苏联只得压缩军费开支了。

其三,实现其控制世界人口的战略。正当全世界农业生产陷入一蹶不振之际,美国采取了缩减三分之一耕种面积的政策;而在另一方面,世界人口仍在继续膨胀。由于美国卡死了粮食供给的渠道,自然地起到了控制世界人口爆炸式增长的效果。曾几何时,美国也曾将自己的剩余谷物,以粮食援助的形式,用来拯救那些发展中国家的饥馑。可是现在却有些不同,"剩余"没有了,甚至连资助其购买粮食的经费也没有了。舆论只能认为美国此举目的在于"控制人口"了。原来以石油为中心的世界,如今却转变成以谷物为中心了。①

在实际生活中,"如果—那么"这种语句形式也许不受欢迎,但它却是形成科学思维的必要方法,也是科学预见的重要思维工具。美国国家政策的决策层正是在爱尔·基琼火山爆发这一"突发"事件上善于运用逻辑演绎的方法,才收获了意想不到的效果。

5. 质疑的工具

演绎之"必然地得出"的属性,决定了它有从前提到结论的"保真性"功能,同时,它还具有从结论到前提的"保假性"功能。凭借这种"保假性"功能,人们能够对教条、"伪真理"、"伪科学"等进行有力反思,而反思和质疑教条、"伪真理"和"伪科学",对于解放人们的思想观念、开动"批判性思维",具有杠杆式作用。

下述例子是逻辑演绎在"批判性思维"中之杠杆作用的一个经典案例。

亚里士多德曾经断言,轻重不同的物体从空中落地,快慢与其质量成正比。重者下落快,轻者下落慢。这个论断曾经影响了欧洲科学界上千年,中世纪后期欧洲学界推崇亚里士多德,长期把这个论断作为真理使用。

---

① 参见山上定也:《惊人的信息推理术》,温元凯、李涛译,上海文化出版社1987年版,第1—14页。

在科学史的教育中,人们曾经交口流传着一个故事:1590年,出生在比萨城的意大利物理学家伽利略,曾在比萨斜塔上做自由落体实验[①],将两个重量不同的球体从相同的高度同时扔下,结果两个铅球同时落地,并由此发现了自由落体定律,推翻了此前亚里士多德认为的重的物体会先到达地面,落体的速度同它的质量成正比的观点。伽利略是否在比萨斜塔上做了这个实验,科学史研究者没有给出肯定结论。但伽利略的确有这样的推论:根据速度合成原理,如果把轻重不同的两个物体捆绑在一起,两个物体之和,应该比原来的物体更重。它的下落速度,应该比原来那个重的物体下落的速度更快。但是,又由于轻的物体下落速度慢,这两个物体之中有一个是轻的物体,受它的下落速度的影响,这两个捆绑在一起的物体的下落速度,应该比那个重的物体的下落速度更慢。既是更快,又是更慢,是不可能的。这个逻辑矛盾表明,长期以来,尽管人们长期把亚里士多德的"物体落地的快慢与其质量成正比"视为"真理",但实际上这个"真理"是不成立的。如果承认速度合成原理,这就是一个"必然地得出"的结论。

可见,通过运用演绎的"保假性"功能进行反思,可以揭示一些人们长期"公认正确"的信念谬误之处,是世人解放思想、更新观念的有力工具。我们可以设想,作为逻辑学之父的亚里士多德本人,如果看到伽利略的这个运用演绎推理推翻自己原来思想的结论,是会欣然接受的。

不仅在科学认识活动中,演绎的质疑功能可以起到"矫枉"误识的作用,在社会日常生活过程中,演绎的"反思"功能同样具有维护法律尊严、维护人们合法权益的作用。

报载,某地举行基层人民代表选举,多数选民因为对公布的候选人不满而拒绝参加投票,导致参选人数不足法定人数。选举组织者在随后的召开的选民代表大会上说:"选举权是宪法赋予每个公民的权利。你们放弃法定的权利,是违反宪法精神的,是不允许的。因此,所有选民在下轮选举

---

① 伽利略在比萨斜塔做自由落体实验的故事,记载在他的学生维维安尼(Vincenzo Viviani,1622—1703)在1654年写的《伽利略生平的历史故事》(1717年出版)一书中,但伽利略、比萨大学和同时代的其他人都没有关于这次实验的记载。对于伽利略是否在比萨斜塔做过自由落体实验,历史上一直存在着支持和反对两种不同的看法。另据记载,1612年有人在比萨斜塔上做过这样的实验,但他是为了反驳伽利略而作这个实验,结果是两球并没有同时到达地面。其实,那时进行自由落体实验的条件是不具备的。

时都必须按时参加投票。"撇开选民对这次候选人不满意,其中是否有程序违法问题不说,仅从逻辑上看,法律关于公民权益的条款都是"允许"命题,并不是"必须"命题。宪法规定公民有选举权,并不能逻辑地推出"公民必须参加选举",也推不出"不允许公民放弃选举权",组织者的结论是不能从其前提"必然地得出的"。

南京某高校学生小顾和女友在2002年的"十一"节日期间赴安徽旅游,到达目的地后在一家旅舍投宿,开了一个双人标准间。当天晚上,几个联防队员冲进该房间,将正在洗澡的小顾硬是从洗澡间里拖了出来,声称小顾没有结婚证,同女友开房属于卖淫嫖娼行为,最后处以500元罚款。

《中国青年报》发表宋君华的文章认为,公安部门要求开房间需要持结婚证,以及进行所谓的例行查房是没有法律依据的,侵害了酒店、宾馆顾客的合法权益。到目前为止,法律的强制性规范只是禁止强奸、重婚和性交易这三种行为,未婚男女外出同住并不在禁止之列。其他任何人或组织均无权干涉或处理。同时,根据私权行使"法无禁止即可为"的原则,既然法律没有明文禁止规定,这种行为也就没有违法。此外,居住权是公民最基本的权利之一,除了法律规定情况外,任何人不能对此予以剥夺。在这种情况下,酒店或公安部门无权要求顾客出示除身份证之外的其他任何证件及进行所谓的例行查房。不然的话,就严重侵犯了顾客的人权,违背了现代法治精神。①

从逻辑上看,"禁止p"与"允许p"是一对矛盾命题,"不禁止p"也就意味着"允许p"。对于公民行使私权来说,法律没有明文禁止的行为,就是允许。由于没有一条法律禁止"未婚青年男女外出同住",该行为并不构成违法。对于政府行使公权来说,法律没有明文规定禁止的行为,都是允许的。没有一条法律授予公安部门以"例行查房"权,所以,这种行为构成了行政违法。

演绎逻辑具有普适性,就是说,我们可以用逻辑工具分析发生于任何时空中的实际推理,古今中外,概莫能外。所以,即便在缺乏逻辑传统的中国古代社会,我们也会发现,人们也在不自觉地运用逻辑推理维护其合法的权益,质疑统治者的不合理规则。据史料记载,齐国大夫邴石父谋反,宣

---

① 参见宋君华:《男女开房必须持结婚证吗?》,载《中国青年报》2002年10月21日。

王杀了他,还要灭绝其九族。郱氏是一个大家族,支系、后代人口繁多。他们哭着找到艾子门上,求他去向宣王说情,请求宽恕。艾子揣着一条绳子来见宣王。艾子说:"谋反的只是郱石父一人,他的家族并没有罪,为什么要灭掉他们?"宣王说:"先王的法律不敢废弃呀!政典上说:'与谋反者同族的人一定要杀而不饶恕'。"艾子说:"以往公子巫投降了秦国,而他不是您的弟弟吗?既然如此,您也是叛臣的同族,按理说也应该连累上。希望您今天就自决,不要因为吝啬您一人生命而损害先王之法。"说完,献上了绳子。宣王一看,忙笑着说道:"先生算了吧,我赦免他们了。"宣王声称依据先王之法而处罚郱氏家族,艾子将其弟弟降秦的事实揭露出来,就使得宣王的"言"与"行"构成了矛盾,以其言,攻其行,迫使宣王做了让步。而宣王之所以"让步",是因为有合乎规则的逻辑演绎的质疑,即"如果与谋反者同族的人一定要杀而不饶恕,那么宣王就要被处死,宣王不愿意被处死",所以,"与谋反者同族的人一定要杀而不饶恕"的不合理规定就需要修正。

据《吕氏春秋·当务》载"楚有直躬者,其父攘羊而谒之上,上执而将诛之。直躬者请代。将诛矣,告吏曰:'父窃羊而谒(揭)之,不亦信乎?父诛而代之,不亦孝乎?信且孝而诛之,国将有不诛者乎?'荆王闻之,乃不诛也。孔子闻之曰:'异哉!直躬之为信也,一父而载取名焉。'故直躬之信,不若无信。"这段话的大意是:楚国有一个叫直躬的人,向政府揭发他的父亲偷了羊。政府派人将他的父亲抓起来准备处死。直躬请求代替父亲接受惩罚。政府将要杀他的时候,他告诉官吏说:"向政府揭发父亲偷羊不是讲诚信吗?代替父亲接受死刑不是孝顺吗?既讲诚信又孝顺的人,要处以死刑,这个国家还有不该杀的人吗?"楚国国王听了这话,就免了直躬的死刑。孔子听说这件事,说:"真奇异呀!直躬讲诚信,因为父亲偷羊这一件事情,两次取得名誉。"因此,直躬这种诚信,不如没有诚信。孔子对此事的看法是:"吾党之直者异于是:父为子隐,子为父隐,直在其中矣。"[1]那么,"父为子隐,子为父隐"就是合乎道德的吗?人们反思这里的问题,发现了这样的逻辑矛盾:"直在其中"是在何处?"直"是在伦理,如果亲亲之间不是"互隐"而是互揭,可想而知,家庭作为伦理实体将不

---

[1] 《论语·子路》。

复存在,至少丧失它的伦理实体的直接性和自然性。伦理上的"直",无疑是道德上的"曲"或"谬","亲亲互隐"的结果必然使家庭沦落为不道德的个体,家庭是组成社会的细胞,家庭不道德,又如何期望整个社会讲道德?那么,如何解决这里的矛盾呢?可能要求人们从传统的德性伦理转向规范伦理,而这种伦理信念的转变,对于社会而言无疑是一次道德观念的重大变革。①

这种由逻辑演绎推导而得出矛盾,进而促使世人道德观念的转变,并不仅仅是一个理论上的问题,而是一个社会实践和社会关系的问题。想一想"文化大革命"的时候,"斗私批修"的口号喊得震天响的时候,也正是一些野心家、阴谋家的私欲膨胀到了极点,图谋篡权杀人的时候。那时候,大多数善良天真的老百姓真的相信斗私批修可以成为普遍的社会准则,因而真心诚意地身体力行。与此同时,又有一批投机分子,他们窥察出"君子可欺以其方",别人斗私批修,正是他们打捞便宜的好机会。他们以打倒剥削为借口去抄别人的家,却把抄来的金银财宝装进自己的口袋;他们号召别人"狠批私字一闪念",要别人为了革命的利益承认自己是叛徒特务反革命,以便在自己的功劳簿上加上一笔;他们甚至不惜置人于死地,只要自己能图得一官半职。"文化大革命"的历史证明,"先人后己"的"革命道德",在普遍推行时是存在实践矛盾的。

人心不古,包藏祸心,现实社会中,盛世道德景象难以实现,那么,在文学作品中,人人都讲道德,能否实现一个无矛盾的道德昌盛的大同世界呢?恐怕也未必。我们不妨看看"君子国"中的道德问题。

18、19 世纪之交,我国文学家李汝珍写了一本小说《镜花缘》。书中讲了一个叫唐敖的人,宦途受挫,跟随妻弟林之洋到海外去游历,经过的第一个国家就是"君子国"。君子国里的人,个个"好让不争",以自己吃亏让他人得利为乐事。小说的第十一回"观雅化闲游君子邦,慕仁风误入良臣府",其中描写君子国里一名隶卒买物的情况:隶卒⋯⋯手中拿着货物道:"老兄如此高货,却讨恁般低价,教小弟买去,如何能安!务求将价加增,方好遵教。若再过谦,那是有意不肯赏光交易了。"

---

① 参见樊浩:《伦理实体的诸形态及其内在的伦理—道德悖论》,载《中国人民大学学报》2006 年第 6 期。

逻辑时空 | 逻辑的社会功能

　　卖货人答道:"既承照顾,敢不仰体!但适才妄讨大价,已觉厚颜,不意老兄反说货高价贱,岂不更教小弟惭愧?况敝货并非'言无二价',其中颇有虚头。俗云'漫天要价,就地还钱'。今老兄不但不减,反要增加,如此克己,只好请到别家交易,小弟实难遵命。"

　　只听隶卒又说道:"老兄以高货讨贱价,反说小弟克己,岂不失了'忠恕之道'?凡事总要彼此无欺,方为公允。试问哪个腹中无算盘,小弟又安能受人之愚哩。"谈了许久,卖货人执意不增。隶卒赌气,照数讨价,拿了一半货物。刚要举步,卖货人哪里肯依,只说"价多货少"拦住不放。路旁走过两个老翁,作好作歹,从公评定,令隶卒照价拿了八折货物,这才交易而去。①

　　接着小说又描写了另一笔交易。这笔交易中买方认为货色鲜美索价太低,而卖方则坚持自己的货色既欠新鲜,又属平常。最后成交时买者尽挑了次等货物,引起公众议论,说买者欺人不公,买方只好将上等货和下等货各携一半而去。第三笔交易的双方是在银子的成色和分量上发生了争执。付银的一方硬说自己的银子成色欠佳,分量不足,而收银的一方则嫌成色超标,戥头又过高。无奈付银人已走远,收银人只好将他觉得多收的银子秤出,送给了过路的乞丐。

　　茅于轼曾就此指出,双方让利和双方争利都会引起争论。现实生活中所遇到的争论,大多是由各自偏袒自己的利益引起的。因此,我们常常错误地认为,如果关心别人的利益胜过关心自己利益,争论就不会发生。而君子国里发生的事情,说明了以别人的利益作为自己行动的原则,同样会引起争论,结果我们仍然得不到一个和谐的、协调的社会。进一步观察还可以发现,在现实世界的商业往来中,虽然双方都以谋利为目的,通过讨价还价却可以达成协议,而无私的君子国里的讨价还价则不可能。小说里不得不借助两个路过的老翁或一个乞丐,用强制性的办法来解决矛盾——幸亏乞丐是从外国来的,如果他也是君子国人的话则纠纷永无了结之时。这里包含着一个极为深奥而且非常重要的道理:以自利为目的的谈判具有双方同意的均衡点,而以利他为目的的谈判则不存在能使双方都同意的均衡点。由于君子国内不能实现人与人关系的均衡,从动态变化来看,它最终

---

① 李汝珍:《镜花缘》,浙江古籍出版社1997年版,第38页。

必定转变成"小人国"。因为君子国是最适宜于专门利己毫不顾人的"小人"们生长繁殖的环境。当"君子"们吵得不可开交时,"小人"跑来用使君子吃亏自己得利的办法解决了矛盾。长此以往,君子国将消亡,被"小人"国代替。① 茅于轼的这番见解,虽然颇觉新奇,却又不是没有道理。这里的"道理"恰恰就是合乎逻辑地演绎出来的。

对于那些似是而非的言论,需要有一个辨识它们的工具和标准。演绎规则恰恰可以提供这种辨识是非、以正视听的工具和标准。有一篇题为《慎信名言》的文章,如果没有演绎逻辑的规则和标准,在直觉上,可能真的难以澄清其中的是非曲直。作者是以一种警世口吻批判一位名人的言论,颇有"诱导力"。文章的主要内容如下:

美国有一位萨克斯管的演奏家 Kenny G,他演奏的几支曲子,在中国,也到了耳熟能详的地步。他对这种乐器的爱好者讲他的成功之道时,说了一句据说是极深刻的话,那就是:"必须不停地练习,成功的大门才会为你打开。"因为出自这位名人之口,而且是这一行顶尖人物的话,便有记者和围着名人的捧场者加以传播,于是成了警世名言,很有"一句顶一万句"的味道了。

其实,大家都明白,全世界吹这种萨克斯管者,岂止 Kenny G 一个人?为什么他能登上王者的高峰,而无数演奏这种乐器的其他人,却只有高山仰止的份呢?难道仅仅因为没有"不停地练习"吗?所以,这位名人的话,就不能太信以为真的了。显然,"不停地练习",不过是成功的诸多因素中的一个,或者是主要的因素,但绝不是唯一的因素。如果给你一支萨克斯管,即使一天到晚,不眠不食不撒手地吹,吹出小肠疝气来,也不会成为 Kenny G 的……名人的诲人不倦精神是值得敬佩的。但正如鲁迅先生所说"社会上崇敬名人,名人被崇敬所诱惑,渐以为一切无不胜人,无所不谈,于是乎就悖起来了。"所以,我们作为听教诲的碌碌众生,对于像吹萨克斯管的 Kenny G 这样的名人,对于其他一切老是教导我们的名人,第一,尊重之;第二,慎思之;第三,择善而从之。②

---

① 参见茅于轼:《中国人的道德前景》,暨南大学出版社1997年版,第1—5页。
② 李国文:《慎信名言》,载《人民日报》(海外版)2000年6月7日。

这位作者在这里质疑和批评 Kenny G 这位名人的名言,至于 Kenny G 其他的言论是否有逻辑问题,我们这里无法一一考证,但从这里的语言而言,Kenny G 并没有错,因为他所说的"必须不停地练习,成功的大门才会为你打开"是一个必要条件假言命题。必要条件假言命题的逻辑性质是"无之必不然,有之未必然"。就是说,无前件必无后件,而有前件未必有后件。常识告诉我们,乐器"多练"事实上也是演奏"成功"的必要条件,不多练不能成功,而多练并不是一定会成功,因此这位大师的话是正确的,并不存在"误导"青年的问题。作者将大师的话曲解为充分条件假言命题,然后对这种"误解"加以分析批判,从逻辑上看叫作偷换论题,恰恰不是名人误导了青年,而是作者"误解"了名人的话。十分遗憾的是,这种误解在现实生活中并不鲜见。

6. 创新之利器

有效演绎的特质是"必然地得出",其结论在形式上就蕴涵在前提之中。在逻辑发展史上,弗兰西斯·培根就曾以这样的理由,即演绎逻辑不能推出新知而否定演绎在创新中的价值。培根创建传统归纳逻辑功莫大焉,但这个认识却是对演绎的误识。实际上,创新之"新"应该包含两种类型,其一是由"无"到"有"。本来是没有的,被创造出来了而成为"有",换句话说,就是将本来并"不存在"的东西,通过一定的手段创造出来了,这种被创造出来的东西显然是"新"的。这是相对于"本体"而言的"新"。其二,本来是"有"的,但不为人们所知道,通过一定的手段将它彰显出来而为人们所知道,相对于认知主体而言,这也是一种"新"。就前者而言,所有的人工制品,都是创新的产品,因为这些人工制品,在一定意义上是人从"无"中创造出来的。当然,从终极的意义上,也不是从"无"到"有"的创造,只不过是物质形态的改变,因为物质本身是不灭的,但形态的改变是可能的。就后者而言,是认知范围的拓展,是认识内容的深化,是新规律的发现,是思维领域中的发明。演绎逻辑能够创新,就是具有创造这种"新"物的功能。

在认知条件有限的情况下,人们并不知道有"物质波"的存在,但人们可以通过演绎推理知道有这种物质现象的存在。尽管这里的推理前提已经蕴涵着这样的结论,但这样的前提中究竟蕴涵了怎样的信息,不通过逻辑演绎揭示出来,人们并不知道。非欧几何的创立过程、狄拉克反粒子说的创立过程,都非常典型地例示了演绎的创新功能。① 所以,演绎的创新功能就在于将已"有"的彰显出来,使之由潜在转化为显在。

下面的这首杜甫的绝句从诞生以来,便被不同朝代的文人推崇,并逐步成为人们教育学童学习唐诗的材料之一。可是,不通过逻辑推理,又有多少人能够"知道"其中蕴涵着对旧时的水道的描述?

> 两个黄鹂鸣翠柳,
> 一行白鹭上青天。
> 窗含西岭千秋雪,
> 门泊东吴万里船。

有人推断:如果"门泊东吴万里船"是当时景色的真实写照,那么杜甫成都草堂前原先就应该有水道,否则,这首名诗就有问题。后经勘察,果然在那里找到了旧时水道的遗迹。这是通过演绎推理的方式彰显潜在现象的结果。

就科学理论而言,逻辑演绎的这种功能更为重要。科学理论是以知识体系形式陈述着科学研究的成果。科学研究活动是产生科学理论的现实基础。在追根究底的意义上,科学理论创新的动力和源泉是实践,是实践的需要引动科学研究进而促动科学理论的创新和发展。但是,以"客观知识"形态存在的科学理论亦有其相对独立性,即有其内在的逻辑结构及其自我演进的逻辑。因此,科学理论的创新机制可以分为两类,一类是外在的实践促动机制,另一类是内在的逻辑演进机制。

科学理论作为一种系统性知识是以整体的方式存在。这种整体是以某种基本信念为核心,通过"逻辑演绎"方式贯通零散、独立的知识性命题而形成的。逻辑贯通的过程,既是科学理论不断清理命题之间内容上的对立和形式上的矛盾,使得不同命题之间越来越具备协调性的过程,也是科学理论的整体越来越趋于严密性从而达致系统化的过程。相对而言,越是成熟的科学理论,其内在的演绎结构就越为严谨,其内在的逻辑矛盾被清

---

① 参见郁慕镛、张义生主编:《逻辑、科学、创新——思维科学新论》,吉林人民出版社2002年版,第29—32页。

理得越为彻底的科学理论。科学理论中的"逻辑矛盾"有层次之分。表层的是普通的逻辑矛盾。凭借实验、经验和思辨,在不触动科学理论"硬核"的情况下,对相互冲突或矛盾的命题人们容易依据其可信性和可靠性的程度给出优劣排序,进而采取"占优策略"予以适当的取舍,以清除矛盾并弥合它们对科学理论整体造成的缝隙;深层的是特殊的逻辑矛盾。这是在普通的逻辑矛盾被清理之后又显现出来的关涉科学理论体系核心假说可信与否的逻辑矛盾。这种矛盾常常危及科学理论的"硬核"。面对这样的矛盾,通过对矛盾命题进行优劣排序而予以清除的"占优策略"往往是失效的,如若一定要对矛盾命题作非此即彼的简单取舍,不仅不能真正地消解这种矛盾,还可能因为彻底否定了矛盾命题之一方而导致既有的科学理论之应有价值受损。这种特殊的逻辑矛盾我们称之为科学理论悖论。科学理论史上曾经出现过不少悖论,诸如"$\sqrt{2}$悖论"、"无限小量悖论"、"光的本质悖论"、"光速悖论"等,这些悖论在给当时的科学理论带来生存"危机"的同时,却也给它们带来了难得的质变性的创新和发展的机遇。

就$\sqrt{2}$悖论而言,它原出于古希腊时期的毕达哥拉斯学派,这个学派坚信,世界上一切事物和现象都可以归结为数。"万物皆数"是该学派的共同的哲学信仰。由于数量概念源于测量活动,当时人们普遍确信一切量都可以用有理数表示。因为测量得到的任何量在任何精确度的范围内都可以表示成有理数。毕达哥拉斯学派将这种认识凝练为可公度原理,即"一切量均可表示为整数与整数之比"。基于这样的哲学信仰和数学共识,毕达哥拉斯学派致力于早期的数学研究,取得了诸多成就,尤其是成功地发现了伟大的毕达哥拉斯定理。

从"万物皆数"和"可公度原理"这样的前提出发,毕达哥拉斯学派成员希帕索斯通过演绎推理发现,边长为 1 个单位的正方形其对角线的长度,即$\sqrt{2}$却无法表示为整数之比。

这里的证明相当简约:假设$\sqrt{2}$是有理数。设$\sqrt{2} = p/q$。这里 p、q 是自然数,并且$(p,q) = 1$。公式两边平方后,再同乘以 q^2,得 $2q^2 = p^2$。所以,p^2是偶数。由于奇数平方仍然是奇数,因而推得 p 也是偶数,即可令 $p = 2p_1$(p_1是自然数)。将它代入上式可得:$q^2 = 2p_1^2$。同理可得,q 也为偶数,即 p、q 有公约数 2，显然，这与 (p,q)=1 相矛盾，这个结论与可公度原理也是矛盾的。

$\sqrt{2}$ 虽然无法公度，但它确实量度出了一个确定的长度，也有作为数存在的权利。而且，重复运用希帕索斯的方法，可以得到无限多个不可公度的数。这让毕达哥拉斯大为苦恼。据说，希帕索斯因为这个发现还招致了杀身之祸。经过痛苦的抉择，毕达哥拉斯学派承认了这种数的存在，称之为"阿洛贡"(alogon，意为"不可说")。但他们不愿意放弃可公度的思想，提出了改变可公度单位的"单子说"。"单子"是一种如此之小的度量单位，以致本身不可度量却又可以保持为一种不可分的单位。它有些像后来的微积分基础中的"无限小"概念，但在当时的毕达哥拉斯学派内部是提不出导致数学基础理论第二次"危机"的无限小是零或非零的问题的，因为此时的毕达哥拉斯学派并不承认零是一个数。

毕达哥拉斯学派内部之"阿洛贡"的发展历史没有明确地记载下来，但在其学派之外，人们并没有过多地顾及"单子"问题，而是逐渐放弃了"可公度原理"。到了欧几里得时代，无理量及其证明成了《几何原本》的重要组成部分。直至 19 世纪时，一批著名的数学家，比如，哈密顿、威尔斯特拉斯、戴德金和康托尔等认真研究了无理数，给出了无理数的严格定义，提出了一种同时含有理数和无理数的新的数类——实数，并建立了完整的实数理论，由希帕索斯悖论所引发的数学"危机"才最终得以消除。从"阿洛贡"、"无理量"、"无理数"到"实数"，这些名称的演变表征着数学基础理论创新的艰难历程，也显现着科学理论发展的一般轨迹。①

在社会生活领域，通过演绎的机制也同样可以帮助人们审思道德信念或原则中的隐含意义。学界曾经反复讨论过这种现象：对于一位医生或一家医院而言，遇到一位身无一文、家里也一贫如洗的打工仔，因受伤或患病而被送到自己面前，该不该对他救治？救治到什么程度？如果救治，费用全要由自己承担，这样的事例一多，医生或医院肯定就无法承受。如果因此而谴责医方，显然是不公平的。如果拒绝救治，眼看伤病员的情况恶化，这是不人道的。按照传统道德观念，医方应发扬风格，宏扬道德精神，牺牲自己的利益救治伤患者，毕竟与救命须及时这一点相比，医药费用的问题

---

① 参见张建军：《科学的难题——悖论》，浙江科学技术出版社 1990 年版，第 57—59 页。

的紧迫性并不是在同一个层次上,还可能有时间、有办法得到解决。然而,从本质上讲,这种每次总是牺牲一方的利益保全另一方利益的做法是不能作为普遍的道德规则得以持续的。因为它是不合宜的,不合宜的事物无论怎样说都不能算是道德的。① 这种矛盾现象的广泛揭示,终于促动并促成了当代中国政府大力推行医疗保障制度,包括新农村医疗合作制度。试想,如果没有人们对不合理现象作合乎逻辑的反思和批判,没有演绎规则对人们求"真"思维作形式保障,社会理性又如何能够规约人们的社会实践呢?

---

① 参见甘绍平:《应用伦理学的特点与方法》,载《哲学动态》1999 年第 12 期。

第三章 归纳求"信":合理置信的底蕴

与演绎一样,人也有归纳的"天赋"能力。小时候,手被火烧痛过,"一朝被蛇咬,十年怕井绳",懂事后就绝不会再有意地让火烧手,除非是想自虐。人不仅会对经验的事情作"是不是"、"是什么"的性质归纳,还能够特别精明地作"是多少"、"多大程度是"的定量归纳。这种量的归纳往往被称之为"概率","几乎每一个你有意识地作出的决定都与概率相关。当你穿衣服时,你的决定取决于你对天气的判断;当你过马路时,你的决定取决于你对发生车祸的可能性的估计,你储备备用灯泡,是为了应付某种可能性;你向保险公司投保,理由是'以防万一'。对于概率,人类一定拥有非常充分的直觉,否则人类文明不可能演化到现在的状态。"①

然而,归纳的结果并不总是合理可信的,也有不少是失偏颇的、不可信的,或者是可信度极低的。鲁迅在其《内山完造作〈活中国的姿态〉序》里曾经批评了某些外国人喜欢随便下结论的坏习气,文章中指出了这样一种现象:"一位旅行者走进了下野的有钱的大官的书斋,看见许多许多很贵的砚石,便说中国是'文雅的国度';一个观察者到上海来一下,买了几种猥亵的书和图画,再去寻寻奇怪的观览事物,便说中

---

① 黑格:《机会的数学原理》,李大强译,吉林人民出版社2001年版,前言第1页。

国是'色情的国度'。"①可想而知,如果将这样的结论推广开来,其后果是恶劣的、甚至是灾难性的。

1. 偏好与臆断

　　人是有情感的,偏好就是潜藏在人们内心的一种情感和倾向,当这种情感和倾向在人们的认知中、在判断中占据优势时,对经验事实的认识和判断就会戴上有色眼镜,那些事实就会失去本色、判断就会失却公允。中国古语中有一句话,叫做"欲加之罪,何患无辞"。这里的"辞"是为了"加之罪"而寻找的,这样的"辞"便不能反映事物的本质或全貌,而只是在为情感的需求服务。

　　在揭露某些伪"气功"时,有人仅仅列举了若干癌症患者迷信伪"气功"拒绝就医而贻误了早期治疗的时机,导致死亡的事例,以证明伪"气功"反科学、反人性的欺骗本质。从逻辑归纳的角度看,这样的说法存在很多的弊病:其一,仅仅靠列举几个简单的事例,难以证明严肃的科学命题;其二,选取的例子很不典型,因为癌症患者不管是否相信伪"气功",大多难以治愈,对方也能举出一些得了癌症而不信伪"气功","偏要"去医院就诊,最后还是死亡的例子,以"证明"不信伪"气功"是错误的。如果真的这样,意欲批判伪"气功"者将无法给以有力的回击。

　　在社会现象方面,如果将那种随意抽出的一些个别事实的"儿戏",堂而皇之地用到公共决策或公众评判之中,就会导致反理性思维的泛滥,导致社会滑向随意化行为的无底深渊。

　　毛泽东是一代伟人,但毛泽东晚年的严重错误的思想根源值得我们进一步反思。1953年9月16—18日,毛泽东在中央人民政府委员会第27次会议期间对于梁漱溟的批判,就是以个人情感偏好代替了理性的思考。他说:"梁漱溟没有一点功劳,没有一点好处。你说他有没有工商界那样的供给产品、纳所得税的好处呢?没有。他有没有发展生产、繁荣经济的好处呢?没有。他起过义没有呢?没有。他什么时候反过蒋介石,反过帝国主义呢?没有。他什么时候跟中共配合,打倒过帝国主义、封建主义呢?没

---

① 《鲁迅全集》第六卷,人民文学出版社1980年版,第272页。

有。所以,他是没有功劳的。他这个人对抗美援朝这样的伟大斗争都不是点头,而是摇头。为什么他又能当上政协全国委员会的委员呢?中共为什么提他做这个委员呢?就是因为他还能欺骗一部分人,还有一点欺骗的作用。他就是凭这个骗人的资格,他就是有这个骗人的资格。"[①]毛泽东的这个批判,显然不是对梁漱溟的公允评判。

梁漱溟原是元朝宗室梁王贴木儿的后裔,出生于"世代诗礼仁宦"家庭,早年颇受其父梁济(巨川)的影响。青年时代又一度崇信康有为、梁启超的改良主义思想。辛亥革命时期,参加同盟会京津支部,曾热衷于社会主义,著《社会主义粹言》小册子,宣传废除私有财产制。20岁起潜心于佛学研究,经过几年的沉潜反思,重兴追求社会理想的热情,又逐步转向了儒学,是著名的思想家、哲学家、教育家、社会活动家、爱国民主人士。作为一个学者,梁漱溟主要研究人生问题和社会问题,他当然不能像工商界那样供给产品、纳所得税,也不可能直接从事发展生产、繁荣经济的社会生产活动,他是以笔为武器,所以也不存在"起义"的革命行为,作为"中国最后一位儒家",深受泰州学派影响的梁漱溟,曾在中国发起过乡村建设运动,并取得了可研究、借鉴的宝贵经验,这是他的重要文化贡献。同时,他作为民主党派负责人,也做了许多有益的工作。

梁漱溟与毛泽东同岁。1918年,两人在杨昌济(杨开慧的父亲)的家里初识,当时梁漱溟是北京大学哲学系讲师,毛泽东则在北京大学当图书管理员。20年后,梁漱溟到延安,在16天里与毛泽东有过多次交谈,有两次是通宵达旦,梁漱溟回忆说:"彼此交谈都很有兴趣。"1950年1月,在毛泽东和周恩来的再三邀请下,梁漱溟由重庆来到北京。在1953年9月召开的全国政协常委扩大会议上(后来转为中央人民政府委员会扩大会议),周恩来作了关于过渡时期总路线的报告,在小组讨论的时候,梁漱溟的发言掀起了一场"风波"。

梁漱溟说道:过去中国将近30年的革命中,中共都是依靠农民而以乡村为根据地的,但自进入城市之后,工作重点转移于城市,从农民成长起来的干部亦都转入城市,乡村便不免空虚。特别是近几年来,城里的工人生活提高很快,而乡村的农民生活却依然很苦,所以各地乡下人都往城里跑,

---

[①] 《毛泽东选集》第五卷,人民出版社1977年版,第112页。

城里不能容,又赶他们回去,形成矛盾。对于梁漱溟的发言,毛泽东很不以为然,他在讲话中说:有人不同意我们的总路线,认为农民生活太苦,要求照顾农民。这大概是孔孟之徒施以仁政的意思吧?但须知仁政有大仁政小仁政者,照顾农民是小仁政,发展重工业,打美帝是大仁政。施小仁政而不施大仁政,便是帮助了美国人。有人竟班门弄斧,似乎我们共产党搞了几十年农民运动,还不了解农民,笑话!我们今天的政权基础,工人农民在根本利益上是一致的,这一基础是不容分裂、不容破坏的!此后几天,会议对梁漱溟的言论进行了严厉的批判。梁漱溟震惊不已,不顾一切地要求发言,并与毛泽东激烈争吵,直到有人在会场上大喊"梁漱溟滚下台来!"这场惊心动魄的争吵才匆匆结束。随后,毛泽东给梁漱溟的问题定下了基调:虽"反动",但不算反革命;要批判,但也要给"出路"。30多年后,95岁高龄的梁漱溟谈及此事,意味深长地说:"会议进行时,在对方态度的刺激下,我的发言亦因之较前更欠冷静。于激烈争执之后,我突憬然自己已落入意气用事。……争执产生自双方,唯中国古人'反求诸己'的教导,我的认错是不假外力的自省,并非向争执的对方认错。"①

从情感偏好角度说,毛泽东批判梁漱溟是可以理解的,因为当时毛泽东的精力和兴趣主要集中在发展重工业、打倒美帝,凡是与此相左的国家发展建议,他都不会感兴趣。但从理性角度看,梁漱溟的建议是有合理因素的,中国农民为中国革命和建设付出了巨大牺牲,新政权成立并相对稳定之后,理应予以关注和补偿。工业产品和农业产品存在的巨大的"剪刀差"、农村和城市生活水平之间的巨大差异,脑力劳动与体力劳动之间的差别,作为一个以"为人民服务"为宗旨的政府,不能不予以考虑和解决。当下中国政府明确提出的关注"三农问题"、"工业反哺农业",其实仍然是对梁漱溟建议的落实。有人对毛泽东晚年的严重错误感到很不解:为什么写过《实践论》这样思想深刻、逻辑严密的哲学著作的人会犯下明显违反他自己正确理论的错误?要分析这一现象的深层原因也许是非常复杂的,毛泽东自己曾说过:"任何政党,任何个人,错误总是难免的,我们要求犯得少一点。犯了错误则要求改正,改正得越迅速,越彻底,越好。"②但问题在于,如

---

① 转引自李山、张重岗、王来宁:《现代新儒家传》,山东人民出版社2002年版,第102—103页。
② 《毛泽东选集》第四卷,人民出版社1991年版,第1480页。

果是理性能力所限而犯的错误,那是难免的、可原谅的,但是,如果是因为以情代理、以情害义、情理不分而导致的严重错误,就需要我们从逻辑的社会功能层面进行深刻反思了——从依法治国的角度,需要建立必要的、完善的领导和决策制度和机制,以防止少数人可能会犯的错误给国家、社会带来巨大的损失。从思维方式角度,则应该尽可能地避免个人偏好对事实认识的干扰,尽可能提升各级管理者和国民的逻辑思维水平和逻辑理性素养,形成良好的遵从社会理性的氛围,客观地评判认识对象,而不是为了偏好去随意地抽取个别事件或事实。梁漱溟晚年的反思可谓语重心长,足以发人深省:"即使的确是我错了,作为一个领导党的主要负责人,应当持什么态度,采取什么办法对待更好、更妥当呢?我认为,几十年来的事实的发展、变化证明,毛主席在1953年对待我在政协会上的发言,采取那种办法,是不妥当的。它十分不利于广开言路,特别是不利于领导党听取来自党外各方面的不同意见","值得注意的是,1953年不过是针对我一个人的严厉批判。但几年后,便有了一场大规模的反右运动,几十万人真的戴上了正式的政治帽子。而后又有拔白旗、反右倾,直至'史无前例'的'文化大革命'。……我以为这中间有联系,有发展,其恶果是逐渐形成而越来越大的。"①

  在社会生活中,以个人偏好评判个别事实的现象并不鲜见。有的人为了抬高和美化某个人,就大讲他的优点、本领和业绩,甚至加以人为地拔高,把他捧到天上,而对他的缺点和错误则讳莫如深,闭口不谈。相反,为了贬低和丑化一个人,就只讲他的缺点和错误,"攻其一点,不及其余,尽量夸大",甚至编造谎言,恶意中伤,把他贬到地下,对于他的长处和成绩则只字不提。例如,A史学家,很崇拜某位历史人物,为他写传记的时候,发现这位历史人物在小时候就好拆卸东西,于是说,这位人物从小就充满了好奇心,富有科学研究的精神,有分析天赋,所以他长大后才成为伟大的人物。对另一位A很讨厌的历史人物,A也发现他喜欢拆卸东西,却说,你们看,他从小就品质恶劣,专事破坏,因此长大以后,就不干好事,给社会带来了危害。② 情绪语言是偏好的极为淋漓的体现。被偏好所左右,就难以对

---

① 汪东林:《梁漱溟答问录》,湖南人民出版社1988年版,第114、147页。
② 杨士毅:《逻辑与人生》,富育兰编,黑龙江教育出版社1989年版,第122页。

事实作出客观的认识和评价。一篇题为《警惕对明星自杀的"诗意追捧"》的文章,提出了值得我们深思和重视的警示。

  香港娱乐界巨星张国荣跳楼自杀后,北京市也接连发生了几起年轻人自杀或自杀未遂事件。它们之间是否存在着某种关联?我们无法断言。但可以肯定的是,作为具有巨大号召力的娱乐红星,张国荣的自杀给社会心理一个消极的暗示,而这种暗示在被媒体放大之后,已经对青少年的精神世界产生了冲击。

  在传媒的渲染之下,明星和名人的自杀行为经常被染上一层"诗意的色彩",导致普通人"膜拜"和效仿。美国著名摇滚乐队"涅"的主唱自杀后,文化娱乐圈为他的死亡大唱颂歌,一时间自戕竟然成为时尚。十多年前,青年诗人海子卧轨自杀,也受到了文化界的"诗意追捧",其后,不少文学青年竞相走上了不归路。①

  本来,世间最为宝贵的莫过于人的生命,"自杀"是一种非常的毁灭生命的方式,应该是被阻止和预防的,而有些人出于对名人作品的偏好,进而导致对其人、其言、其行都不加区别地盲目崇拜和模仿,其实是陷入了非理性归纳的误区。也有人为了达到以归纳方式论证自己的观点,不是列举一些具体的事例,而是从一些认知对象中抽取某种非主要的属性,在似是而非的"事实"之上,实现其论证的目的。比如,有人是这样论证"我们都是瞎子"的:吝啬的人是瞎子,他只看见金子看不见财富。挥霍的人是瞎子,他只看见开端看不见结局。卖弄风情的女人是瞎子,她看不见自己脸上的皱纹。有学问的人是瞎子,他看不见自己的无知。诚实的人是瞎子,看不见坏蛋。坏蛋是瞎子,他看不见上帝。上帝也是瞎子,他在创造世界的时候,没有看到魔鬼也跟着混进来了。我也是瞎子,我只知道说啊说啊,没有看到你们全是瞎子。

  如果人们听任自己臣服于情感和偏好,情感和偏好这匹烈马就会反过来成为人的主宰。倡导社会理性,就是要把驾驭情感和偏好的缰绳操纵在理性的手中,表现在归纳过程中,就是要善于揭露那些为了达到自己的某种目的而不择手段的人,揭露他们捏造、夸大或歪曲事实,试图以偏概全,

---

① 蔡方华:《警惕对明星自杀的"诗意追捧"》,载《北京青年报》2003年4月8日。

蒙骗受众。比如,2005年,某电视台举办的"超女"比赛刚罢,当年10月3日发行的美国《时代周刊》就将李宇春的照片放在了封面上。国内有人宣称,李宇春已经荣登《时代周刊》封面。由于《时代周刊》影响力,李宇春身价和影响力当然也随之看涨。知情人说:"封面上印有李宇春照片的那期《时代》杂志亚洲版,不仅在美国不曾露面,连在亚洲的大部分地区都不曾露面。那期载有'亚洲英雄人物'专辑的亚洲版《时代》杂志,在印度发行时,封面人物是印度网球选手索尼娅·莫扎;在东南亚发行时,封面人物就变成了在印度洋海啸之后决意重建家园的五位亚齐妇女;在日本发行时,封面人物则是演员渡边健;而到了韩国,就又变成了足球选手朴智星。只有在大中华地区发行时才在封面上使用李宇春的照片。"①不难见得,这样的《时代》杂志,其影响力与一本国内发行的杂志并无多大区别。事实情况也的确是如此。不知情的人,可能以为上了《时代》封面,李宇春应该是世界名人了,而"超女"这种商业文化现象也就为世界所认同,甚至是反映了世界潮流,而这一切误解之根源,就是夸大了衍生这种意义的事实,其逻辑根源则在于"以偏概全"。

　　以偏概全往往是基于某种事实而任意夸大这种事实涵盖的范围。将这种思维谬误再向前推进一步,就可能是捏造某种"事实",再推而广之,得出虚假的"普遍性"结论。《晏子春秋》中记载的楚王就是这方面的"高手"。有一次,齐国的大夫晏婴奉命出使楚国,楚王设宴招待晏子。席间,两个楚兵绑着一个人来见楚王——这是楚王预先安排好的,想借此羞辱晏子。楚王故意问:"绑着的人犯了什么罪?是什么地方的人?"楚兵回答说:"他是个小偷,是齐国人。"楚王听了,得意地望着晏子说:"齐国人原来喜欢偷东西呀!"理性地看,即使那个被捆绑的齐国人真的是个小偷,也只能形成一个单称判断:"这个齐国人喜欢偷东西",由此并不能轻率地得出"齐国人喜欢偷东西"的全称结论。

　　当然,要做到完全不受"偏好"干扰而"中立"地认知是困难的,但我们在进行事实情况的归纳和概括时,应该尽可能避免偏好的过度干扰,否则,那样的认识结果就会严重偏离事实,失却探求真理、寻求可靠性基础的认知意义。让我们体悟以下两个笑话中的寓意吧。

---

① 舒远:《李宇春上了哪家子〈时代〉封面》,搜狐网,2005年10月18日。

逻辑时空 | 逻辑的社会功能

例一:古时候,有一个老和尚见天色已晚,想到附近的一间古寺过夜。这个老和尚是这间古寺的主持的师叔。按道理说,住宿不应该成问题的。那个地方的佛界有一个不成文的规定,即一个其他地方的和尚如果要来借宿,需要经过一番"口试",看看你"悟道"或"悟法"的程度如何。虽然这位师叔平常讲大道理和宣扬佛法头头是道,但在他师父宣布退休之前,为了与大师兄争当"掌门人",曾经猛放冷箭,背后讲了大师兄许多坏话。因此,这位主持不怎么喜欢这位师叔,因而也不欢迎他到寺里来住宿,再加上辈分又低一辈,拒绝或主持口试,都不太好,因此,他想出一个办法,找来一个小和尚替他主持口试。这个小和尚吓了一跳,忙说:"师父,你不要开玩笑了,我既不识字,也没有念过经书,脾气还急躁,我只不过会打扫卫生、整理房间、挑柴、做饭,如此而已,而且,当初我出家,也只是因为在一次意外事故中,我的右眼失明了,我的未过门的媳妇太现实,看我成了独眼龙,再加上嫌我说话太啰唆,就与我断绝了往来。我是因为这次'失恋'才'看破一切',遁入空门,并不是因为我精通佛法。我怎么有资格和你的师叔比划呢?"

这位主持和尚说:"没关系,你只要闭上你的嘴巴,沉默以待,就凭你急躁的个性,比手画脚一下,保证让他甘拜下风,自动离去。这样一来,你就不用整理房间,也不用挑水做饭了。去吧,照师父的话做就是了。"

于是,老和尚与小和尚就在一间禅房中坐下来,开始以肢体语言辩论佛法。老和尚神态严肃,慢慢地伸出右手,食指朝天。小和尚看了,略为迟疑,缓缓伸出左手,以两指朝天。老和尚毫不迟疑地急速伸出右手,以食指、中指及无名指共三个手指指向天。小和尚一看,脸上献出急躁和怒气,迅速地伸出右手,紧紧地握拳,而且用力挥动。老和尚露出惊讶的表情,起立,行礼,离开禅堂,向这寺院的主持承认失败、告辞,趁天色未晚,到其他禅寺求宿去了。在师叔走前,主持问了"口试"的经过。老和尚说:"你这个小徒弟实在不得了。我先是以一只食指朝天,象征'佛',结果小和尚却以两指朝天,表示'佛'不够,还有'佛'与'法'才有资格谈论悟道。我又以三个指头表示'佛与法'仍然不够,必须'佛、法、僧'三宝才行。小和尚更是大彻大悟,他以五指握拳出击,表示佛、法、僧是浑然为一整体,三位一体,不可分割,甚至一切都在一悟中得之,而我又无法及时接应,只好认输了。"

老和尚走后,小和尚气呼呼地跑过来说:"我虽没有念过什么书,但是做人的基本道理总还是知道一点的。你这位师叔一点礼貌都没有,实在太差劲了。他明明知道我只有一只眼睛,已经够不幸了,可是他却一开头就伸出右手一个指头嘲笑我只有一只左眼。我当时很愤慨,可是一想,他是你的师叔,也就是我的师叔公,只好强忍住。然后伸出两个手指表示,你年纪这么大了,居然还有两只眼睛,可以看到天上的星星,真是太令人羡慕了,也值得恭贺呀。我以为他会说,'那里,那里',或者'谢谢'。天晓得,他居然嘲笑我而又伸出三个指头,表示我们两个人合起来一共只有三只眼睛。令我气不过的是,当我生气地握紧拳头准备打他时,他居然起身逃走了。"那位老和尚之所以"口试"失败、借宿不成,是出于自己的主观理解而对小和尚行为事实产生的误读。①

例二:某医科大学学生张晓华,利用假期打零工。白天帮肉贩割卖猪肉,晚上到医院急诊部上夜班。一天晚上,一位老太太因急症需要实施手术,由张晓华用轮床推她进手术室。老太太看了他一眼,突然大叫起来:"天哪!你这个杀猪的要把我推到哪里去?!"

人应该尽可能地把自己的全部力量和偏好都置于自己理性的支配之下。这种支配不仅是消极地制止做某事,而且是积极地督促做某事。要从经验事实中抽象、概括出可靠、可信的结论,首先需要我们记取弗兰西斯·培根的忠告,摆正"情感偏好"和理性求真的关系。

培根曾经深刻地揭示了影响人们对外界事物认识的思想根源和社会根源,他称之为"扰乱人心的假相"。他将这样的"假相"分为四种,分别是具有普遍性的"种族假相"——人们往往从主观出发,把个人的"意志和感情灌输"在对事物的认识活动中,并把它们强加于客观世界,从而歪曲了事物的真相。培根指出:"人的理智一旦接受了一种意见……就把别的一切东西都拉来支持这种意见,或者使它们符合这种意见。虽然在另一方面可以找到更多的和更有力量的相反的例证。但是对于这些例证它却加以忽视或轻视,或者用某种分别来把它们摆在一边而加以拒绝。"②在培根看来,这种阻碍人们正确认识事物的"种族假相的基础就在于人的天性之中,就在于人类的种族之中"③;具有特殊性的"洞穴假相"——不同的人在认识

---

① 参见杨士毅:《逻辑与人生》,富育兰编,黑龙江教育出版社1989年版,第90—92页。
② 《十六—十八世纪西欧各国哲学》,商务印书馆1975年版,第15页。
③ 同上书,第13页。

问题和分析问题时,会产生不同的主观性和片面性的错误,"这是由于每个人都有他自己所特有的天性;或者是由于他所受的教育和与别人的交接;或者是由于读书和他所崇拜的那些人的权威……"①这好比是每个人都坐在他所特有的洞穴之中,因为受到狭窄天地的限制,不能正确地了解事物的本来面貌,"使自然之光发生曲折和改变颜色"。"市场假相"——社会上的人们是通过语言文字来进行交往、交流思想、表达认识的,但由于"语词的意义是根据俗人的了解来确定的","因此如果语词选择得不好和不恰当,就会大大阻碍人的理解……使陷于无数空洞的争辩和无聊的幻想。"②培根认为,造成"市场假相"的原因大致有两种,其一,本来有些东西明明是不存在的,可是人们偏偏制造出一些词汇或名称来虚构它们存在,这就容易导致认识发生错觉和混乱。其二,人们交往中使用的某些语词,意义不明确,模棱两可,既可以指这种情况,也可以指那种情况,甚至同一语词可在很多种意义上使用,容易造成语义混淆,影响人们对事物的客观准确的判断。"剧场假相"——人们由于盲目信仰权威和教条,以及盲目崇拜历史上和现存的各种知识体系,思想受到束缚,认识发展停滞。须知,"权威"不等于真理,"真理是时间的女儿,不是权威的女儿。"③那些"权威"和知识体系不过历史舞台上显现的一出一出的戏剧而已。要从经验事例中获得有价值的认识,作出科学的论断,应该"以坚定而严肃的决心"肃清各种"假相"对自己头脑的影响,应该尽可能减少主观臆断,"使理智完全得到解放和刷新"④,从而在对经验现象多方观察、比较、分析的基础上,获取逼近真实的"事实",并在此基础上运用科学的归纳方法,探求现象之间因果联系,把握其中的规律,进而得出合理可信的论断。

2. 归纳与置信

尽管亚里士多德也曾讨论过简单枚举归纳法和直觉归纳法,但直到弗兰西斯·培根,系统的归纳逻辑才得以创立。培根倡言"知识就是力量",

---

① 《十六—十八世纪西欧各国哲学》,商务印书馆 1975 年版,第 13—14 页。
② 同上书,第 21 页。
③ 同上书,第 32 页。
④ 参见全增嘏:《西方哲学史》(上册),上海人民出版社 1983 年版,第 458—461 页。

要获得新知,就需要从经验材料中抽象、概括出一般性结论。为了避免不当的情感和错误的感觉对这种抽象和概括造成不必要的干扰,培根提出了"三表法",即本质和具有表、缺乏表和程度表,创立了排除归纳法。后来,经过穆勒等人的发展与完善,传统归纳逻辑理论得以确立。

在上一章中,我们讨论了演绎推理或论证的多方面价值与功能。而我们的讨论也充分表明,人类实际思维和论辩中对任何一个命题的演绎论证,都需要从人们相信为真的前提出发。而人们对这种前提之真的合理相信无非来自两个途径:一是从其他演绎论证得来,二是从归纳论证得来。而就系列演绎推理的"基本前提"或"最终前提"而言,则只能从归纳论证得来。这些基本前提,必须是一定领域认知共同体"公认为真"的公共信念,而这种公共信念之"真",只能由归纳论证来说明。对于归纳论证区别于演绎论证的基本性质,柯匹与科恩的《逻辑学导论》给出了清晰的说明:

> 归纳论证不要求它们的前提必然地支持结论,纵然其前提是真的。它提出一个较弱的但仍然是很重要的要求:其前提或然性地支持结论。或然性总是必然性的缺乏,因而上述(演绎逻辑)关于有效性和无效性的讨论并不适用于归纳论证:归纳论证既不是有效的也不是无效的。当然,我们仍然可以对它们进行评估。实际上,对(实际的)归纳论证进行评估是任何领域的科学家最主要的任务之一。归纳论证的前提为它的结论提供某种支持,前提授予结论的或然性程度越高,论证的价值也就越大。一般情况下,我们可以说归纳论证"较好"或"较差","较弱"或"较强",等等。但是,甚至在所有前提都是真的并且对其结论提供了非常强的支持的情况下,归纳论证的结论也不是必然得出的。[1]

也就是说,演绎前提对结论是"必然支持","支持度"为百分之百,可以纯粹从形式上即可加以判定是否有这样的支持度;而归纳前提对结论的支持只是"或然支持",支持度都达不到百分之百,即不能"形式保真"。但"归纳推出"或"归纳支持"有支持度的高低、强弱之分,所以,归纳推理或论证的"好"、"坏"不能用演绎意义上的"有效"、"无效"来区分,但可以用

---

[1] 柯匹、科恩:《逻辑学导论》,张建军、潘天群等译,中国人民大学出版社2007年版,第50页。

"强"、"弱"来区分。前提对结论的支持度高的,就是"强归纳",支持度低的是"弱归纳"。

显而易见,对于评估归纳推理的好坏、强弱,并不能像评估演绎推理的有效、无效那样制定出纯形式的"刚性"规则,而只能提出一些"柔性"的"合理性准则",比如我们前面提到的"不能以偏概全"、"不能轻率概括",至于到底多大数量、多大范围才算不"偏"、"不轻率",需要结合具体情况、具体研究领域的要求及研究目的等因素加以确定。现代归纳逻辑试图系统地运用"概率"演算将这种"支持度"加以量化把握,但它们在衡量具体归纳推理的强度时仍然只能做"柔性"的把握与使用。不过,需要明确的是,这种非形式的"柔性"是对用以评估归纳推理的"规则"而言的,不是就研究对象而言的。归纳逻辑的研究对象仍然是归纳推理或论证的"形式",所以归纳逻辑仍然可被称为"形式逻辑"。

初学归纳逻辑,需要仔细辨析以下几个术语的含义。

一个术语是国内逻辑基础教材和通俗读物中经常使用的一个说法,叫做"提高归纳推理的可靠性",这里的"可靠"是"归纳强"的另一种说法,我们后面也使用这一说法。但是需要注意,国内学界也经常把英语逻辑文献中"sound"、"soundness"翻译成"可靠"、"可靠性",这两个词本来跟"valid"(有效)、"validity"(有效性)一样,在逻辑文献中都是指谓演绎推理或论证之性质的专门术语。valid 仅指演绎推理或论证的形式正确,而 sound 指演绎推理或论证不仅形式正确,而且前提也都是真的(这样其结论也必真)。所以大家在看逻辑读本遇到"可靠"、"可靠性"这样的术语时,先要看清它是在哪个意义上被使用的。在演绎的 soundness 的意义上,"可靠"与"不可靠"是截然二分的,非演绎的归纳推理才有"提高"可靠性、也就是提高归纳强度的问题。

另一个术语在国内逻辑教材和读物中也经常出现,即所谓"正确推理"。多数教材都对"正确推理"提出了如下条件:就演绎推理来说必须是前提均真并且形式正确(有效);就归纳推理来说也必须前提均真并且归纳强。这个术语表面上可与英语逻辑文献中"correct reasoning"相对应,但实则不然。英文逻辑文献中的这个术语往往仅指"形式正确",在演绎逻辑中指"有效推理",在归纳逻辑中指"归纳强"的推理。现在有些逻辑翻译读本也把"correct reasoning"这个术语翻译为"正确推理",大家在阅读时也要注意加以分辨。

我们所谓"归纳推理的可靠性"一语中的"可靠性",若译为英文逻辑文献中的术语,比较传神达意的应是"credibility"(可置信性)。归纳推理的认知功能恰恰在于:如果我们相信推理的所有前提,而推理本身又是"归纳强的",那么我们可以合理地对结论加以一定强度的"置信"。如果推理本身是"归纳弱的",即使我们相信它的所有前提,也不能对其结论加以"置信"。归纳推理或论证就是为这样的"置信"服务的。而人类借以进行演绎推理或论证的许多"共识"(公共信念),就是通过这样的"置信"途径形成的。

我们用"归纳求'信'"这样的说法,不是说在为"求真"服务这一诉求上与演绎有什么不同,而是要强调归纳推理与演绎推理相比,前者的"归纳强"比后者的"演绎有效"更加依赖于其使用者实际的信念系统。现代归纳逻辑研究者形成了一个重要观点:"当事人的背景知识将决定他所构造的或接受的归纳概率逻辑的性质。"①这里的背景知识就是指实际做推理者已有的"背景信念",也就是其已经"信以为真"的东西。与演绎推理不同,这种背景信念对一个特定的归纳推理是否是"归纳强"地去"合理置信"有重要影响。在演绎推理中,一个推理如果是"有效"的,那么,再增加任何前提它还仍是有效的;不会因为增加了前提推理就变成无效的。但在归纳推理中,如果一个归纳推理是"归纳强"的,再增加别的前提却有可能变成"归纳弱"的。比如前面所举出的"概率三段论":"绝大多数 M 是 P,这个 S 是 M,所以这个 S 是 P",一般地说,具有这个形式的推理是"归纳强"的,例如:"绝大多数青年喜欢流行音乐,李兵是青年,故李兵喜欢流行音乐"。如果我们相信两个前提,一般说来,我们据此赋予结论很高的"置信度"就是合理的;但是,如果推理者的背景知识中有"李兵是聋哑人",那么这个推理的强度就大大减弱了,再据此推出结论就不是合理的"置信"。归纳推理与演绎推理的这种重要差异,逻辑学家称之为"非单调性"与"单调性"的差异。

澄清了上述问题,我们就来具体讨论一些归纳推理的逻辑知识。

如前所述,亚里士多德已经探讨了"简单枚举"这样一种归纳推理。所

---

① 鞠实儿:《非帕斯卡归纳概率逻辑研究》,浙江人民出版社 1993 年版,第 3 页。

谓简单枚举归纳推理,就是根据某类认识对象中的部分对象具有或不具有某种属性,推出该类全部对象具有或不具有某种属性的归纳推理。

简单枚举归纳推理的形式是:

S_1 是(或不是)P

S_2 是(或不是)P

S_3 是(或不是)P

……

S_n 是(或不是)P

$S_1, S_2, S_3, \cdots S_n$ 是 S 类的部分对象,枚举中未遇到反例
_____

所有 S 都是(或不是)P。

显而易见,简单枚举归纳推理的结论已超出了前提的断定范围,因而是不能"形式保真"的。而要提高简单枚举归纳推理结论的可靠性(可置信性)程度,传统归纳逻辑所给出的"柔性规则"就是:前提中考察的个别对象的数量要尽可能多些;考察的范围要尽可能广些;被考察的对象越多、考察范围越广,结论的可靠性越大。前提数量过少、范围过窄,就会犯"轻率概括"、"以偏概全"的错误。我们在前节中所举出的一些实例,已例示出了遵守这样的规则的必要性与重要性。

简单枚举归纳推理有一种"极限情况",即把上列形式中的"部分对象"改为"全部对象",也就是说,枚举中已把所有考察对象列举完毕,其形式为:

S_1 是(或不是)P

S_2 是(或不是)P

S_3 是(或不是)P

……

S_n 是(或不是)P

$S_1, S_2, S_3, \cdots S_n$ 是 S 类的全部对象
_____

所有 S 都是(或不是)P。

这种推理通常被称为"完全归纳推理",相应地,简单枚举归纳推理被

称为"不完全归纳推理"。但显而易见,与简单枚举归纳不同,这种"完全归纳"是可以"形式保真"、"必然地得出"的,因而从形式逻辑的分类看,它应属于一种特殊的演绎推理。尽管从哲学认识论上看,它属于"从个别(特殊)到一般(普遍)"的"归纳推理"。这一点,传统归纳逻辑的集大成者穆勒做了特别强调。他指出,不仅这种"完全归纳"实际上是演绎推理,作为它的拓广形式在数学证明中常用的所谓"数学归纳法",也是一种演绎推理,故在形式逻辑上它们都是有"归纳"之名而无归纳之实,在理解上不能"以名害实"。[①] 所以,"完全归纳"一词中的"归纳"只能从哲学认识论上来理解,而不具有形式逻辑上的"归纳"之意。而"简单枚举归纳"中的"归纳"一词,则从这两种含义上理解都是成立的。

在人们的日常思维中,完全归纳推理运用得很多。比如,我们班同学都参加了这次春游活动;今天这幢教学楼所有的教室都打扫过了;参加这次党代会的所有代表都报到了,等等,这些结论都是从数量非常有限的对象通过无遗漏的完全归纳得到的结论。不过,由于完全归纳推理要求其前提"涵盖全部对象,一个都不能遗漏",而在实际生活和工作中,我们很难满足这两个要求。一方面,有的认识对象的个别性情况数量太大,人的精力和能力有限,无法对它们当中的每一个对象都进行认识,并确定它们是不是真的;另一方面,在有些情况下,我们没有必要对认识对象中的每一种情况,都进行分别的认识。基于这两方面的认识,有不少逻辑教材和读物都做出了这样的论断:完全归纳"不适用于个体对象数目很大和包含无限多个个体对象的一类事物"。但是,这个认识大大降低了完全归纳法的实际作用,是需要澄清的。

这种认识的由来,是因为把完全归纳推理的前提只限于关于"个体对象"的命题,实际上,完全归纳推理的前提也可以是对"类对象"的断言。比如:"碱金属"的个体对象并不是"数量非常有限的",但下面这个关于碱金属的推理也是一个典型的完全归纳:"锂、钠、钾、铷、铯、钫都可与氧分子发生反应,这六类金属就是全部碱金属,所以,所有碱金属都可与氧分子发生反应。"显然,是否能够做这个完全归纳推理,取决于我们能否对"碱金属"做一个完善的"分类",并可以对它的"全部子类"做完全归纳。这个道

---

① 参见邓生庆、任晓明:《归纳逻辑百年历程》,中央编译出版社 2006 年版,第 42—43 页。

理其实早已被亚里士多德所揭示。亚里士多德在《前分析篇》中举例说,假设我们给出"没有胆汁的动物"的一个完善的分类,如人、马、骡等等,并且假设知道所有这些种类的一个共同性质(如长寿的),那么,我们就可以通过完全归纳得出"所有没有胆汁的动物都是长寿的"这样的结论。亚里士多德指出,这种完全归纳可转化为下述直言三段论:①

所有人、马、骡等等是长寿的;
所有无胆汁的动物是人、马、骡等等(完善分类);
──────────────────
所有无胆汁的动物是长寿的。

也就是说,基于分类中介,完全归纳推理也可以适用于"个体数目很大或无限大的对象"。实际上,完全归纳推理(包括"数学归纳法"这种拓广形式),在科学性思维中起着非常重要的枢纽性作用。这不但适用于自然科学探究,同样也适用于社会科学探究。比如我们可以在对"政体"的完善分类的基础上,通过完全归纳概括出所有政体的某些共有属性;我们也可以在对"民主政体"的完善分类的基础上,通过完全归纳概括出所有民主政体的某些共有属性。这正是古今政治学家(包括亚里士多德本人)长期努力从事的工作。

我们在这里着力澄清"完全归纳"问题,一来是将之用来与简单枚举归纳推理加以比较,二是由这个简单视角显示演绎与归纳在实际逻辑思维中的互补关系。

正如培根与穆勒所强调,简单枚举归纳推理是非常"脆弱"的。即使我们努力遵守"不以偏概全"、"不轻率概括"的要求,因为它的"可置信性"建立在"枚举中没有发现反例"这一要求之上,这样的推理结论可以很容易为反例所推翻。比如我们过去根据简单枚举得到"所有天鹅都是白的"、"所有乌鸦都是黑的",但只要我们发现一只"黑天鹅"或"白乌鸦"(都在澳大利亚发现了),那么原来基于大量实例的枚举结论就被推翻了。他们认为,仅仅依靠简单枚举推理得到结论的这种"脆弱"性,源自这种方法只是在现象观察层面做简单推广,不能去把握现象背后的本质性、规律性的因果联系。因此,为了进一步提高简单枚举归纳推理结论的可靠性(可置信性)程

────────
① 参加张家龙(主编):《逻辑学思想史》,湖南教育出版社2004年版,第539页。

度,必须设法探求可能居于其背后的因果联系。比如,我们仅仅通过对大量金属的考察通过简单枚举得出"所有金属都导电",那充其量只是一个"合理猜想",但是,当我们发现各种非常不同的金属"导电"的共同原因在于"其原子中有自由电子存在",那么这个结论的可置信性就大大提高了。故培根和穆勒认为,归纳逻辑的主要任务,在于系统地刻画探求因果联系的推理机理。为此,培根系统地建构了探求因果联系的"排除归纳法",后被穆勒完善为五种探求因果联系的方法(统称"穆勒五法"),即求同法、求异法、求同求异并用法、共变法和剩余法,并给出了它们一般的推理形式。他们的上述认识得到了学界普遍认可,他们也由此分别被公认为传统归纳逻辑的创始人和集大成者。

由于因与果是相互伴随的,如果研究的现象出现在两个或更多的场合,其中只有一种共同的情况,那么所有这些场合都具有的那种共同情况,很可能就是所研究现象的原因或结果。这种探求因果联系的方法,叫做"求同法"。比如,1960年,英国一家农场的10万只鸡、鸭,由于吃了发霉的花生而患癌症死去。用这种饲料喂养的羊、猫、鸽子等,也先后患癌症死去。有人在实验室里观察白鼠吃了发霉花生后的反应。结果,白鼠也患肝癌而死去。科学家发现,发霉的花生中含有黄曲霉素,而黄曲霉素是致癌物质。科学家推论:动物吃了发霉的花生,就会患癌症而死去。(当然,这是指大剂量食用,少量食用无碍。)再如,人们曾经发现,年龄、性别、身体素质、生活习惯、经济状况不同的酿醋工人很少患感冒,他们有一个共同的情况:在工作中呼吸道经常接触醋蒸气。人们得出结论:经常接触醋蒸气能够预防感冒。正是基于这样的认识,2003年春夏之交 SARS(Severe Acute Respiratory Syndromes,严重急性呼吸综合征)肆虐之际,很多地方的醋的销售都十分紧俏,人们试图用醋清洁空气,预防 SARS。从思维方式角度说,这就是在运用求同法。

求同法的推理路径可概括为"异中求同",其推理结构可用公式表示为:

场合1：有先行（或后行）现象 A、B、C，有被研究现象 a；
场合2：有先行（或后行）现象 A、B、D，有被研究现象 a；
场合3：有先行（或后行）现象 A、C、E，有被研究现象 a；
……
————————————————————————————
A 是 a 的原因（或结果）。

一个场合中发生了我们所研究的现象，而另一个场合中不发生我们所研究的现象，这两个场合中只有一点不同，这一点是前者所有而后者所没有的，那么这唯一不同的一点可能就是这个现象的结果或原因，或者是原因中不可缺少的一部分。这种方法叫做"求异法"。比如，澳大利亚原来没有牛羊，稍高等动物只有袋鼠。后来引进了牛羊。牛羊多了，畜粪也就多了起来。单就牛粪而言，1000万头牛，一天可生产近亿堆牛粪。畜粪越积越多，牧草压在底下，无法生长；畜粪又滋生大量蚊蝇、牛虻，侵害人畜，传播疾病，搞得举国不宁。为什么世界上别的牧场也是牛羊成群，却没有畜粪问题？研究人员通过细心的比较发现：那里有无数的推粪虫在推着粪球，把一堆堆畜粪化整为零，推入土中……后来，澳大利亚设立了推粪虫研究所，培养推粪能手，几年时间，牛羊粪被清除得干干净净，牧草丰茂起来，蚊蝇、牛虻大为减少。这就是对求异法的运用。

求异法的推理路径为"同中求异"，其推理结构可用公式表示为：

场合1：有先行（或后行）现象 A、B、C，有被研究现象 a；
场合2：有先行（或后行）现象 －、B、C，没有被研究现象 a；
————————————————————————————
A 是 a 的原因（或结果）。

求同法前提中要求在被研究现象的先行（或后行）现象中"其他现象不同，仅有一种现象相同"；求异法前提中则要求"其他现象相同，仅有一种现象不同"，这两个要求在实际的观察和实验中是难以达到的。在"其他现象"有同有不同的条件下，我们也可以寻找一种"退而求其次"的推理方法，即"求同求异并用法"。如果两组事例，其中只能找到一组事例有一个共同的现象，而在另外一组事例中没有那个现象产生，那么这两组事例成为对比的那种唯一不同的情况，可能就是我们所要研究的结果或原因，至少是原因中的必不可少的一部分。这种方法就叫做"求同求异并用法"。

比如，日本学者对正在哺乳的妇女在各种条件相同的情况下进行了一次音乐试验：将 120 名妇女分成两组，一组使之收听通过扬声器播放的古典音乐，另一组则不让其听音乐，结果，收听音乐的妇女比未听音乐的妇女乳汁增加了 20%。这个试验就使用了求同求异并用法。

求同求异并用法的思维结构可用公式表示为：

正面场合：有先行（后行）现象 A、B、C，有被研究现象 a；
　　　　　有先行（后行）现象 A、D、E，有被研究现象 a；
反面场合：有先行（后行）现象 －、B、F，没有被研究现象 a；
　　　　　有先行（后行）现象 －、D、H，没有被研究现象 a；
―――――――――――――――――――――――
A 是 a 的原因（结果）。

请注意，这种方法是一种独立的方法，其中"并用"的是"求同法"与"求异法"的弱化形式。若是真正的求同法、求异法的联合运用，那么其结论的可靠性就比上列"并用"高多了。请比较这种"联合运用"的形式：

正面场合：有先行（后行）现象 A、B、C，有被研究现象 a；
　　　　　有先行（后行）现象 A、D、E，有被研究现象 a；
反面场合：有先行（后行）现象 －、B、C，没有被研究现象 a；
　　　　　有先行（后行）现象 －、D、E，没有被研究现象 a；
―――――――――――――――――――――――
A 是 a 的原因（结果）。

一种现象，无论何时只要某一个别现象发生某种特殊变化，它即随之而发生一定程度的变化，则前一现象便是后一现象的原因或结果，或者必定有某种因果联系。这种探求因果联系的方法叫做"共变法"。比如，人们通过实验发现，把新鲜的植物叶子浸在有水的容器里，并使日光照射叶子，就会有气泡从叶子表面逸出并升出水面，而在其他条件不变的情况下，随着日光强度的逐渐增加，气泡也逐渐增加；而日光强度逐渐减弱，气泡也会逐渐减少。由此可见，日光照射与植物叶子放出气泡有因果联系。

共变法的推理路径可概括为"同中探变"，其推理结构用公式可以表示为：

有先行(后行)现象 A_1、B、C,有被研究现象 a_1;
有先行(后行)现象 A_2、B、C,有被研究现象 a_2;
有先行(后行)现象 A_3、B、C,有被研究现象 a_3;
———————————————————————
A 是 a 的原因(结果)。

从某一复杂现象中减去已知的因果的部分,剩下来的便是其余先前事项的结果。这种探求因果联系的方法叫做"剩余法"。比如,居里夫人已经知道纯铀发出的放射性射线的强度,而且也已知一定量的沥青矿石所含的纯铀数量。当她观察到一定量的沥青矿石所发出的放射性射线要比它所含的纯铀发出的射线强许多倍时,她便推断:在沥青矿石中一定还含有别的放射性射线极强的元素。

剩余法的推理路径是"排因取剩",其推理结构用公式可以表示为:

A、B、C、D 是 a、b、c、d 的原因,
A 是 a 的原因;
B 是 b 的原因;
C 是 c 的原因;
———————————————————————
D 是 d 的原因。

"穆勒五法"为科学研究(包括自然科学与社会科学研究)中的观察与实验提供了基本的设计框架,大多表现为五法的综合运用,因而爱因斯坦将之列为与演绎逻辑相并列的科学思维基石。但是,五法的推理形式都不是"形式保真"的,都属于或然形式,因而都需要为提高推理的归纳强度制定合理性准则。除与简单枚举一样的"不以偏概全"、"不轻率概括"的准则外,每个方法也都有其特殊的合理性准则。求同法要注意各场合有无其他共同因素;求异法要注意差异场合间有无其他差异情况;求同求异并用法要注意尽可能接近求同法与求异法的要求;共变法要注意与被研究现象发生共变的情况是否唯一并要注意变化的限度;剩余法要注意复合现象要素间的相互作用(相干性),等等。

掌握"穆勒五法"的基本推理结构和上述合理性准则,不仅有利于我们自己掌握观察与实验的正确方法,同时也有利于我们对他人的归纳论证进行合理性辨析。

逻辑时空 | 逻辑的社会功能

2001年10月14日,新华社发了一则短讯,说北京某著名高校心理学系宣布了一项研究成果:"洗头越勤事业越顺",或者说,"洗发频率越高的人,越容易获得成功"。短讯说:

  名称为"洗发频率与心理健康"的这一研究课题,对几百位不同性别、年龄、职业和背景的被访对象进行了心理特性研究和洗发习惯调查,并对数据进行了分析。结果发现,洗发频率高的人在很多心理特性上都强于洗发频率低的被访者,对自己头发发质的评价更高,更为自尊和自信,对未来更有信心,心态更为健康。

  与同龄人相比,这些人的职位、收入、影响力、受欢迎度都要高,人生目标更为明确,所以也更成功。对于"我可以决定我未来的所有事情"这个观点,洗发频率高的被访问对象更倾向于同意,而对于"我觉得这个世界变化太快,令我难以理解和把握"的观点,他们更倾向于反对。此外,洗发频率高的人,克服困难、完成任务的能力和信念明显高于洗发频率低的人,耐受力也更强,更敢于接受挑战,对自己的做事能力有正面的评价。

这项"成果"引来了不少争议,但因其来源的"权威性",迄今仍频繁出现于有关人的心理健康的各种书刊特别是网络媒体中。这项"成果"是"可置信"的吗?这项研究的设计,显然是"求同求异并用法"和"共变法"的综合运用。对它的质疑,应运用上述合理性准则。从上述短讯中可见,研究者选择了"几百位不同性别、年龄、职业和背景的被防对象"进行求同,对每一种类被访问对象加以"求异"并发现"共变"现象,其中显然也试图遵守"研究范围尽可能广"(不以偏概全)这项合理性准则。但是,我们想一想,研究者所选择的研究范围是否足够广泛了呢?实际上,就"洗发频率"这一现象而言,"地域"的因素显然是更为相关的,而这一点恰在研究者的"差异"选项之外。假如研究者只是在北京或其周边地区加以选择,那么这个一般结论的"可置信度"就会大打折扣。因为众所周知,当时的北京风沙很大,"洗发频率"与其心理素质的关联是不难理解的。而果若如此,这项研究就不仅有"以偏概全"的问题,而且也没有遵循"求同时要注意各场合有无其他共同因素"的合理性准则,因为就"事业顺利"而言,隐藏于北京人"洗发频率"背后的心理素质因素,显然是更为根本的。同时,就共变法而言,这项研究结果也未能注意阐明这种"共变"关系的"限度"问题。这种分析表明,传统归纳逻辑在"批判性思维"方面亦可发挥重要功用。

传统归纳逻辑尽管为归纳推理提出了许多提高归纳强度或可置信度的合理性准则,但这些准则都是"柔性的",没有对这样的归纳强度或置信度加以量化刻画。现代归纳逻辑将概率工具引用到归纳逻辑中来,使得这种量化刻画成为可能,大大推进了归纳逻辑的发展。

如前所述,古典概率论是由帕斯卡创立的。1654年,帕斯卡在与数学家费尔玛的通信中,通过分析两个人掷骰赌博的过程,提出了他的概率理论。两名赌博者同意掷骰子直至其中一人赢得三次。一人掷赢两回,对家掷赢一回。这时进入第四轮,若前一个人仍然掷赢,那么就赢得了所有的赌注;若是对家掷赢,此时中止赌博,则形成平局。如果他们都不同意再掷第四轮,第一位赌博者可以名正言顺地声明,即便他输了第四轮,他的赌注仍然属于他,并且由于赢与输的概率是均等的,对手的赌注也应该分一半给他。帕斯卡利用这个例子提出了一种方法,这种方法使得无论赌博在哪一回合中断,都可以公平分配赌注。帕斯卡称他的理论为"机率数学",这就是古典概率论的起源。

在现实世界中,也存在着大量的随机事件。表面看来,随机事件是不确定的,杂乱无章、纯属偶然的,但大量的随机事件往往会呈现出一些规律性。概率就是以研究大量随机现象所呈现的规律为对象的一门学科。概率归纳推理是给出某类或某个随机现象的概率的推理,从而获得某事件发生的可能性有多大,或者说某事件发生的机会有多大。由于是研究事件的不确定的程度,概率理论需要研究比较与测度的问题。现代归纳逻辑的一个重要特征就是在对归纳推理作形式化、数量化研究的基础上,构建出不同的概率逻辑系统。

古典概率,又称先验概率、结构概率。通过试验,人们对随机事件出现的可能性大小可给出一个定量的度量。用来计算随机事件出现的可能性大小的数就是事件的概率。比如,掷一枚硬币,其正面出现的概率即为:$P(A 正面) = 1/2$。古典概率思想的特点是:第一,每次试验的结果的个数是有限的,且这些结果彼此相互排斥,即其结果是不可能同时出现的;第二,出现各种结果的可能性相等,又称之为"等可能性"。

统计概率是指谓这样一种概率情况,即如果一组事件不具有等可能性或试验有无限多个可能结果,古典概率就会失去其意义。这就需要运用统计概率方法。首先,引入随机事件频率概念。设随机事件 A 在 n 次试验中出现了 r 次,则称比值 r/n 为这次试验中事件 A 出现的频率,记作 W(A),即 W(A) = r/n。

显然,频率总是在这样的值域中,即 $0 \leq W(A) \leq 1$。据此,概率的统计定义为:如果随着试验次数 n 的增大,事件 A 出现的频率 r/n 总是在某个常数 P 附近摆动,则称 P 为事件 A 的概率,并记作 P(A) = P。统计概率的缺陷在于:对于不可重复的事件,比如,Y 先生死亡的概率就不可能通过统计概率得出结果。为了弥补统计概率的缺陷,人们又推出了一种新的概率形式——主观概率。

主观概率,也称为认识概率,它是由人们的知识状态所决定的。人们对所掌握的知识即证据越多,主观概率值就越大。它是人们进行科学决策的逻辑基础。它在一定程度上可以反映出某个人根据已经给定的证据对一个给定的命题所持的确信度。例如,一匹马 X 在与另一匹马 Y 的比赛中是否获胜,就必须尽可能寻找证据,即 X 与 Y 在过去的表现,健康状况,骑手的技术等,然后我们就会感觉到 X 获胜的概率数值有多大,即对 X 获胜所持有的确信度有多大。

由于上述概率理论的支撑,概率归纳推理受到越来越多的人的青睐。所谓概率归纳推理,就是根据某类事物已经观察到的部分对象具有某种属性的频率,推出所有该类对象(或某个对象)也具有这种属性的概率的推论。它可分为两种情况:一是由部分推向整体;二是由部分推向个体。

由部分推向整体的概率归纳推理的形式是:

S_1 是 P,

S_2 不是 P,

……

S_n 是(或不是)P,

$S_1, S_2, \cdots\cdots, S_n$ 是 S 类部分对象,且其中有 m 个 S 是 P,

S 类所有对象是 P 的概率为 m/n。

这显然是简单枚举归纳在面对"反例"时的一种推广形式。而从一类事物足够多的部分(或全部)对象具有某属性的频率,可以推出该类任一对

象也具有该属性,这是由部分推向个体的概率归纳推理,其形式是:

已观察到的 S 是 P 的概率为 m/n,
Si 是 S 中任意一个,
_____
Si 是 P 的概率为 m/n。

这就是我们前面提及的"概率三段论"的概率化表述式。前提中 m/n 表示已经观察到的 n 个 S 中有 m 个具有 P 属性,并且,m/n 还表示任意的一种比值。由此,若 m/n 极大地逼近值 1,则可推出"Si 是 P"的结论;若 m/n 极小地靠近值 0,则可断言"Si 不是 P"。比如,已经抽查某厂产品的合格率为 0.99,与已经抽查某厂产品的合格率为 0.01,就有产品免检与要求停产整顿的区别。

当然,这种推理也不能保证推出必然真实的结论。要提高这种推理结论的可靠性程度,必需遵守归纳推理的一般性规则,即尽可能多地增加试验的次数,尽可能广泛地考察事件出现的范围。否则,被授予"免检产品"称号的产品,仍然可能是极不合格的产品。2007 年 12 月开始暴露的河北"三鹿"问题奶粉,不仅给人民生命财产造成了极大损失,还直接导致了三鹿集团的破产。在一定程度上,这是质检部门过于机械地相信概率归纳推理的结论所致。他们忽视了概率归纳推理的或然性,把它当作必然性情况处理了。

与概率归纳推理相对应,人们提出了统计归纳推理这种新的归纳形式。统计是关于数量信息的收集、整理和分析的方法。运用统计方法,可以使人们获知一类确定现象在完全确定的实验条件下,它们所具有的特点、性质的分布情况。如果人们把这些性质转移到未知情况中去,便作出了一个统计归纳推理。所谓统计归纳推理,就是前提或结论包含有关某一确定事物类的某属性分布频率的统计陈述的归纳推理。它可以是从总体推向样本、从样本推向样本、从样本推向总体。在统计中,被调查的全体对象称作总体。从总体中选取少数被认为是典型的个体称作样本。从样本具有某属性推出总体也具有该属性,便作出了一个统计概括推理。就从样本推向总体而言,比如:

每年,车祸中近 1/2 的死亡事件和近 1/3 的伤亡事件与饮酒有关,

每年，工业事故近47%的死亡事件和40%的伤亡事件与饮酒有关，

饮酒引起跌倒致死的事件高达总数的70%，跌倒致伤事件则占总数的63%，

69%的淹死事件与饮酒有关，

……

所以，饮酒与惨剧的发生密切相关。

统计归纳推理在选取样本时应该遵守如下规则：(1)量的原则，即尽可能地加大所取样本的量。在其他条件相同的情况下，如果样本不均匀，那么，样本的可能性会随样本数量的扩大而增加。在样本均匀时，样本量不是重要因素。(2)随机原则，即要求选样不能是预定的，即在总体中，任一样本都有同样的概率被选取。(3)分层原则，即根据所研究的问题性质，把总体分成许多层(小类)，再从各层中选取样本，分层取样应多少准确地表达总体中具有的总的划分。①

美国《文学文摘》杂志为我们进行正确的统计归纳推理提供了前车之鉴。1936年，美国总统大选在即，《文学文摘》对总统选举情况开展了民意测验。他们发出了1000多万份测试卷，收回了200多万份。从收回的测试卷情况看，大多数人支持共和党总统候选人兰登，而不倾向于另一位总统候选人罗斯福。于是，这家杂志社发出断言：兰登将当选本届总统！当正式选举的选票公布后，他们惊讶地得知，罗斯福以高票当选为总统。这家杂志测试的样本人数总量并不少，为什么结果会出现这么大的反差呢？追问因由，主要在于对样本的选择不当。测试样本是由主持人通过电话访问或从汽车登记资料中找出车主得到的，而在当时的美国，拥有汽车或电话的人都属于社会中、上等富裕阶层。这些人既不占选民的多数，投票率又不高。正是由于这家杂志选择的测试样本不具有代表性，所以才出现了预测与实际结果的巨大反差。这种反差对这家杂志来说则是致命的。一方面，这次测试耗费这家杂志社近100万美元，这在当时可是一笔可观的费用；另一方面，因此次事件使这家杂志预测的可信度大打折扣，读者数量急剧下降，此后不久，这家杂志就倒闭了。

---

① 参见何向东(主编)：《逻辑学教程》，高等教育出版社2004年版，第173—179页。

正如我们在前文中所指出的,哲学认识论根据"个别"与"一般"的思维进程把推理做了"演绎"、"归纳"与"类比"的三重划分,而从形式逻辑的二重划分看,其中的"类比"也是一种非必然的"归纳"。所谓"类比推理",就是根据两个或两类对象之间在某些属性上相同或相似,推知它们在其他属性上也相同或相似的或然性推理,因而是个别到个别或从一般到一般的"横向"推理。类比推理的逻辑形式是:

$$
\frac{\text{A 对象有 a、b、c、d 属性(或功能)},}{\text{B 对象有 a、b、c 属性(或功能)},}
$$
B 对象也有 d 属性(或功能)。

其中的"对象"既包括个体对象,也包括类对象。

在社会交往中,类比经常被用于一种说服形式。比如,在《乐羊子妻》中,乐羊子妻即以类比方式规劝乐羊子安心求学。乐羊子远寻师学,久行怀思,一年而归。其妻即"断其织"批评乐羊子弃学"中道而归"。其类比方式如下:

$$
\frac{\begin{array}{l}\text{丝织:斯丝生自蚕茧,成于机杼;一丝而累,而至于寸,累寸不已,}\\\quad\text{遂成丈匹;今若断其织也;则损失成功,稽废时日。}\\\text{积学:学成于积累;夫子积学,当"日知其所亡",以就懿德;中道}\\\quad\text{而归;}\end{array}}{\text{积学:何异于断其斯织乎(即损失成功,稽废时日)?}}
$$

类比也往往被用于反驳和辩护。庄子家贫,到监河侯那里去借粮,监河侯说:"好的,不过要等到秋后我收了租子再借给你三百两银子。"庄子很气愤,说:"昨天在路上我看见一条鲫鱼躺在将要干了的车沟里,求我给它一桶水,我说:好的,我将到南方去看几位国王,请他们开河引西江的水来救你!"鲫鱼气愤地说:"你现在给我一桶水,我就能活命,如果要等到西江水来,恐怕我早就在干鱼摊上了。"庄子是以鲫鱼的生存状况的类比反驳了监河侯的虚情假意。再如,哥白尼的"地动说"曾遭遇一些人的强烈反对,反对者的最主要理由是所谓的"塔的证据"。反对者说,根据"地动说",地球每天自转一周,地球上任何地点在很短暂的时间内都将运动很大一段距离。如果有一块石头从一座塔顶上落下来,那么在石头下落过程中，由于地球自转的缘故，塔已经离开了原来的位置，因此，下落的石头应该落在距塔基较远的地面上。可是人们看到的情形并非如此。后来，伽利略运用类比成功地解释了这种现象：塔的证据不能成为反对"地动说"的理由。这正如一条匀速航行的船，从桅杆顶上落下一件重物，总是落在桅杆的脚下面而不是落在船尾。17世纪40年代，法国人伽桑狄进行了一次"桅杆顶落石"的试验，结果与伽利略预期的相同，这就为"地动说"提供了有力的辩护。①

　　类比的最大优点是直观形象，使本来一些抽象、深奥的道理变成生动、具体，易于被别人理解和接受。但类比推理毕竟是一种或然性的推理，其结论的可靠性程度不高，如果仅仅根据对象间某些表面上情况相同或相似，就推出它们在另外某一情况上也相同或相似，很容易犯"机械类比"的逻辑错误。"东施效颦"就是类比不当的典型案例：美女西施病了，皱着眉头，按着心口，同村的一个丑女东施看见了，觉得很美，也学她的样子，结果却丑得可怕。有的不当类比还可能成为维护教条的工具。比如，有位神学家曾经这样论证地球是太阳系的中心：太阳是被上帝创造出来照亮地球的。这是因为人们总是移动火把去照亮房子，而不是移动房子去被火把照亮。因而只能是太阳绕着地球旋转，而不是地球绕着太阳旋转。"人们移动火把去照亮房子"与"太阳绕着地球旋转"之间有着本质属性上的差别。如果不能发现类比对象之间的本质差异，盲目地进行的类比，就会误导思维，将认识引入歧途。这是不当类比的负面影响，而这样的影响所造成的社会后果有的是严重的。

　　就中国传统思维方式而言，整体性、模糊性是其重要特点，而中国传统思维之所以是整体性和模糊性的，是与以类比和比喻（使用类比的一种特殊修辞方式）的思维方法为主体的特点分不开的。这类思维以浅喻深，寓理于形，便于体悟和理解。但是，严格地说，类比论证只能用于以说服人为目的的一般议论文或杂文的写作，不能单独用来证明严密的科学定理和严肃的社会命题。傅斯年早年曾经这样批评过中国学者的传统思维方式："中国学者之言，联想多而思想少，想象多而实验少，比喻多而推理少。持论之时，合于三段论法者绝鲜，出之于比喻者转繁。比喻之在中国，自成一

---

① 参见伽利略：《关于托勒密和哥白尼两大世界体系的对话》，北京大学出版社2006年版。

种推理式。如曰'天无二日,民无二主,'前词为前提,后词为结论,比喻乃其前提,心中所欲言为其结论。天之二日与民之二主,有何关系?"①把类似性相差甚远或不具有类似性的事物加以类比容易犯"机械类比"的谬误。例如,孟子说:"人性之善也,犹水之下也。人无有不善,犹水无有不下。"有学者指出,人性与水相比,或者人性的向善与水流方向相比,实在是太不相干和太缺少证据了。难道水向下流,人性就向下;水向东流人性就向东,水向西流人性就向西吗?可见,要论证人性本善或向善,上面的论证是难以"置信"的。通过逻辑排列,我们可以很容易将人性的善恶划分为以下四种:(1)人性本善;(2)人性本恶;(3)人性无善无恶;(4)人性有善有恶。甚至可以更详细地区分为,人性有1/2善,1/2恶,3/4善与1/4的恶等。但要得出人性本善的结论还需要各种论证,否则就太独断了。

3. 直觉与合理

亚里士多德在初步探讨归纳推理的逻辑问题时,主要讨论了"简单枚举归纳"和"直觉归纳"。亚里士多德并非不懂得简单枚举的"脆弱"性,所以他更青睐能够用心灵之"眼""看出"事物本质的"直觉归纳"。"直觉归纳"所说的"直觉",指的是"理性直觉"。"直觉归纳法就是一种从感性知觉上升到理性直觉,从特殊到普遍的方法。'理性直觉'是'科学知识的初始根源'。通过理性知觉就可以掌握初始的基本前提,即作为证明根据的一般原理。感性知觉是直觉归纳法的基础。任何一种感官的丧失会引起知识的相当部分的丧失,感性知觉适宜于掌握特殊,直觉归纳法进一步掌握普遍,提供关于感性知觉的科学知识,'没有感性知觉,我们也就不可能用归纳法去获得科学知识'。"②

亚里士多德当时没有也不可能说明这种"直觉归纳"的逻辑机理,而只是从认识论上努力论证它的存在。亚里士多德的讨论通俗有趣,我们不妨做一点引证。在《后分析篇》结尾,亚里士多德描绘了从感性知觉获得一般原理的认识过程:

---

① 傅斯年:《中国学术思想之基本误谬》,载《新青年》1918年4月第4卷第4期。
② 张家龙(主编):《逻辑学思想史》,湖南教育出版社2004年版,第542—543页。其中单引号中的文字均引自亚里士多德的《后分析篇》。

这些(直觉归纳)能力既不是以确定的形式天生的,也不是从其他更高层知识的能力中产生的,它们从感官知觉中产生。比如在战斗中溃退时,只要有一个人站住了,就会有第二个人站住,直到恢复原来的阵形。灵魂就是这样构成的,因而它能够进行同样的历程。让我们把刚才说得不精确的话重复一遍。只要有一个特殊的知觉对象"站住了",那么灵魂中便出现了最初的普遍(因为虽然我们所知觉到的是特殊事物,但知觉活动却涉及到普遍,例如"人",而不是一个人,如加利亚斯)。然后另一个特殊的知觉对象又在这些最初的普遍中"站住了"。这个过程不会停止,直到不可分割的类,或终极普遍的产生。例如,从动物的一个特殊种导向动物的类,如此等等。很显然,我们必须通过归纳获得最初前提的知识。因为这也是我们通过感官知觉获得普遍概念的方法。

我们在追求真理的理智运用的能力中,有些始终是真实的,另一些则可能是错误的,例如意见和计算,而科学知识和直觉是始终真实的。除了直觉之外,没有其他类知识比科学知识更为精确。基本前提比证明更为无知,而且一切科学知识都涉及根据。由此可以看出,没有关于基本前提的科学知识。除了直觉之外,没有比科学知识更为正确的知识,所以把握基本前提的必定是直觉。……由于除科学知识外,我们不拥有其他的官能,因而这种知识的出发点必定是直觉。①

亚里士多德这里所谓"科学知识",是指在科学系统中被间接推出的知识,而"直觉归纳"则主要用来形成系统中不能给予这样的推知的"公理"或"共识"。亚里士多德运用一个比喻式类比说明了他所理解的从感性知觉到理性直觉的过程,但如前所述,类比论证是无法单独起到"证明"性辩护作用的,这种似乎具有"一步即成"性的"直觉归纳"的逻辑机理仍处于"神秘"之中。正由于它的这种神秘性,在探求因果联系的方法确立后,传统归纳逻辑就将"直觉归纳"摒除了归纳逻辑的畛域。

然而,正是针对传统归纳逻辑,休谟曾经一针见血地指出,它们所研究的"归纳推理"在本质上都是人们心理上的习惯性联想——虽然我们能观

---

① 亚里士多德:《后分析篇》,余纪元译,载《亚里士多德全集》第一卷,中国人民大学出版社1990年版,第348—349页。其中将原译"理会"改为"直觉"。

察到一件事物随着另一件事物而来,但我们并不能观察到任何两件事物之间的关联。那些所谓的因果关系,不过是我们期待一件事物伴随另一件事物而来的想法罢了。就是说,它们所表现出来的现象并非是事物之间的客观因果关系。休谟的断言过于绝对,他彻底否定了客观因果性的存在,所以陷入了不可知论的陷阱。但是,传统归纳能够必然地揭示客观因果性吗?显然无法对此做出严格论证。那么,传统归纳进而概率归纳的合理性又在哪儿呢?其实,它们与人们的直觉合理性之间是存在着密切的关联的。人们之所以信赖归纳法,是因为人们不可能彻底否定自己的直觉,而直觉观念的形成与每个人自身的生活经验又联系在一起,正是在生活经验不断积累的基础上,人们才有可能形成亚里士多德意义上的"直觉归纳"。换言之,"直觉归纳"实际上是人类长期经验积累的"凝结"。

直到本书导言所阐释的现代"科学逻辑"研究,"直觉归纳"的逻辑机理才得到了相对清晰的阐明:揭示出了内蕴于人类经验的直觉"凝结"背后的逻辑因素("演绎"、"归纳"乃至"辩证")的作用机理,以及逻辑因素与非逻辑因素的相互作用机理。"一般说来,对于直觉有两种错误的看法:一种是否定直觉的作用;另一种是把直觉神秘化。这两种看法实际上都是把认识过程简单化,孤立地、片面地看待发现过程的结果。科学发现逻辑的重要课题之一,就是要探讨直觉的随机性与合理性的统一问题。""直觉的发生过程及随后对其推理的展开都是离不开运用逻辑思维手段的。直觉绝不是非逻辑的、无理性的。自然,直觉也有非逻辑因素的作用。正是由于那些非逻辑因素的作用,而使直觉表现出机遇性来。可是,直觉的逻辑因素是更重要的。"[①]依据这种认识,我们就可以通过逻辑分析去区分合理直觉与不合理直觉。对于科学领域的直觉是如此,对于社会生活领域的直觉也是如此。

我们经常就某某事情处理得公平与否发表评说,不同的人往往有不同的评判,这是因为不同的人有自己不同的公平直觉和公平观念。比如,A、B两人一同出游,A带了3个饼,B带了5个饼。一游人C与他们共同进餐后,给了他们8个金币。现在A与B就怎么公平地分配这8个金币产生了分歧。A的意见是:4:4。中国社会延传的分配潜规则是"上山打虎,人见

---

① 张巨青主编:《科学逻辑》,吉林人民出版社1984年版,第52—53页。

一股"、"路上捡钱,见者一半",况且还是他和 B 共同招待了 C。B 的意见是:3∶5。他的理由是"按劳分配,多劳多得",按贡献大小分配才是公平的分配原则,既然他带了 5 个饼子,就应该得到贡献 5 个饼子的回报。那么,究竟如何分配这 8 个金币才是真正的公平呢?有人作了这样的理性分析:三个人每人吃饼的总量的 8/3。这样,A 的贡献量是 3 − 8/3 = 1/3。B 的贡献量是 5 − 8/3 = 7/3。所以,1∶7 的分配方案才是真正的公平分配,即 A 得 1 个金币,B 得 7 个金币。这个结果与 A 与 B 原先给出的结果相差甚远,这是因为 A、B 的方案都是建立在各自的直觉的基础上,而不是建立在逻辑分析的基础上。

在日常生活中,何谓"公平"、如何"公平"这个带有经验归纳意义的概念常常引起争论,争论的一个重要原因就是对"公平"的误解。中国社会一直有一种将"公平"等同于无差别的"平均主义"思想。想一想陈胜、吴广起义的号召——"王侯将相,宁有种乎?""苟富贵,勿相忘",就是以打平均主义的旗帜得到人们认同的;到了太平天国起事时,不仅是口号,就是其法规制度都处处透露着素朴平均主义的色彩。它所提出的口号是"天下一家,共享太平"。在攻克明皇都南京后颁布的《天朝田亩制度》,其主旨是"天下人人不受私,物物归上主","有田同耕,有饭同食,有衣同穿,有钱同使,无处不平均,无人不饱暖"。这种基于素朴直觉的"公平",其实是一种理想的"平均主义",而这样的平均主义不是成为一种乌托邦式的幻想,就是对现实社会生产力的极大破坏。据一份报道说,"文革"结束后不久,安徽省肥西县有些村子重新恢复承包到户的生产体制,为了求得"公平",曾将生产队的土地、房屋、农具、种子……分个精光。无法分割的一只泥盆,摔得粉碎;一块玻璃,落地开花;一条水牛,塞个雷管,炸个血肉横飞;一枚公章,两刀剁成四半,四个人手里一人逮一个 1/4,谁要用公章,一定得这四个 1/4 公章凑在一起。如此一来,谁都有了权,谁也瞒不了谁,谁也管不了谁……①2008 年 6 月份,受澳门为市民发红利的做法启发,广东东莞政府部门打算给市民发放补贴,以减轻 CPI(consumer price index,消费物价指数,日用品价格指数)上涨给市民生活质量造成的影响,这被称为"临时生活补贴"。政府规定的补贴范围是七类人群,即低保对象、五保户、非低保对象

---

① 宁远:《共和国不相信眼泪:改革内幕》,团结出版社 1993 年版,第 186 页。

的优抚对象、非低保对象的一至四级残疾人、弃婴、已治愈的麻风病人和低保边缘户（即家庭人均收入为 401—600 元的人员），发放标准为每人 1000 元。不料一些非贫困户闻知此事，愤愤难平，理直气壮地到有关部门索要"红包"，有的人竟然开着私家车去讨要"红包"，理由是"吃早茶钱都不够了"。在靠近深圳的一些城镇，还发生了为争红包而导致纠纷甚至打架闹事等治安事件。①

在现实生活中，我们有许多带有概率归纳性的判断，这些判断大多建立在直觉的基础上的。如果经过理性的逻辑分析，便不难发现其中的不合理性。

其一，很多人认为，"男司机一定比女司机更为拙劣"。因为 60% 的开车肇事者都是男司机。持这种观点的人忽视了男司机与女司机之间基数的差异，只看到了男女司机驾车肇始的比率。

其二，"实行了教师的岗位津贴，我们的工资一下子增长了 30%，而公务员的工资只增长了 15%"。这种"乐观"是建立在不追问公务员工资基数是多少上的。

其三，有人发表这种的感慨："我不就生了两个孩子吗？超生了一个，这对于具有十三亿人口的中国来说算什么，顶多是多生了 1/1300000000，是可以忽略不计的。"这种多生一个孩子的"合理性"是建立在别人都不多生一个孩子，而只有他多生一个孩子的基础上。

其四，对旅游业旅游人数的统计历来就是一个有分歧的问题，特别是在中国社会注重休闲之后，"黄金周"的旅游报道更是让人疑窦丛生。比如，一个景点有一人游览，而全市有这样的景点 5 到 6 个，于是游览人数便为 5 至 6 人次；而如果从住宿人数方面加以统计，水分就相对少了许多。某市某年的"十一"黄金周的旅游统计，采用了两个路径，结果是大相径庭，一种结果是超过往年 25%，另一种结果则减少了 25%，人们到底该信谁的？

其五，尽管是航空业萧条的时期，各家航空公司也没有节省广告宣传的开支。翻开许多城市的晚报，最近一直都在连续刊登如下广告：飞机远比汽车安全！你不要被空难的夸张报道吓破了胆，根据航空业协会的统

---

① 参见 http://news.sina.com.cn/c/2008-06-25/024315809337.shtml。

计,飞机每飞行1亿公里死1人,而汽车每走5000万公里死1人。汽车工业协会对这个广告大为恼火,他们通过电视公布了另外一个数字:飞机每20万飞行小时死1人,而汽车每200万行驶小时死1人……

其六,英国戴安娜王妃因车祸身亡后,法国一家报纸说:"这一天是全世界男人都感到伤心的日子。"该报记者在巴黎街头对350名成年男子(其中包括100名外国游客)进行随机调查,在被问及为何对戴妃的遇难感到震惊的问题选项中,有309人选"因为她高尚人格",237人选"因为她绝世美貌",只有27人选"因为她曾经是王室成员"。该报由此得出结论说:戴安娜王妃在近90%的男人心目中是人格高尚的女人。

正如约翰·黑格所说:"尽管人类对于概率有非常好的直觉,多数人对概率的理解是不充分的。最显著的问题有两个:其一,某些事件发生的概率值极低,如何定量地分析这些很小的概率值之间的差别?比较两个判断。A:事件a发生的概率为1/1 000;B:事件a发生的概率为1/1 000 000。通常人们以为这两句话的意义是一样的,都是说事件a发生的可能性很小。事实上,这两个概率值是不同的,前者是后者的1 000倍;其二,面对具体的判断时,如何避免错误的信息的干扰?一个小例子:我给你一张美女照片,你的任务是猜测此人的职业:模特还是职员?很多人会猜前者。实际上,模特的数量比职员的数量少得多,所以,从概率上说这种判断是不明智……在很多场合,这些粗糙的判断是简单有效的;也有很多场合,除非经过缜密的分析和精确的计算,你的结论会错得离谱。假设你作为陪审团的一名成员出庭,被告被指控犯有谋杀(或绑架)罪。法庭掌握了一些事实。如果被告是无辜的,则这些事实发生的概率为100万分之一。有些人可能认为这个判断等同于'在这些事实已发生的前提下,被告是无辜的概率为100万分之一。'大错特错!请比较以下两个判断:'珍妮在下雨天遗忘外套的概率为1%',以及'在珍妮遗忘外套的时候正在下雨的概率为1%'。二者的含义显然不同。"① 区别并把握这种概率差异的不同之处,其关键在于,需要我们重视并运用逻辑理性的细致分析。

---

① 黑格:《机会的数学原理》,李大强译,吉林人民出版社2001年版,前言第1—2页。

4. 信度与确证

有一个关于火鸡的故事,说的是一位猎人捕获了一只火鸡。刚被捕获那会儿,那只火鸡感到死期已到,恐惧不已。没想到,那位猎人并没有当即杀死它,而是把它关在笼子里养了起来。这只火鸡发现,第一天,一阵铃响之后,那猎人给它带来了可口的食物。然而,作为一个卓越的"归纳主义者",它并没有马上作出结论,而是继续关注猎人与铃响之间的联系,不断地观察事实,而且,它还特别注意在多种情景下的变化情况:雨天和晴天,热天和冷天,早上与晚上……每天都在自己的记录中加入新的观察陈述。最后,它满怀信心地得出了这样的结论:猎人不仅不会杀死它,而且每次铃响之后,猎人都会给它带来可口的食物。于是,这只火鸡从极度恐惧中缓过神来,心安理得地住在笼子里享受美食。可是,事情并不像它想得那样简单和乐观。在圣诞节前夕,当猎人打响了铃后,在它正引颈待食之际,被猎人抓住了颈子,经过一番宰杀、清洗、烹调,它成了猎人桌子上的美食。火鸡深信不疑的结论,被事实无情地推翻了。

与演绎推理不同,归纳推理只能在一定程度上保证,依据真前提能够得到有一定程度可靠性的结论。归纳的可靠性并不完全是由推理的形式来决定,而是取决于一系列相关条件。对这些相关条件的理解,往往影响着归纳者对结论的信赖程度,亦即置信度。这里的置信度,既包括归纳者也包括归纳的受众对归纳结论之真的信赖程度。如果我们分别用 1 和 0 表示真和假,那么 1 和 0 这种极限情形应该是演绎推理得出的结论,是必然性的真或假。归纳推理的取值应该是 1 和 0 之间的值。一般地说,归纳者或归纳受众认为,归纳结论之真的可能大于 50%,就是属于可信的范围;如果是逼近 100%,那就是"归纳超强"的。反之,如果归纳的结论为真的程度低于 50%,那将是不可信的。所以,归纳结论的真值,并不是与归纳主体和归纳受众无关的纯客观的逻辑值,而是与归纳主体和归纳受众对归纳的条件和关系的主观判定有关。

世界上的很多"谜团",之所以吸引着许多感兴趣的人,是与那些人对"谜"的现象的采信程度有关的。尼斯湖怪之谜在世界众多谜团中具有非同一般的地位。尼斯湖是位于英国苏格兰的一个大湖,早在一千多年前,就有记载说那里有怪兽杀了人。到现在已有好几千人声称亲眼见到尼斯湖怪。闹得最凶的是1933年,当时英国伦敦一家马戏团的老板高价悬赏捕捉尼斯湖怪,引起了广泛关注。1934年,有人公布了一张抢拍到的尼斯湖怪的照片,更加引起轰动。这张照片虽然不是很清晰,但还是显示出了人们心目中湖怪的形象:长长的脖子和扁小的头部露出湖面,很像是一种早在七千多万年前就已灭绝的蛇颈龙。因为这张照片,尼斯湖怪名扬全球,给当地带来了非常可观的旅游收入,据说累计达200多亿美元,并引发了多次科学考察活动。科学家动用了先进的探测设备,意图捕捉湖怪的踪迹。但结果却是一无所获。人们对尼斯湖怪究竟是什么,提出了很多种推测,最多的一种说法是:它可能是一种在其他地方已经灭绝的史前动物。1994年3月,尼斯湖怪的名声受到了重大打击。一个名叫克里斯蒂安·斯伯灵的90岁老人临终忏悔,供出了那张著名照片上的湖怪是他和其他四人用玩具潜水艇和塑料制作的。①

  在现代科学的时代,人们对打上了"科学"标号的东西采信度都较高。四川汶川大地震后,人们对地震原因或诱因提出过种种猜想,如下便是广东天文学会专家给出的分析:2008年5月12日汶川发生的大地震,其日期与时间可能与天文因素有关。大地震日期恰好发生在上弦(农历四月初八)。这天,上弦时刻出现在中午11时47分。上弦时,太阳、地球和月球排列成一个直角三角形;从地球上看,太阳和月球的角度恰好等于90度。上弦这天,有来自两个不同方向的引潮力对地球施加影响。历史上,一些大地震都是出现在上弦或下弦的前后。比如,震幅达里氏9.1级的美国阿拉斯加大地震,发生在1957年3月9日(农历二月初八),这天恰好是上弦;震幅达里氏8.8级的南美洲厄瓜多尔大地震,发生在1906年1月31日(农历正月初七),次日为上弦;震幅达里氏8级的我国甘肃古浪大地震,出现在1927年5月23日(农历四月廿三),次日为下弦;震幅达里氏7.3级的我国辽宁省海城县大地震,出现在1975年2月4日(农历十二月廿四),下弦为2月3日。这次汶川大地震的时刻,恰好出现在太阳、月球、地球3个天体处于同一个平面上。在平时,月球与太阳、地球的运行不是处于同一个平面,而是有一个5度多的夹角。当3个天体处于同一个平面上,可

---

① 参见方舟子:《方舟子破解世界之谜》,陕西师范大学出版社2007年版。

能对地球地壳的某些板块产生特殊的共振影响。此外,汶川大地震前夕,月球和太阳位于同一条纬线上。5月11日,太阳位于天空北纬18度,而月亮由北往南掠过北纬18度。也就是说,5月11日有一瞬间,太阳和月球位于同一条纬线(北纬18度)上。日月两天体位于天空同一条纬线上,这种合力可能对地球上的地震起到了引发作用。地震的地点和强度主要来自地球的内部,而地震的时间可能受地球外天体的引潮力及辐射和磁场等外因影响。当太阳、月球和地球在空间的排列状况处于特殊的位置时,月球和太阳对地球的合力将会出现一个临界点或转折点,这时就有可能触发地震,这是地震的天文外因。①

如果是一个"草根科学家",即便他所"研究"的就是科学理论本身的问题,对其断言,人们对他所得结论的采信程度又会如何呢?对于天津市宝坻区大口屯镇一个残疾农民的研究成果,你会采信吗?这位狂热的科学爱好者,在亲人、朋友的竭力反对下狂热地投身于基础理论物理的钻研,宣称:"已经证明出,从牛顿第一、二、三定律到爱因斯坦的相对论都有错!"他不无得意地说:"牛顿第一定律说惯性是匀速直线运动,我觉得牛顿说错了,其实惯性是匀速圆周运动!"②

基于自己的信念,不同的归纳者都会对自己归纳的结论持有较高的信赖程度,但归纳结论的可信程度究竟如何,最终是要接受实践的检验、验证、印证和否证。检验是指对一个陈述、命题或理论通过经验观察、实验判断其是否符合经验事实。如果检验结果发现一个语句或命题符合经验事实,则称此陈述被检验为真。如果不符合事实,则称此陈述被否证或者说是被检验为假。一般来说,归纳得出的单称命题比较容易通过经验观察检验为真,也比较容易否证。比如,"这是一朵红玫瑰","张三被李四打死了"。对于这样的命题,只要亲自检验,就会知道它们是真还是假。然而,对于普遍命题或语句却无法通过经验方式检验其是否为真,但只要找到一个例外,就可以加以否证。例如,"所有人都有善心"。我们无法通过经验去检验过去、未来甚至现实中的每个人是否有"善心",只要有一个人不具有善心,我们就可以否证上述命题。但是,如果我们观察到张三、李四、王

---

① 参见苏稻香、李建基:《专家称汶川地震恐涉及天文因素,应注意潮汐影响》,载《南方日报》2008年5月30日。
② 胡春艳:《残疾农民自称已证明牛顿定律和相对论有错》,载《北京晚报》2008年2月13日。

五、赵六、刘七、孙八……有善心，我们就会感觉到上述普遍命题似乎更"真"或"有些真"。

从普遍命题或普遍理论中，我们可以导出一些可观察的命题，而这些命题通过经验验证为真时，则我们称这些可观察命题印证了此普遍命题、普遍陈述或普遍理论，印证的陈述越多，则称此普遍命题的可印证性程度越高。当一个理论或一个命题可印证性程度越高，则我们在心理上会因此而认为，这个命题或理论的"可靠性"、"真实度"、"可信度"、"可接受性"越增强，也就越是有信心、有勇气将其加以应用。当然，这种应用也是试探性的，不是绝对可靠的。

关于归纳结论的检验问题，英国哲学家波普尔认为，"美德并不在于小心谨慎地避免犯错误"，越大胆的假说提供的信息越丰富，可证伪性也就越高。证伪主义者在极力推崇证伪的同时，他们也慢慢发现：如果给被证伪的假说加上一些辅助假说，或者对其术语重新加以解释，那么任何试验结果都无法去绝对证伪一个理论。比如"鸟都有羽毛"，如果发现了一只没有长羽毛的鸟，这个假说就被证伪了。为了挽救这个假说，加上个辅助假说变成"除了那只秃鸟，其他的鸟都有羽毛"。这样的修改没有导致新的可检验的推论，而且可证伪性降低了，这是增加了不能允许的特设性辅助假说。如果换个辅助假说，比如说，"除了生了某种病的鸟，其他的鸟都有羽毛"，这个假说就能导致新的可检验的推论，可以用医学、生物学方法检验这只鸟没有羽毛的原因。这样就提供了更为丰富的信息，增强了可证伪性。这个辅助假说就是可以允许的，不是特设性的，也是被证伪主义者所能够接受和提倡的。

5．多数与民主

尽管休谟对归纳推理的有效性提出了致命性挑战，但人们对归纳推理的使用热情并没有因此而熄灭，因为这种推理方式和思维方法还是有它的认知作用的。

首先，它是概括实践经验的重要手段。"冬旱夏淋"、"早霞阴，晚霞晴"、"八月十五云遮月，正月十五雪打灯"等这些农谚，就是通过不完全归纳推理的方式得来的，在预测气象手段不发达的时代，这样的经验总结对于实践活动的指导具有不可替代的价值。鲁迅先生在讲述人的"经验"的作用时曾经说过：大约古人一有病，最初只好这样尝一点，那样尝一点，吃了毒的就死，吃了不相干的就无效，有的竟吃对症了，就好起来。于是，知道这是对于某一种病痛的药。这样地累积下去，乃有草创的记录，后来，渐成为庞大的书，如《本草纲目》。

其次，它是初步发现客观规律以及提出这些规律的假说的重要手段。比如，哥德巴赫猜想：每个不小于6的偶数都是两个素数之和，也是运用简单枚举归纳方法提出来的。

此外，在语言表达中，它还能够发挥辅助性论证或说明的作用。有一篇《恰到好处》的短文，是这样的论证："睡觉过多就可能变成懒汉；劳动过累就要妨害健康；健康过于注意就会造成精神负担，反而会把身体搞坏；所以，凡事过了头，都反而会把好事变成坏事。所以，任何事情都要做到恰到好处。"这种有事实依据的论证，还是有一定说服力的。

但是，归纳推理毕竟不是必然性推理，而是或然性推理。从有限的经验中归纳得出的普遍性结论，由"部分"推展到"全部"的推理方式，并不能保证结论一定为真。《警世通言》中有一篇《王安石三难苏学士》的文章。文中写道：苏东坡去看望宰相王安石。恰好王安石出去了，见王安石才写了开头两句的一首咏菊诗稿："西风昨夜过园林，吹落黄花满地金。"苏东坡想："西风"就是秋风，"黄花"就是菊花。菊花敢与秋霜斗，怎么会被秋风吹落呢？随即续诗："秋花不比春花落，说与诗人仔细吟。"后来，苏东坡到黄州任团练副使，见秋风过后，菊花纷纷落瓣，满地铺金，方知自己错了。

为了提升归纳推理的可靠性程度，人们采用的策略是尽可能多地考察前提对象。逻辑学家们相信，考察前提的对象越多，结论的可靠性程度就越高。这种思维方式为社会政治生活领域的民主原则提供了逻辑依据。民主的对立面是专制，专制往往是少数统治者按照自己的意愿对多数被统治者进行强制性"治理"。而民主制度就是在行使权力、决定问题时要体现大多数人的意志和利益。换句话说，在行使权力和决定问题时，之所以要实行少数服从多数的原则，就是始终要体现大多数人的意志和利益。之所以是"大多数"，这是非常有枚举归纳推理"求真"的意味的——考察的前提数量越多，得出"真"结论的可靠性就越大。但这里有一个问题可能被人们忽略了，那就是：即便是大多数人都发自内心赞同的意见，也未必是"真理"。正如政治学家乔凡尼·萨托利(Giovani Sartori)所指出的,民主决策中的简单多数原则是"一个摆脱了质量特征的数量标准","多数的权利并不等于多数'正确'","数量产生的是势力,不是权利。多数是一个量,量不能形成质。"① 有的时候,真理往往掌握在少数人的手里,少数服从多数的原则,恰恰可能成为压制少数人表达真理性意见的理由,造成有违求真初衷的"多数人的暴政"的不当局面。

翻开历史书,我们不难知道这样的史实,公元前6世纪,在民主的发源地——古希腊城邦雅典,一个名叫克利斯梯尼的政治家发明了一种据说是人类历史上最早的民主制度——"贝壳放逐法"。所谓"贝壳放逐法",就是雅典人为了对付某个破坏民主、实施专制的独裁者而召开公民大会,对其进行投票(因用贝壳投票而得名,后来改用陶片)。如果这个人得票超过6000,那么,不管你有没有错,立即将其驱逐雅典,去外面呆上10年才能再回来。这种惩罚制度有点类似中国古代的流放,当然二者性质截然不同,前者是由公民大会的集体投票决定的,后者是专制君主的依据个人意志决定的。然而,在"贝壳放逐法"这座祭坛上,固然有独裁者的鲜血,也飘荡着无辜者的冤魂。在古希腊历史上,曾经有多位优秀的政治家、军事家因"贝壳放逐法"而被流放,客死他乡。比如,以廉洁、正直而著称的马拉松战役英雄亚利斯泰提,就曾被贪婪、腐败的地米斯托克利以"企图独裁"的罪名提交公民大会审判。而作为西方文化奠基人的苏格拉底,也是这种简单的多数人民主制度的牺牲品。

苏格拉底生活在雅典民主制面临危机的时代,是古希腊哲学探索中的转向性人物。雅典民主制的弱点在伯罗奔尼撒战争中被充分暴露。公元前406年,雅典海军在阿吉牛西之役大败斯巴达人。政客却以阵亡将士尸首未能及时收回为由,对10名海军将领提出诉讼。公民大会判处其中9人死刑。苏格拉底担任了这次大会的轮执主席。他认为,审判不合法,故而投了反对票,并因此而得罪了民主派。公元前404前,战败的雅典人被迫接受寡头制,苏格拉底的学生克里底亚是执政的30寡头的核心人物。苏格拉底对他们的暴力统治深感不满。寡头们命令苏格拉底去逮捕政敌,他甘冒受极刑的危险也不愿参加他们的活动。然而,民主制复辟之后,苏

---

① 萨托利:《民主新论》,东方出版社1998年版,第154—155页。

格拉底却被视为民主派的政敌。公元前399年,一个叫莫勒图斯①的年轻人在雅典状告苏格拉底,说他不信城邦诸神,引进新的精灵之事,败坏青年,即被控以"亵渎神明"和"腐化青年"两条罪名。按照当时的规矩,在被控为有罪之后,有几种脱罪的办法,其一,可以为自己辩护,但辩护不能成为否定民主审判的理由,而是在"坦白从宽,抗拒从严"的背景下减免自己的罪过。其二,认交罚款以减免罪罚。其三,在被判罪收监后,通过贿赂的方式逃脱。苏格拉底选择了为自己辩护。

苏格拉底说,雅典的人啊,我不知道你们为什么会相信那些控告我的人的话。我知道,很早之前他们就开始攻击我,把我描绘成一个自称天上地下无所不知的智者,到处蛊惑人心,靠诡辩过日子的人。我告诉你们,这是不公正的。他申辩道:"公民们!我尊敬你们,我爱你们,但是我宁愿听从神,而不听从你们;只要一息尚存,我永不停止哲学的实践,要继续教导、劝勉我所遇到的每一个人,仍旧像惯常那样对他说:'朋友,你是伟大、强盛、以智慧著称的城邦雅典的公民,像你这样只图名利,不关心智慧和真理,不求改善自己的灵魂,难道不觉得羞耻吗?'……要知道,我这样做是执行神的命令;我相信,我这样事神是我们国家最大的好事。……公民们!我现在并不是像你们所想的那样,要为自己辩护,而是为了你们,不让你们由于定我的罪而对神犯罪,错误地对待神赐给你们的恩典。你们如果杀了我,是不容易找到另外一个人继承我的事业的。我这个人,打个不恰当的比喻说,是一只牛虻,是神赐给这个国家的;这个国家好比一匹硕大的骏马,可是由于太大,行动迂缓不灵,需要一只牛虻叮叮它,使它的精神焕发起来。我就是神赐给这个国家的牛虻,随时随地紧跟着你们,鼓励你们,说服你们,责备你们。朋友们,我这样的人是不容易找到的,我劝你们听我的话,让我活着。很可能你们很恼火,就像一个人正在打盹,被人叫醒了一样,宁愿听安虞铎的话,把这只牛虻踩死。这样,你们以后就可以放心大睡了,除非神关怀你们,再给你们派来另外一只牛虻。我说我是神赐给这个国家的,绝非虚语,你们可以想想:我这些年来不营私业,不顾饥寒,却为你们的幸福终日奔波,一个一个的访问你们,如父如兄地敦促你们关心美

---

① 苏格拉底在这篇《申辩》中提到的莫勒图斯(Meletos)和安虞铎(Anytos)都是苏格拉底案件的原告。控告苏格拉底的共有三个人,他们是莫勒图斯(悲剧诗人)、安虞铎(工商业主)和吕康(修辞家)。

德——这难道是出于人的私意吗？如果我这样做是为了获利,如果我的劝勉得到了报酬,我的所作所为就是别有用心的。可是现在你们可以看得出,连我的控告者们,尽管厚颜无耻,也不敢说我勒索过钱财,收受过报酬。那是毫无证据的。而我倒有充分的证据说明我的话句句真实,那就是我的贫寒。"①尽管苏格拉底在500人组成的陪审团面前作了有理有据的著名申辩,但有理的申辩却并没有挽救得了苏格拉底的性命。陪审团在没有进一步核实事实的情况下投票表决,其结果以278票赞成苏格拉底有罪,221票反对苏格拉底有罪,在少数服从多数的原则下,判处苏格拉底死刑。

如果民主只遵循大多数原则,"多数暴力"可能通过多数表决的方式变成现实。有些人总是误认为,一个社会的民主特征就是通过各种方式的表决,而且一定是少数服从多数。这种想法忽略了下面两种民主精神:第一,多数必须尊重少数。正如人们曾经说过的:真理有时在少数人手里。这就是要求我们必须尊重少数人的意见。第二,即使一个人知道多数必须尊重少数,但往往又不知道如何做才算是真正的尊重少数。这里的"尊重"的含义是:在结论表决之前,需要经过认真的和多种不同角度的讨论和论证,唯有如此才能真正实现民主;相反,仅就结论是否通过进行多数表决,就会形成诉诸群众或诉诸多数人暴力的谬误。因此,要尊重少数,就必须让少数人有充分表达观点、阐述理由的机会,自由地、公开地让他们发表言论,表达即便是部分的真理;只有同时兼顾多数人和少数人的意见,形成涵盖范围更大的部分真理,或者说通过兼顾少数人的利益,以形成兼顾更大多数人的利益,才是民主的本义。②

"多数暴力"得以形成的另一种途径就是不断重复。尽管"重复"不增加多少新的内容,没有质的变化,但"重复"毕竟是在增加归纳的前提数量。在一些人的观念中,"重复就是真理",某个(些)假论点或陈述重复地被断言、被宣称,久而久之就会被人们认为是真的。这是简单枚举归纳推理的思维惯性使然——既然拥有大量重复性前提,其结论可能就是真的。所以,不断地"重复"可能给少数人造成心理压力,从而屈服于多数人,构成另一种形式的多数暴力。贤德的曾子的母亲,就是被这种多数暴力压垮的。

---

① 北京大学哲学系外国哲学史教研室:《西方哲学原著选读》(上卷),商务印书馆1984年版,第68—70页。
② 参见杨士毅:《逻辑与人生》,富育兰编,黑龙江教育出版社1989年版,第161—167页。

曾子是一个有名的孝子。有一天,曾子要离开家乡到齐国去。他告别母亲说:"我要到齐国去,望母亲在家里多保重身体,我一办完公事就回来。"母亲对他说:"我儿各方面要多加小心,说话做事,千万注意,不要违犯人家齐国的规章制度。"曾子到齐国不久,齐国有个和他同名同姓的人,打架斗殴杀死了人,被官府抓了起来。曾子的一个同乡听到这个消息,也不问清楚,就跑去告诉曾子的母亲:"了不得啦,曾子在齐国杀死人了!"曾子的母亲听了这个消息,不慌不忙地回答说:"不可能,我的儿子是干不出这等事来的。"那位同乡也是听来的消息,听曾母这么一说,也拿不出什么根据,便半信半疑地走了。过了不大一会儿,又有一位邻居跑来,慌慌张张对她说:"曾子闯下大乱子了,他在齐国杀了人啦。"曾母仍然没有丝毫惊慌的样子,一面织布,一面说:"不要听信谣言,曾子是不会杀人的,你放心吧。"那人很认真地说:"哪里是谣言,他明明成了杀人犯,已被齐国官府给抓起来了!"曾子的母亲还是照样织自己的布,头也不抬地说:"我知道自己的孩子,他不可能闯这么大的乱子。"这个报告消息的人还没有走,门外又来了一个人,他还没进门,就大呼小叫地嚷道:"曾子杀人了,你老人家快躲一躲吧!"曾子的母亲见一连三个人来报告这可怕的消息,有些沉不住气了。她想道:"三个人都这么说,恐怕城里的人都嚷嚷开这件事啦,要是人家都嚷嚷,那么,曾子一定是真的杀人了。"她越想越怕,耳朵里好似已听到街上哄哄吵吵,"官府来抓杀人犯的母亲啦⋯⋯"。于是,她慌忙扔下手中的梭子,在那两位邻居帮助下,从后院逃跑了。

以曾子的一贯品德和慈母对儿子的了解和信任,"曾参杀了人"的说法在曾母面前理应是没有市场的。然而,即使是一些不确实的说法,说的人多了,也有可能"三人成虎",使得"多数暴力"得以形成,最终动摇了一位慈母对自己贤德的儿子的信任。

网络话语之"人肉搜索"是"多数暴力"的一种当代形式。给人以思想极大自由空间的互联网,同时也正在成为"多数人的暴政"的工具。人们发现,在互联网上"没人知道你是一条狗"的年代已经过去了,只要你被人盯上,短时间之内,你的所有资料将在网上公布,你的所有生活细节将一览无余。[1] 回首这几年的网络大事件,"多数暴政"的现象不时地发生在我们的

---

[1] 参见《人肉搜索:信息时代的全裸出镜》,参见 http://book.qianlong.com/ 2008-12-24。

身边。其一,2006年4月的"踩猫事件"。网民们依靠视频截图中出现的大桥,认出了视频拍摄地点是黑龙江萝北县,并迅速挖出了踩猫者,一位离婚的中年护士。尽管这位中年护士并没有触犯法律,但该护士所属单位仍然将她解职了。其二,2007年4月的"钱军打人"事件,是"猫扑"人肉引擎第一次发挥巨大威力,几个小时之内,殴打老人者——钱军及其妻子的电话号码、身份证号码、家庭住址、工作单位、孩子上学的学校等属于个人隐私信息全部被曝光,有人甚至发短信给他的妻子,声称要弄死他们一家。①

2009年5月5日下午6时左右,四川南充一名驾车的年轻女子,因为堵车和一名卖串串的大爷发生纠纷,女子扇了大爷耳光,此举引发市民围观和指责。有人将现场照片贴在网上,发动网友进行"人肉搜索",上万网民参与,搜出开车女子的真实姓名、家庭住址、QQ号、学历、工作单位、电话号码甚至包括其半裸的照片、身高、体重和"三围"。

"我三次下跪鞠躬,请求大爷原谅",据开车女子介绍,她气急之下出手打人,但很快意识到自己的错误,"大家要求我跪在车子引擎盖上道歉,我刚跪下,警察把我拉起来"。"我是错了,但为啥就没人帖我道歉的照片,就没人替我说话?"5月7日上午,采访此事的记者见到开车女子和她的母亲,"这几天她都没法工作,谩骂电话不断"。女子的母亲介绍,其实他们家庭条件一般,不像网上说的名车美女。"今天早上,她到嘉陵江边寻短见,还是她爸把她拖回来的。""我打人是不对,但也不该这样疯狂地曝光我的隐私!"开车女子说。

两天时间,上万网友跟帖发言,在表达无限愤慨的同时,已有网友开始反思这场"快乐盛宴"的合理性。网友"莽娃儿"质问:"真是场快乐的盛宴,准备进行到什么时候?这事从一开始就缺乏理性。且不说事情的起因如何,没有一个人把处理结果通报给大家,就忙不迭地义愤填膺。"据警方介绍,那位被打的杨大爷也没什么明显伤痕,目前还在观察。警方还在协调双方尽快处理此事,"纯粹就是一个小纠纷!"②

就在网友自己反思的同时,此事也引起了南充市人大代表、四川助民律师事务所律师廖丹的关注。网友称自己只是一个"搬运工",把开车女子

---

① 参见 http://www.manyi100.com/show.php?tid=243。
② 参见苏定伟:《女子掌掴老汉遭人肉搜索后欲跳江轻生》,载《华西都市报》2009年5月8日。

的基本信息从她QQ空间搬运到互联网上来,自己并没侵权。廖丹却认为,个人的QQ空间本就属于很私密的地方,未经主人同意就"搬"出来,涉嫌侵权。从网友目前公布的开车女子信息来看,完全涉嫌侵犯她的隐私,至于从哪儿获得这个信息,这只是一个侵权人获取信息的渠道而已。廖丹表示,"人肉搜索"有一个底线,那就是在不侵犯隐私的前提下进行,网友们用这种方式来迫使开车女子出来道歉或澄清真相,明显就是网络暴力,是一种侵权行为。①

在网络"人肉搜索"的时代,暴力类型五花八门,有打电话发短信进行人身威胁的,有网民自己找到被搜者的家门口泼大粪、写标语口号的,更常见也是更恶劣的,是把被搜索者的个人信息全部公布在网上,以使被搜者得到最强烈的报复行为。尽管我国宪法第38条对人格权、民法通则第101条和司法解释第140条对公民的名誉权、人格权都有法律上的明文规定,然而在没有落实到具体个体的时候,人们便没有了法律的约束,至于道德的约束,就更指望不上了。于是,有人可以为所欲为,尽情释放内心深处暴戾的一面。正如孙浩元在其新小说《人肉搜索》中所指出的,"人肉搜索"这种暴力并不是"新的暴力",而是来源于遥远的暴力革命下的集体心态。"暴力革命"背后贯穿的思想是,打倒一切阻挡我们的拦路虎以达到自己的目的。这种情绪体现在"人肉搜索"中便是通过揭露他人隐私、破坏他人正常生活以达到自己的心理上的道德满足感与发泄目的。终究,他们忽略的是中国古代流传千年的"以己度人"的良好心态。在冠冕堂皇的政治或者道德的旗号下,情绪发泄多于理性思考,直觉判断压过逻辑分析,以一种不恰当的铿锵有力的话语将被搜索者打入无底深渊,宣泄了自己的内心深处的暴力欲,践踏了被搜索者的生命和尊严。

民主的本义意味着平等与宽容。平等与宽容也是最宝贵的民主要素。在学术研究上,为了求真,我们可以不宽容,可以"较真",但在对待他人的人格、尊严和话语权等方面,我们应该宽容。这种宽容,包括对他人的偏见甚至成见的理解——只要他没有违犯法律,没有背离哈贝马斯研究沟通行动理论时提出的有效性假定,即所谓的"三真原则"——其一是真实性,即陈述的内容必须是真实的;其二是真诚性,即不得企图欺骗听众;其三是正

---

① 参见 http://news.163.com/09/0508/05/58P4SUMH00011229.html。

当性,话语必须适合特定的语境中特定的规范——都应该受到尊重。现代国家的运行之所以依赖于法律和法治,就是因为法律和法治是理性的产物,它可以尽可能地减少人们因为偏好因素导致的反理性的多数暴政。

6. 归纳意识与归纳域

归纳所得出的结论虽然不具有必然性,但作为一种推理形式或思维方式,不论在科学研究领域还是在社会生活领域,归纳都具有不可或缺、不可替代的功用,问题是如何正确而又灵活地运用归纳。正确而又灵活地运用归纳,其前提在于我们是否具有归纳的意识,有归纳意识,还应该具备提升归纳结论可信程度的方法和技巧,也就是要掌握好归纳的范围,即归纳域问题。

俗话说"吃一堑,长一智"。"堑",即挫折,"智"是在对挫折经验的基础上归纳得出的教训。如果"吃一堑"能够立即"长一智",就是具有较强的归纳意识,反之,就是"太没有记性了"。缺少归纳意识的认知状态是熟视而无睹,碰壁而不悟。当一定数量的现象在眼前反复出现时,永远只见个别,不觉不悟个别背后的一般存在。特别是在同一种现象面前,是否具有归纳意识以及归纳意识强弱与否,具有非常明显的反差。

北美独立战争期间,美国总统华盛顿曾任十三州起义部队的总司令。一次,华盛顿率领起义军准备进攻被英军占领的波士顿。出人意料的是,没等他的部队兵临城下,英军就大规模地撤退了。是英军不敢与起义军对抗,还是英军在要什么计策?华盛顿一时难以判断。经情报人员刺探后才知道,波士顿城内出现了烈性传染病——天花,英军为了保存有生力量,并利用这一可怕的"细菌武器"抵抗起义部队,及时撤出了健康的士兵,而把患天花病的士兵尽数留在城里。其目的是显而易见的,他们把波士顿留给了起义军,也要把天花留给起义军,使其丧失战斗力。

那时,天花是致命的瘟疫,人人闻风丧胆。然而,波士顿城在军事、经济上的位置又极为重要,华盛顿不愿意放弃对它的攻占。他一边沉思,一边抚摸着自己小时候生天花留下的麻斑,脑海中突然掠过一种奇想:在自己多年的戎马生涯中,曾经不止一次地遭遇过天花大流行,却没有再被传染过,这里是不是有什么奥秘?

第二天清早,他查询了起义军中所有麻脸的官兵,发现他们都没有第二次患天花的病史。据此,华盛顿果断地组织了一支麻脸官兵"特种部队",向波士顿城发起了进攻。这支"特种部队"如入无人之境,不费吹灰之力,迅速拿下了波士顿城。① 那时,医学界还没有认识到患过天花的人具有终身免疫的功能,更不知道给人种上"牛痘"疫苗可以免天花。华盛顿此役的胜利,正是得益于其较强的归纳意识。

而丹麦天文学家第谷却没有这种强烈的归纳意识。第谷长于观察,据说他观察各行星的位置误差不超过 0.67 度,就是数百年后,有了现代仪器的人们也不能不惊叹他当时观察的精确性。他三十年如一日地观天,记录星辰,获得了十分丰富的第一手资料,但所得结论却甚少。第谷的助手开普勒,利用第谷的观察数据,不久就归纳出了行星运动的三大规律。第谷被人们称为星学之王,而开普勒则被人们称为天上的立法者。"星学之王"和"天上的立法者",这两种不同的评价,其实也对第谷与开普勒的归纳意识之强弱的评说。

强调归纳意识,要注意区分两种极端情况,一是凡事皆"归纳",从极少的事例中强行得出普遍性的结论,最后陷入"守株待兔"的误区;二是从较多事例中归纳出普遍结论,最后为这样的结论所束缚,变得僵化和教条,这就违背归纳创新的初衷。在第四次中东战争中,以色列部队就曾犯过这样的错误。1973 年,第四次中东战争前夕,埃及军队频繁调动,不断地进行大规模的军事演习。阿拉伯方面增强军事力量、加强战备的情况,以色列情报部门依靠美国的"大鸟"卫星了如指掌。以色列总参谋长埃拉扎尔虽然不同意情报部门所做的"不会发生战争"的论断,但是看到埃及军队一次次调动仅仅是一次次的军事演习,这位参谋长也就不愿重犯空喊"狼来了"那种错误,对埃及的军事演习视为平常、渐渐麻木了。1973 年 10 月 6 日,当埃及军队第 23 次大规模调动、向苏伊士运河方向集结时,以色列方面仍然以为,这是埃及军队的又一次军事演习,因而毫无准备,甚至让官兵放假去过犹太人的"赎罪日"节。结果,埃及军队一举突破了以军耗资巨大的"巴列夫防线",取得了震惊世界的辉煌战果。埃及的胜利,除了以色列方面过

---

① 参见张昌义、黄浩森:《为什么华盛顿会想到组织一支麻脸官兵"特种部队"》,载《社会科学千万个为什么·思维技巧卷》,世界知识出版社 1991 年版,第 23—24 页。

分相信本国的军事力量外,还因为埃及方面利用了以方或多或少存在着的思维惯性,在制造假象、反复干扰的情况,引导对方进行轻率概括,做出了错误的判断。

有归纳意识是进行归纳的前提,但如何提高归纳结论的可信度,还要掌握好归纳的范围,即归纳域问题。① 归纳域应该包括两个方面,其一是选取归纳对象的范围问题。对象范围的选择往往影响到归纳结论的可信性。以典型事例为对象、在可控制、可把握的范围内归纳,结论的可置信程度肯定会高一些。其二是确定结论所指对象的范围问题。结论所指对象是何种范围,也影响着归纳结论的可置信度。守株待兔者的结论是个别推出了普遍,如果他将这个别推至个别或特殊,其结论的荒唐程度就低多了。华罗庚在《数学归纳法》中曾经举例说:"从一个袋子里摸出来的第一个是红玻璃球,第二个是红玻璃球,甚至第三个、第四个、第五个都是红玻璃球的时候,我们会立刻出现一个猜想'是不是这个袋里的东西都是红玻璃球?'但是,当我们有一次摸出一个白玻璃球的时候,这个猜想失败了。这时我们会出现另一个猜想:'是不是这个袋里的东西都是玻璃球?'当有一次摸出来是一个木球的时候,这个猜想又失败了。那时,我们会出现第三个猜想:'是不是袋里的东西都是球?'这个猜想对不对,还必须继续加以检验,要把袋里的东西全部摸出来,才能见分晓。"② 华罗庚所举的这个案例告诉我们,根据认识的具体情况,及时调整结论所指对象的范围,是提高结论可信度的一个重要路径。在社会生活领域,我们在对一些人或事进行评论时,所得出的结论应该尽量用特称命题、统计命题,而应当慎用全称命题。

有一则故事说,某翁请客,见主客迟迟未到,便焦急地说:"唉,该来的没来。"来陪客的人一听,有的坐不住走了。见主客还未到,又有陪客走了,他更着急,脱口而出:"不该走的走了。"话音刚落,所有的客人都走了。此翁傻了:"我错在哪儿了?"在社会生活中,类似这样的误解甚至纠纷有很多,往往都是因为归纳域的选择不当而引发的。比如,看到一些男人有钱变坏了,就得出"男人有钱就变坏"的结论,这让有些成功人士大为委屈,因为他们有钱了却并没有变坏,而且对国、对家都作出了比没有钱时更多、更

---

① 参见张盛彬:《认识逻辑学》,人民出版社2008年版,第165页。
② 参见吴家国等:《普通逻辑》,上海人民出版社1993年版,第284—285页。

重要的贡献。由于这样的普遍结论有失偏颇,所以,有人反问,我国国家政策中有"鼓励一部分人先富起来"的规定,那它意思就是"鼓励一部分人先坏起来了"?！如果将这里的结论范围作必要的调适,修改为"有的男人有钱就变坏",可能就不会引起这样的误解了。当然,如果更具体地指出哪些男人变坏,做了哪些坏事,这就比前面的全称和特称量词更具有具体性内容。就是说,在归纳范围中,要注意个别差异性的存在。在材料很少时,我们宁愿多描述个别的具体事实,而少作概括性、普遍性的结论或判断,少用普遍命题或全称命题来表达,尽可能运用较为精确的统计数字或统计命题来表达,这不仅是提升归纳的置信度的路径,也是发挥归纳逻辑在社会生活中理性功能的路径。

第四章 辩证求"和":条件链上的动态平衡

在我国,说"辩证"一词妇孺皆知可能有些夸大其词,但大凡受过初等教育或接受过一些哲学、政治等思想运动熏陶的人,对"辩证"一词恐怕都不陌生。然而,能够清晰地指明这个词的来龙去脉、基本内涵,以及与其相关概念之间关系的人,也许就为数寥寥了。就是在学术界,对"辩证法"、"辩证思维"、"辩证逻辑"等概念的基本内涵的认识也一直是轩轾高下,概莫能一。

在"逻辑"语境中,有一种非常奇怪的现象——说到演绎逻辑,因为它有严格的公理、定理和规则的制约,人们总是显得严谨甚至有些刻板;说到归纳逻辑,因为只是在"可信度"和"可靠度"层面说话,人们的思想就"活跃"了许多;一旦说到"辩证逻辑",似乎就没有了规则的"制约",天马行空,无所不及,无处不可"辩证",无处不在"辩证",甚至没有谁不说自己的"辩证"是正确的。在日常生活和工作中,有人时常拿"辩证"当"科学"说话,不"辩证"似乎就不"科学",而不"科学"的自然就是落后的、要被摒弃的。受这种功用主义的影响,"辩证"一词常常被泛化和滥用,本来以"科学"属性自居的"辩证法"、"辩证思维"、"辩证逻辑",有时竟落得与"诡辩"同流,沦为人们避讳谈论的语词,甚至成为被嘲笑的对象。

要发挥辩证逻辑的社会功能,首先需要我们尽可能地了解"辩证"思想的来龙去脉,知道"辩证法"思想的生成历史和发展源流,在其历史资源的基础上,纠正其中的错解和误识,从而把握"辩证思维"的要义和精髓,有效地发展和应用辩证逻辑。

1. "辩证"溯源

我国一位学者曾经撰文指出:"'辩证法'和'意识形态'这两个词,都因马克思而成为当代使用频率很高的词汇,尽管它们都不是马克思发明的。如果没有马克思的使用,那么在今天'辩证法'这个概念不会有几个人知道,而'意识形态'这个词甚至会死掉。"[1]从语词学的角度论,"辩证"(dialectic)一词是舶来品。在我国传统文化中,与其相近的语词是"辨正"。"辨正"一词主要出现和使用在中国传统医学话语中。"辨正"在中医那里的含义是,诊察病症运用"四诊",即采用望、闻、问、切四种诊察疾病的方法,病症研判分为"八纲",即阴、阳、表、里、寒、热、虚、实。在治疗中,"辨正"施治的原则是"寒者热之,热者寒之,虚者补之,实者泻之",以此来调整阴阳,"扶正祛邪,泻实补虚"。[2] 这是最常用的施治方法,被称正治。不难见得,中医所谓的"辨正",其实就是辨察病理而正治之。

关于"辩"和"辨"的语义缘起和其间关联,从《说文解字》中我们可以得到一定程度解释:"辩,治也。从言,在辡之间。"后人注释说,"治者,理也。俗多与辨不别。辨,判也。""辩"之所以与"辡"相关,是因为"辡,(罪)人相与讼也,从二辛。""辡"的意思是两罪人相互争讼。在我国古代,刀和笔都是权力的象征,"辨"就是在"辡"中间加"刀",意思是两罪人诉讼,按法律来判别,这就成了"辨"的本义。有人考证说,《说文解字》中之所以有"辨"无"辨",是因为"辨"只是"辦"的后起字。古代"辨"与"辩"通用,"辩"也就有了判别的意思。[3]《现代汉语辞海》对"辩证"一词的释义有两种。其一,作为动词的"分析考证"。如"辩证源流"、"辩证邪正"。这种意义的"辩证"在语义上与"辨正"具有相通之处。其二,作为形容词的"合乎辩证法的",如"辩证观点"、"辩证统一"。这里的关键词是"辩证法"。《现

---

[1] 姚大志:《什么是辩证法?》,载《社会科学战线》2003 年第 6 期。
[2] 《中国大百科全书》,中国大百科全书出版社 1992 年版,第 637 页。
[3] 许威汉、陈秋祥:《汉字古今义合解字典》,上海教育出版社 2002 年版,第 54 页。

代汉语辞海》在接下来的"辩证法"词条中解释道:"名词。关于事物矛盾的运动、发展、变化的一般规律的哲学学说,是与形而上学相对立的世界观和方法论。它认为事物永远处在不断运动、变化和发展之中,这是由事物内部的矛盾斗争引起的。"① 这种解释虽不算错,但太含混了。一方面,它没有确切地指明"世界观"层面的辩证法与"方法论"层面的辩证法有没有区别,有什么区别;另一方面,它没有进一步指明"辩证法"、"辩证思维"和"辩证逻辑"之间究竟具有什么样的关联和区别。如果仅仅依据《现代汉语辞海》的解释,人们是无法把握"辩证"要义的,更不能从"客观辩证法"、"主观辩证法"、"历史辩证法"、"人学辩证法"、"和谐辩证法"、"具体辩证法"、"否定辩证法"、"实践辩证法"、"实证辩证法"、"总体辩证法"等杂芜的"辩证"概念丛林中走出来。

从"辩证法"、"辩证思维"和"辩证逻辑"三者关系看,"辩证法"是更为基础性的概念。因此,要弄清楚这三个概念的含义,就必须回到"辩证法"思想的生成源头。一般认为,"在哲学史上,辩证法有两个来源:其一是古希腊哲学家赫拉克利特的生成流变说;其二是苏格拉底、柏拉图的概念主义"②。

赫拉克利特是古希腊早期自然哲学家,鼎盛年龄大约为公元前504年至公元前501年。赫拉克利特的生成流变层面的"辩证法"学说,主要解说的是世界本原存在状态。赫拉克利特认为,"世界秩序不是任何神或人所创造的,它的过去、现在、未来永远是永恒的活火,在一定分寸上燃烧,在一定分寸上熄灭"③。赫拉克利特的这段话有两层意思:其一,世界的本原是"火";其二,"火"是有规律地存在的。火转化为万物是火的消耗和熄灭,万物转化成火是火的充裕和燃烧。火与万物之间的这种循环转化方式就是火的运动。火的运动是符合自身本性的运动,或者说是受一定的原则支配的。这里的"原则"决定着世界运动的方向(生成或归复),控制着火的运动节奏,支配着火与万物之间循环往复的转化。火的形态是可生可灭、变动不居的,但其内在精神是不变的同一原则,在各种形态(包括不是火的

---

① 翟文明、李冶威:《现代汉语辞海》,光明日报出版社2002年版,第65页。
② 丁立群:《哲学、实践与终极关怀》,黑龙江人民出版社2000年版,第71—72页。
③ 《西方哲学原著选读》(上卷),北京大学西方哲学史教研室编译,商务印书馆1981年版,第21页。

形态)的事物中都起着作用。那么,这种"精神"、"原则"究竟是什么呢?

火之所以是按照"一定分寸上燃烧,在一定分寸上熄灭",而不是盲目地、无规则地燃烧或熄灭,是因为其中存在着一种内在的支配力量,赫拉克利特称这种力量为"逻格斯"(logos)。"逻格斯"这个词的原意是"话语",赫拉克利特用它专门表示"说出的道理",并且认为正确的道理表达了真实的原则。就"逻格斯"是人们所认识的道理而言,它可以被理解为"理性"、"理由"等;就逻格斯是世界的本原而言,它又可以被理解为"原则"、"规律"或"道"等。赫拉克利特有一句名言:"自然喜欢躲藏起来"①,就是说,火的运动,即万物的生成和毁灭的现象是可以感受的,但是支配这种可感运动的内在规律是不可感知的。正是由于受内在的"逻格斯"的支配,一切事物才能像火那样变动不居,处于永恒的生成变化状态。"生成"的意思就是"变成某物"。当一事物生成另一事物时,比如说,当A变成B时,A既不是A,又不是B,而是处于A与B之间;或者说,既是A,又是B。赫拉克利特用很多例子说明事物之间这种"既是……又不是"的生成变化方式,这种变化方式反映出事物之间如下关系:

其一,转化关系。事物无时无刻不在向自己的对立面转化,只是我们感觉不到这种变化。"一切皆流,万物常新","我们不能两次踏进同一条河,它散而又聚,合而又分"。②

其二,和谐关系。对立的状态或相反的性质共存,产生出和谐。比如,"在画面上混合着白色和黑色、黄色和红色的成分,造成酷肖原物的形象。……混合音域不同的高音和低音、长音和短音,造成一支和谐的曲调。……混合元音字母和辅音字母,拼写出完整的字句。"③

其三,同一关系。对立面是同一事物之间不同方面。比如,"在圆周上,终点就是起点"、"上坡路和下坡路是同一条路"等。④

其四,相对关系。对事物某一方面的取舍有不同的标准,事物的性质因评判标准的不同而不同,比如,"海水最干净,又最脏:鱼能喝,有营养;人

---

① 《西方哲学原著选读》(上卷),北京大学西方哲学史教研室编译,商务印书馆1981年版,第26页。
② 同上书,第23页。
③ 同上。
④ 同上书,第24页。

不能喝,有毒。""驴爱草料,不要黄金。""猪在污泥中洗澡,鸟在灰土中洗澡。""最美的猴子同人类相比也是丑的。"①

赫拉克利特不仅揭示了事物生成中的转化、和谐、同一和相对的关系,即人们现在所说的对立统一的辩证关系,而且还用"A 既是自身,又不是自身"的一般形式表达出来,成为后人发掘辩证法思想的源头。②

赫拉克利特认为,一切事物都处在向对立面转化的过程中,它既是自身又不是自身。同时代的巴门尼德(鼎盛年约在公元前 500 年)认为,这无异于是说一切事物"既是又不是",这就混淆了"是者"(being)与"非是者"。在巴门尼德看来,"所是的东西不能不是,这是确信的途径,因为它遵循真理……不是的东西必定不是,我要告诉你,此路不通"③。巴门尼德认为,抽象而且静止的"是者"才是世界的本原。"是者"本原具有这样的性质:其一,它是不生不灭的;其二,它是连续性的、不可分割的,在各处都相同、相等;其三,它是完满的。在古希腊人的观念中,杂多是不完满的,变化也是不完满的,只有这种不动的整体性"是者",才算得上是完满的。

在辩证法思想的诞生史上,巴门尼德的学生芝诺(鼎盛期大约在公元前 468 年)享有盛誉,黑格尔曾称之为"辩证法的创始者"④。芝诺之所以被后人如此抬举,就是因为他在为老师的世界本原观进行辩护的时候,有着出色的论证技巧。

作为爱利亚派的重要人物,芝诺的工作重心不是对其老师巴门尼德的存在观,即"静"和"一"的 being 进行正面的肯定,而是对其对立学派的本原属性——"多"和"动"进行否证。他对"多"的否证是:一方面,如果本原是有体积的单位构成的,这样的单位便可以分割至无限,等于说本原是无限大的;如果本原不是有体积的单位构成的,既然单位无体积,就等于是零,零加上零,加至无穷仍是零,这就是说本原是无限小。本原"既小又大,

---

① 《西方哲学原著选读》(上卷),北京大学西方哲学史教研室编译,商务印书馆 1981 年版,第 24—25 页。
② 参见赵敦华:《西方哲学简史》,北京大学出版社 2001 年版,第 12—13 页。
③ 《西方哲学原著选读》(上卷),北京大学西方哲学史教研室编译,商务印书馆 1981 年版,第 31 页。
④ 黑格尔:《哲学史讲演录》第一卷,贺麟、王太庆译,商务印书馆 1997 年版,第 272 页。

小到根本没有大小,大到无限",是不可能的①;另一方面,如果本原的数目是"多",那么本原就是有限的,因为它们的数目必定是与实际上存在着的东西正好相等;同时,也可以说本原的数目是无限的,因为每两个存在者之间必定可以有另一个存在物,如此推断下去可至无限。在数目上,本原不可能既是有限又是无限的,所以本原是"多"不可能。② 至于"动",芝诺提出了"二分辩"等四个广为流传的否证。

芝诺否证世界本原"动"之属性的原作没有流传下来,人们可以在亚里士多德的书中看到这样的转述:第一个论证肯定运动是不存在的,根据是"位移事物在达到目的地之前必须先抵达一半处。"③然而要走完这一半的路程,又必须经过这一半的一半,如此递推,以至无穷。故运动不可能。这个论证通称为"二分法"。"第二个是所谓'阿克琉斯'论证"④,其大意是:在赛跑的时候,跑得最快的永远追不上跑得最慢的,因为追者首先必须达到被追者的出发点,这样,那跑得慢的必定总是领先一段路。阿克琉斯是古希腊神话中善跑的英雄。人们形象地称这个论证的结论是"阿克琉斯追不上乌龟"。

从数学角度看,这两个论证涉及数列求和的问题。二分法问题可列成加和数列:$1/2 + 1/4 + 1/8 + 1/16$……,这一数列的总和是有限的,等于1。按常理,人们是可以在有限时间内走完全部路程的;阿克琉斯问题则可列成这样的加和数列:$1 + 1/n + 1/n^2 + 1/n^3 + $……(n代表阿克琉斯的速度等于乌龟速度的n倍)。这个数列之和也是有限的,等于$n/n-1$,即阿克琉斯可以在有限时间内能够赶上乌龟。"虽然数学计算的结果也可以显示这些悖论的错误,但它们却不是简单的诡辩,它们包含着相当深刻的哲学意义。"⑤史料表明,芝诺未必不懂得这种数学计算的道理。然而,计算的解答仅仅是描述了运动的现象和运动的结果,并没有说明运动为什么是可能的,芝诺所要论证的,恰恰是运动的可能性问题。

第三个论证是所谓的"飞矢不动",即"如果任何事物,当它是在一个

---

① 《西方哲学原著选读》(上卷),北京大学西方哲学史教研室编译,商务印书馆1981年版,第36页。
② 同上书,第36—37页。
③ 亚里士多德:《物理学》,张竹明译,商务印书馆1982年版,第191页。
④ 同上。
⑤ 赵敦华:《西方哲学简史》,北京大学出版社2001年版,第19—20页。

和自己大小相同的空间里时(没有越出它),它是静止着;如果位移的事物总是在'现在'里占有这样一个空间,那么飞着的箭是不动的。"① 第四个论证亚里士多德表述得不够清楚,德国学者柏内特将之整理为:假设有三列物体,其中的一列[A],当其他两列[B]、[C]以相等速度向相反方向运动时,是静止的(参见图1)。在它们都走过一段同样的距离的时间中,B越过C列物体的数目,要比它越过A列物体的数目多一倍(参见图2)。因此,B用来越过C的时间要比它用来越过A的时间长一倍。但B和C用来走到A的位置的时间却相等。所以,一半时间等于一倍时间。这个论证通称为"运动场"。

```
甲        A A A A                    A A A A
乙        B B B B    →                B B B B
丙        ←  C C C C                  C C C C
            图 1                       图 2
```

中外不少学者将这四个论证分别视为"悖论",即有芝诺否证运动的"四个悖论"之说,也有学者认为"运动场"论证"纯属数字游戏"。② 鉴于"运动不可能"的论证有违人们的直观,古今中外更是不乏学者把芝诺的论证视之为"无聊的诡辩"。这些看法,其实是对芝诺悖论的严重误识。以当代逻辑悖论研究的观点看,这四个分立的论证并不是严格意义上的悖论,而只是一些归谬法推理。前两个论证所归谬的是"时空无限可分"的假设,后两个论证所归谬的是"时空有最小不可分单位"的假设。只有将这四个论证统一起来,才能形成相对严密的逻辑悖论。③

具体地说,由第一和第二个论证,我们可以得出:如果运动存在并且时空无限可分,那么,从静态看,"二分"可以无限地进行下去,则运动不可能;从动态看,阿克琉斯追运动着的乌龟,则永远追不上。现实中,人们能够运动,阿克琉斯也可以追上乌龟。所以,并非运动存在并且时空无限可分,即或者运动不存在,或者时空不是无限可分。既然人们认为运动存在,所以,时空不是无限可分的,即时空有最小的不可分单位。

由第三和第四个论证,我们可以得出:如果运动存在,而且时空不是无

---

① 亚里士多德:《物理学》,张竹明译,商务印书馆1982年版,第190—191页。
② 赵敦华:《西方哲学简史》,北京大学出版社2001年版,第19页。
③ 参见张建军:《科学的难题——悖论》,浙江科学技术出版社1990年版,第13—20页。

限可分,即有最小不可分时空单位,那么,从静态看,每一时刻的"飞矢"都是在特定的静态不可分的时空单位上,则运动不可能;从动态看,在同一个时空中,乙相对于甲走了两个时空单位,相对于丙则走了四个时空单位。乙在自己的同一时空中既走了甲的两个时空单位,又走了丙的四个时空单位,即一半时间等于一倍时间。现实中,飞矢不动不可能;一半时间等于一倍时间也不可能。所以,并非运动存在而且有最小不可分时空单位,即或者运动不存在,或者没有最小不可分时空单位。人们都认为运动存在。所以,没有最小不可分时空单位,即时空是无限可分的。

不难见得,第一和第二个论证从"动"和"静"的两个方面考察而得出结论——"时空不是无限可分的,即时空有最小的不可分单位",这个结论恰恰是第三和第四个论证假言命题前件的一个联言支,由此,将这四个论证赋予了"上下文"的意义。而第三和第四个论证,也同样是从"动"和"静"的两个方面考察而得出这样的结论——"没有最小不可分时空单位,即时空是无限可分的"。可见,只有将这"四个论证"如此贯通起来,才能得出如下悖论性的结论,即"时空不是无限可分的,同时,时空是无限可分的"。矛盾的命题同时被证明。

赫拉克利特关于"火"本原的生成辩证法思想,既受到他的学生克拉底鲁的曲解——"人一次也不能踏进同一条河流",用绝对变化的方式否定了相对静止,走向了诡辩论;同时又受到巴门尼德的挑战。芝诺通过对运动思想的否证,对巴门尼德思想进行了辩护,历史发展到了这里,赫拉克利特的生成辩证法思想及其讨论达到了高潮。

古希腊辩证法思想的另一条路线是从苏格拉底那里生发出来。人们常常把苏格拉底和柏拉图的思想放在一起追述,这是因为苏格拉底有一种"述而不作"的风格,后人只能通过柏拉图的记述来追溯苏格拉底的思想,至于柏拉图的记述究竟是苏格拉底的思想,还是假托苏格拉底之口来表述柏拉图自己的思想,人们是有不同意见的,所以,将他们两位的思想放在一起讨论也是可以理解的。

一般认为,苏格拉底的辩证法有两层涵义。第一,辩证法意味着"对话"。在柏拉图的著作中,人们可以看到,苏格拉底是通过一问一答的对话,将论题层层推进,通过揭露对方思想中的矛盾,最后得出真理性的认识。柏拉图的著作几乎都是用"对话体"写成的,而"对话"是古希腊"辩证法"的精髓。这种说法有语词构成的证据,即"辩证法"(dialectics)和"对话"(dialogue)拥有共同的词根(dia-)。第二,辩证法意味着"正反"。在对话中,苏格拉底总是佯装自己无知而与别人唱反调。在苏格拉底与他人的论辩中,对同一论题通常形成正面和反面两种观点,通过对立双方的辩论,真理性认识最终脱颖而出。就此而言,苏格拉底的辩证法,其实就是通过辩论揭露矛盾而逼出真理的逻辑。

这里,我们不妨摘录柏拉图的《理想国》中的一节内容,体悟苏格拉底式辩证法的精髓。这是一场关于"正义与邪恶"的讨论,参与辩论的有苏格拉底、玻勒马霍斯、克法洛斯。

苏:克法洛斯先生,我想向你请教一下,你认为"正义"到底指的是什么呢?如果说只有说实话、欠债还钱才是正义的话,那么除此之外就不是正义了吗?打个比方,如果一个朋友在他神志清醒的时候,把他的武器交给你保管,但他后来发疯了,并且在神志不清的情况下要拿走武器。我认为你把武器还给他才是真正的不正义,如果你既不还他武器,还把不还的真实理由告诉他的话,那就更不正义了。

克:你说得对。

苏:那么,同样的理由,那些讲实话、欠债还钱者就不能算是"正义"的确切定义了。

……

玻:很简单——欠债还钱就是正义……

苏:那么你认为我刚才说的不能把武器还给一个神志不清的物主是对还是错呢?

玻:当然你是对的。……苏格拉底先生,如果我们的话题要是按照你的例子往下类推的话,那么"正义"真正的内涵就是"将把善给予朋友,把恶给予敌人。"

苏:如果一个人生病了,谁最能把善给予他的朋友,把恶给予他的敌人?

玻:医生。

苏:同样的问题发生在航海途中遇到的风险浪阻呢?

玻:舵手。

苏:当一个人正常的时候,还需要医生吗?

玻：当然不需要。

苏：不出海的人还需要舵手吗？

玻：当然不需要。

苏：照你这么说，正义的作用也大不到哪儿去。让我们再来进一步讨论这个话题吧：在拳击比赛或者是其他的任何打斗中，是不是最懂得攻击别人的人才最懂得防卫呢？

玻：当然。

苏：那么是不是最善于防疫的人同时也是最善于制造病疫的人呢？

玻：当然。

苏：最善于守卫自己阵地的军人也是最善于偷袭敌营的军人，对吗？

玻：当然。

苏：那么最称职的仓库保管也是最能干的贼了？

玻：这个……有可能吧。

苏：这么说，即使是一个正义者，他能保管好钱财，也就善于行窃钱财，对吗？

玻：如果按照我们刚才的推论，我想这也可能。

苏：这叫什么道理？一个堂堂的正义之君，到头来竟被证明是个小偷。

玻：天哪，我都忘了刚才我说了什么了，现在有些糊涂，不过我还是赞成你的刚才最后的一句话："为了报答朋友，惩罚敌人。"

苏：我们刚才讨论的助友惩敌还不够确切，因此应该更进一步说：当我们的朋友是善良的人时我们要帮助他；如果我们的敌人确实是在行恶的时候，才应该受到我们的惩罚。

玻：苏格拉底先生，你说的话看起来无懈可击。

苏：如果有人说正义的内核就是欠债还钱，那么正义的人欠他朋友的债就是善，而他欠他的敌人的只有邪恶。我看这样的说法也不妥。因为我们刚才讨论的结果已经证明了"伤害别人是非正义"的观点。

玻：我同意你的观点。①

在梳理辩证法思想的源初思想中，有学者认为，在古希腊，辩证法既是一种方法，也是一种逻辑。作为方法，辩证法是一种言辞的艺术，一种对话的技巧，一种说服别人的方式。古希腊哲学中，人们把揭露对方议论中的矛盾并克服矛盾求得真理的艺术叫做辩证法。芝诺就是从一个既定命题出发推出两个截然相反的命题，使原有命题产生矛盾陷入谬误的；或某一论题经推论得出否定的结论，从而陷入矛盾和错误。后来，苏格拉底自觉运用了这一方法，并将它总结为一个系统的论辩方法。这种形式的辩证法兴盛于古希腊，随着希腊哲学的衰退和基督教哲学的诞生，就逐渐消失了。作为"逻辑"，辩证法内在于人类理性之中，是一种认识世界和表达世界的方式。后来康德和黑格尔都是在这种逻辑的意义上谈论辩证法的。②

我们认为，这种认识尚需仔细辨析。从上述史实和典型事例中，我们并不难看出，古希腊时期诞生的"辩证法"其实有如下三个层面的含义。

其一是本体论层面的辩证法，如赫拉克利特关于"火"的运动规律。这种规律体现的是客观事物自身具有的对立属性之间既对立又统一关系。这也是恩格斯所说的"客观辩证法"的原初形态。按照本书导言所述恩格斯的思想，随着近代科学发展，这种意义上的辩证法已成为广义"实证科学"的研究对象。

其二是认识论层面的辩证法，由芝诺关于"运动"的否证的探讨而引出。如何认识事物的运动属性？是感知直觉，还是理性认知？日常生活中，人们取信于感知，而芝诺则以理性推理的方式、具体地说通过归谬法论证③形成逻辑悖论的形式，将以往素朴"运动"观念的内在矛盾揭示出来，从而揭示了人们把握"运动"时考察"连续"与"间断"、"无限"与"有限"这样的范畴之间的关联的必要性与重要性。

其三是论辩方法层面的辩证法，即苏格拉底的方法。与智者学派的论辩术不同，苏格拉底辩论的目的，在总体上可以说是"探求真理"，他自己称

---

① 柏拉图：《理想国》，张子箐译，西苑出版社2004年版，第73—82页。
② 参见姚大志：《什么是辩证法？》，载《社会科学战线》，2003年第6期。
③ 归谬法的逻辑过程大致是：(1) 反驳：p。(2) 设：p真。(3) 证：如果p真，则q。(4) 非q。(5) 所以，并非p真。(6) 所以，p假。归谬法有两种形式，其一是从被反驳的判断中推出假判断；其二是从被反驳的判断中推出自相矛盾的判断。

为真理的"助产术",其论辩的最大的特点就是通过揭示言语中的逻辑矛盾达到辨析概念的目的。的确,由于苏格拉底和芝诺都使用了归谬法论证,二者有相似之处,但并不能因此将苏格拉底的方法与芝诺的方法相等同。苏格拉底的"归谬助产"的目的,是通过论辩去发现一个个的分立的"真理",而芝诺的归谬反驳的锋芒所指,则是一些根本的思维范畴。

显而易见,本书导言所述的"辩证逻辑"意义上的"辩证法",是源于上述辩证法的第二层语义的。但是,这并不意味着它和另外两个层面没有关联。一方面,"辩证逻辑"的建构宗旨,本来就是要为人们把握"客观辩证法"服务;另一方面,作为古希腊辩证范畴理论之总结的亚里士多德范畴学说,又是沿着苏格拉底式的辩证法的路径发展而来的。

需要说明的是,在古希腊时期,"辩证法"一词本身并不指谓上述一、二两个层面的语义,而只指谓第三层面的语义及其引申义(对话论辩理论)。这种辩证法在古希腊逐步发展成为系统的"论辩术",并以亚里士多德的《论辩篇》为集大成。而亚里士多德以"推理理论"为核心的形式逻辑理论,正是在论辩术研究基础上加以超越而创建的。与此同时,作为亚里士多德范畴理论最初形态的"四谓词理论"(定义—本质、属、特有属性、偶性),也是在《论辩篇》中诞生的。这个理论与苏格拉底"助产术"之间的一个中介,是柏拉图提出的系统的"分类"学说。如学界所公认,"四谓词理论"既是亚里士多德创建形式逻辑的重要台阶,也是他建构范畴理论的重要台阶。

在亚里士多德范畴理论的建构中,试图解答芝诺问题,始终是一个枢纽性环节。这在他的范畴理论的主要文本《形而上学》、《物理学》中都有明显体现,而《范畴篇》体现了他对这些研究成果的总结。因此,亚里士多德的范畴理论的创建,是上述第二、第三种意义"辩证法""合流"的产物。了解形式逻辑与辩证逻辑理论的这段"发生史",对于我们正确理解二者之间的相互关系,是非常有益的。

在欧洲中世纪前期拒绝对信仰进行理性辩护和论证的教父哲学时期,"论辩理论"意义的"辩证法"一度失去了它存在的生态环境;因为早期的护教士们认为,精巧烦琐的辩证法非但无助于信仰的建立和维护,而且会掩盖直指人心的真理。比如，第一个拉丁教父德尔图良①认为，基督教是上帝的福音，而哲学则是"人与魔鬼的学说"，它以一种歪曲的方式来解释上帝的旨意。各种与正统基督教相对立的异端思想，都是由哲学教唆出来的，因此应该彻底抛弃一切哲学，以纯洁基督教信仰。他曾激愤地写道："让斯多葛派、柏拉图、辩证法与基督教相混合的杂种滚开吧！"②随着历史推进到11世纪后期，随着"辩证法"在大学"七艺"（包括"四艺"即代数、几何、天文、音乐，"三科"即语法、修辞和逻辑）教学中的地位不断提高，"辩证法"才逐渐受到重视。到了彼得·阿伯拉尔（1079—1142）时代，他甚至宁愿放弃骑士称号的继承权而参加"辩证法的比武大赛"。在《是与否》一书中，阿伯拉尔列举了156个神学论题，每个论题都有肯定和否定的两种意见，这些意见都是从教会认可的使徒和教父著作中摘录出来的，具有同等的权威性，以至于人们认为，这样的神学著作，其实就是"辩证神学"。可见，历史发展到经院哲学时期，"论辩理论"意义的辩证法已经再度成为为神学辩护的操作原则，乃至在许多学者那里，"辩证法"成为"逻辑学"的代名词。不过，随着经院逻辑在中世纪后期的长足发展，人们才清楚地把"逻辑学"与"论辩学"区别开来，有人用"理论辩证法"与"应用辩证法"区别二者，有人则拒绝再把"逻辑学"称为"辩证法"。但"辩证法"一词的"对话论辩"的用法一直保留了下来，直到现当代仍有不少学者使用该词的这种语义。

"辩证法"一词获得它第二方面的语义，是直到德国古典哲学才加以确立的（此前尽管也有这种语义的零星使用，但并未形成稳定的用法）。这种用法的缘起就是康德的"辩证幻相"学说，而真正的确立则来自黑格尔的辩证法与辩证逻辑理论。

康德"辩证幻相"学说，来自他为克服"休谟疑难"而提出的"先验逻辑"学说，而对"辩证幻相"的论证则基于他提出的四个"二律背反"。而"二律背反"恰恰是"芝诺悖论"的一种重塑和扩展。恰如黑格尔在讨论芝

---

① 德尔图良（145—220）说："上帝之子死了，这是完全可信的，因为这是荒谬。他被埋葬又复活了，这一事实是确实的，因为它是不可能的。"这些话后来被概括为"惟其不可能，我才相信"。苏格拉底的辩证法是理性反思的产物，是揭露言语中的逻辑矛盾而达至真理性认识的方法，这与超理性的信仰——极端信仰主义是格格不入的。

② 转引自赵敦华：《基督教哲学1500年》，人民出版社1994年版，第106页。

诺悖论时说:"康德的'理性矛盾'比芝诺这里所业已完成的并没有超出多远。"①

黑格尔和许多后学都批评康德只提出四个二律背反未免太少,"因为什么东西都有矛盾。在每一个概念里都很容易指出矛盾来。因为概念是具体的,因而不是简单的规定。所以每一个概念包含着许多规定,这些规定都是正相反对的"②,所以,有多少概念就有多少个二律背反。其实,康德的四个二律背反并不是随意列举的,而是建基于康德对人类认识的总体考察之上的。康德把人类思维所固有的知性范畴划分为量、质、关系和样式四类,而二律背反的产生,正是由于人们试图以这些范畴去认识世界整体时所导致的。四个二律背反与这四类范畴之间有着本质的对应关系——"这样的超验的理念只有四个,同范畴的类别一样多"。故而,康德断言:这些二律背反的"相互冲突不是任意捏造的,它是建筑在人类理性的本性上的,因而是不可避免的,是永远不能终止的"。并且"当理性一方面根据一个普遍所承认的原则得出一个论断;另一方面又根据另外一个也是普遍所承认的原则,以最准确的推理得出一个恰好相反的论断",而且"无论正题或反题都能够通过同样明显、清楚和不可抗拒的论证而得到证明——我保证所有这些论证都是正确的"③。

康德对每个二律背反都作了详尽论证。对于康德的论证,人们也有争议。比如,黑格尔就认为,康德的一些证明中有逻辑循环。还有人认为,"这种论证法是牵强附会的,带有概念游戏性质"④,等等。然而,前苏联学者莫斯杰巴宁柯却指出:"如果全面地分析一下康德所使用的那些术语的意义,这些证明中所存在的那种表面上的循环就会消失。"⑤康德究竟是如何证明的? 我们姑且选择其中的一组作为例示。

正题:世界在时间中有一个开端,在空间上也包含于边界之中。

---

① 黑格尔:《哲学史讲录》第一卷,贺麟、王太庆译,商务印书馆 1959 年版,第 293 页。
② 黑格尔:《哲学史讲录》第四卷,贺麟、王太庆译,商务印书馆 1959 年版,第 279—280 页。
③ 康德:《任何一种能够作为科学出现的未来形而上学导论》,庞景仁译,商务印书馆 1997 年版,第 120—124 页。
④ 王志钦:《理性世界的矛盾:康德哲学悖论》,载《科学悖论集》(申先甲、林可济主编),湖南科学技术出版社 1999 年版,第 218—219 页。
⑤ 莫斯杰巴宁柯:《宏观世界、巨大世界和微观世界的空间和时间》,王鹏令、陈道馥译,中国社会科学出版社 1985 年版,第 108 页。

证明：假定世界在时间上没有开端，那么直到每个被给予的时间点为止都有一个永恒流过了，因而有一个在世界中诸事物前后相继状态的无限序列流逝了。既然一个序列的无限性正好在于它永远不能通过相继的综合来完成，所以一个无限流逝的世界序列是不可能的，因而世界的一个开端是它存有的一个必要条件；再假定相反的情况，世界是一个无限的被给予了的、具有同时实存着的诸事物的整体。既然我们不能以别的方式而只有通过各部分的综合，才能设想一个并未在任何直观的某个边界内部被给予的量的大小，并且只有通过完全的综合或者单位自身反复相加才能设想这样一个量的总体，因此，为了把充实一切空间的这个世界设想为一个整体，就必须把一个无限世界各部分的相继综合看作完成了的，亦即一个无限的时间就必须通过历数一切并存之物而被看做流逝了的；这是不可能的。因此现实事物的一个无限集合不能被看做一个被给予了的整体，因而也不能被看做同时被给予了的。所以一个世界就其空间中的广延而言不是无限的，而是包含于其边界中的。

反题：世界没有开端，在空间中也没有边界，而是不论在时间还是空间方面都是无限的。

证明：让我们假设它有一个开端。既然开端就是一个存有，在它之前先行有一个无物存在于其中的时间，那么就必须有一个不曾有世界存在于其中的时间，即一个空的时间过去了。但现在，在一个空的时间中是不可能有任何一个事物产生的，因为这样一个时间的任何部分本身都不先于另一部分而在非有的条件之前就具有某种作出区分的存有条件（不论我们假定该条件是由自己产生还是别的原因产生）。所以，虽然在世界中有可能开始一些事物序列，但世界本身却绝不可能有什么开端，因此它在过去的时间方面是无限的；至于第二点，让我们先假定相反的方面，即世界在空间上是有限的和有边界的，于是世界就处于一个未被限定的空的空间之中。这样就不仅会发现诸事物在空间中的关系，而且也会发现诸事物对空间的关系。既然世界是一个绝对的整体，在它之外找不到任何直观对象，因而找不到任何世界与之处于关系中的相关物，那么世界对空的空间的关系就会是它不对任何对象的关系了。但这样一种关系、乃至于通过空的空间对世界所作的限制都是无；所以世界在空间上根本是没有边界的，亦即它在广延上是无限的。①

不难看出,康德的证明使用的也是芝诺式的归谬——反证法,从形式结构角度论,并无逻辑问题。所说问题的关键,只是在于康德所使用的"无限"一词的含义,究竟是指"实无限"还是指"潜无限"或"恶无限"。虽然当时的科学思维已经不自觉地运用了实无限的概念,但人们对"无限"的自觉认识还仍然局限于对潜无限的理解。康德所揭示的,正是作为科学和常识之共识的无限观的矛盾。

就第一个二律背反而言,由于康德是对时间和空间分别作了考察,因其正题和反题都得到了"同等有力的证明",其逻辑矛盾的等价式不难构建:时间有始,当且仅当,时间无始;空间有限,当且仅当,空间无限。

康德曾将其哲学研究的价值自诩为"哥白尼式革命",因为康德的哲学研究实现了西欧哲学向认识论研究的转向。在第一个二律背反中,康德对科学和常识之共识的"无限观"矛盾的揭示,虽然本质上是属于辩证法之认识论层面的,但康德在揭示了这种矛盾之后,却陷入这种痛苦的矛盾之中,将认识陷入形式逻辑上的这种自相矛盾直接指认为"辩证法",即"先验幻相",或"幻想之逻辑"。所以,黑格尔称之为"消极辩证法"。在康德与黑格尔中间,将康德哲学的辩证法由"消极"意义向"积极"意义转化的一个关键性人物是费希特。

费希特与康德一样,相信逻辑形式与人的认识能力是相应的。但康德只是探讨了判断形式和推理形式与知性和理性形式的对应,并没有考虑更一般的逻辑规律与什么形式的认识相对应的问题。费希特接受了康德关于自我意识是知识的最高原则的思想,康德是用"先验演绎"方式来论证的,在费希特看来,这还没有达到逻辑必然性的自明程度。他从同一律、矛盾律和排中律的逻辑规律中引申出关于自我意识的原则,即自我设定自身,自我设定非我,自我和非我统一。

"自我设定自身"是与逻辑的同一律 A = A 相对应的原则。费希特解释道,同一律 A = A 的确定性在自我之中,是自我设定的。自我之所以能够确定不疑地设定同一律,那是因为在自我之中,必定有某种绝对同一的东西,这就是"自我 = 自我"的绝对同一。

---

① 参见康德:《纯粹理性批判》,邓晓芒译,人民出版社 2004 年版,第 361—363 页。

"自我设定非我"则与矛盾律 A ≠ ¬A 相对应。矛盾律的依据在于,自我无条件地设定非我作为对立面。当自我意识以自身为对象时,它既是主体又是对象,但这不是外来的对象,而是自我为自己设定的对象。自我为了完全地设定自身,就必须设定非我。可见,"自我设定非我"是"自我设定自身"原则的延伸。

"自我与非我的统一"与排中律 A 或 ¬A 相对应。排中律的依据是自我 ≠ 自我,自我总是与非我并存的:只要设定自我,也就设定了非我;但非我不仅仅是自我的对立面,而且也是自我的展开,由此非我在自我之中。于是,就有这样合法的等式:自我 = 非我;非我 = 自我。排中律的依据不是非此即彼,而是亦此亦彼,表面上的"或",其深层意义是"和",这就是"自我和非我"。①

正如赵敦华所指出的:"从方法论的角度说,费希特第一次把辩证法的形式表达为正题、反题与合题。康德指出了理性的二律背反,但他是在否定的意义上阐述正题与反题的对立的。费希特则把自我和非我的对立与统一提高到第一原则的高度,这不仅是唯心论的发展,而且也是辩证法思想的重大突破。"②

黑格尔从费希特那里接受了辩证逻辑的三段式的形式,即正题、反题、合题的形式。他的高明之处在于,他看到了无论哪一种形式都是对前一形式的否定。反题是对正题的否定,合题是对反题的否定;而当合题表现为正题时,它立即又会被更高一级的反题所否定,如此螺旋式地上升,直至达到终极目标。在此意义上,黑格尔的辩证法是"辩证否定"的辩证法,"辩证否定"的原则是辩证法的轴心,正、反、合的三段式不过是辩证否定原则的表现形式罢了。也就是说,黑格尔辩证法与辩证逻辑理论创立的关键是"辩证否定"(以及相应的"辩证肯定")范畴的引入。这构成其"辩证矛盾"范畴的基础。但是,与费希特一样,黑格尔并没有花大力气澄清"辩证否定"与形式逻辑的"否定","辩证矛盾"与形式逻辑的"矛盾"的区别及其互补功用,这是本书导言所表明的黑格尔理论的一个重大缺陷。

黑格尔意义的"辩证法"究竟是什么?我们姑且摘录黑格尔《逻辑学》

---

① 参见赵敦华:《西方哲学简史》,北京大学出版社 2001 年版,第 288 页。
② 同上书,第 289 页。

（上）的部分"目录"，看看他的正、反、合的三段式的具体表现，以体悟其辩证法思想的特质。

第一部　客观逻辑

第一编　有论

第一部分　规定性（质）

第一章　有

甲．有

乙．无

丙．变

1．有与无的统一

2．变的环节：发生与消灭

3．变的扬弃

第二章　实有

甲．实有自身

1．一般实有

2．质

3．某物

乙．有限

1．某物和一他物

2．规定，状态和界限

3．有限

（1）有限的直接性

（2）有限和应当

（3）有限到无限的过渡

丙．无限

1．一般无限物

2．有限物与无限物的相互规定

3．肯定的无限

第三章　自为之有

甲．自为之有自身

1．实有与自为之有

2．为一之有

3．一

乙．一与多

1．在自身那里的一

2．一与空

3．多个的一

丙．排斥与吸引

1．一的排斥

2．吸引的一个一

3．排斥与吸引的关系

……①

从这样的"目录"中，我们可以清晰地看出，黑格尔的"逻辑学"即其"辩证法"是以其辩证"范畴"通过"大圆圈套小圆圈"的结构形式构建的。比如，其第一部"客观逻辑"之第一编"有论"，是由第一部分"规定性"（质）、第二部分"大小"（量）和第三部分"尺度"三个部分构成，其中各部分，比如第一部分"规定性"（质）又由第一章"有"、第二章"实有"和第三章"自为之有"构成，而第一章"有"则是由甲"有"、乙"无"、丙"变"三节构成，而丙节"变"又由"1．有与无的统一"、"2．变的环节：发生与消灭"和"3．变的扬弃"三个小节构成，不难看出，这些"三"正是他的正题、反题、合题的辩证法的表现形式。这些形式未免有些僵硬，但其内在的"否定之否定"的脉动，却是积极而且强劲有力的。在黑格尔那里，这样的脉动，不仅表现在"客观逻辑"中，也同样表现在"主观逻辑"中；不仅表现在"概念论"中，也同样表现在"存在论"和"本质论"中。所以，从黑格尔开始，"辩证法"这一术语的命运便发生了戏剧性的变化，而在其后的马克思主义哲学中，"辩证法"这一术语获得了完全正面的褒奖意义。与"辩证法"紧密相关的"辩证思维"和"辩证逻辑"也因此而获得了前所未有的生长和发展的生态环境。

---

① 黑格尔：《逻辑学》上卷，杨一之译，商务印书馆1966年版，第 I — III 页。

2. 辩 证 要 义

从辩证法思想的发展史中,我们可以得知,人们今天所谈论的黑格尔—马克思意义的"辩证法",其实是从古希腊哲学的"范畴理论"演化发展而来的,其在很大程度上受到了"芝诺悖论"和康德"二律背反"这些企图仅使用形式逻辑工具去把握思想"范畴"所导致的特殊"逻辑矛盾"的负面推动,而试图以"辩证矛盾"理论化解芝诺—康德型疑难。因而,要正确把握"辩证范畴"理论,必须要分清这两种不同的"矛盾"范畴。因为如果不承认"辩证矛盾",辩证思维就没有了对象,也就不存在辩证逻辑,更谈不上辩证法。因此,把握辩证法和辩证逻辑的要义,首先要把握的就是"逻辑矛盾"与"辩证矛盾"这两个概念。

逻辑矛盾与形式逻辑的不矛盾律是紧密联系在一起的。形式逻辑的不矛盾律的内容是:在同一思维过程中,两个互相矛盾的思想不能同真。用简约的公式可以表示为:并非(A 并且非 A)。不矛盾律告诉我们,两个互相矛盾的思想不可能同时都是真的,其中必有一假。基于不矛盾律制定的思维规范是:在同一思维过程中,对于互相矛盾的两个思想不能都加以肯定。

对于不矛盾律,我们可以从三个方面加以理解:第一,一个命题不能既反映对象具有某种属性,又反映该对象不具有该属性。第二,一个命题不能既是真的,又是假的。例如,"这个犯罪行为是故意的"是真的,它就不是假的。第三,一个命题是真的,与它相矛盾的命题就一定是假的。例如,"这个犯罪行为是故意的"是真的,那么"这个犯罪行为不是故意的"就是假的。违反不矛盾律要求的逻辑错误叫做"自相矛盾"。例如:

① 这个犯罪行为既是故意的,又不是故意的。
② "《红楼梦》是文学精品"和"《红楼梦》不是文学精品"这两种意见我都赞同。

自相矛盾最经典的例子,是《韩非子》里那个卖矛又卖盾的人说的话:吾盾之坚,物莫能陷也;吾矛之利,于物无不陷也。别人问:"以子之矛,攻子之盾,何如?",就把他既肯定"吾矛能陷吾盾",同时又肯定"吾矛不能陷吾盾"的"自相矛盾"的错误清楚地揭示出来了。

逻辑上的自相矛盾,也是常见的语病之一。例如:

① 有的人拼命追求轻松。

② 电站外高挂一块告示牌,上书:"严禁触摸电线！500伏高压一触即死,违者法办！"

③ 一位小伙子在给他的女朋友的信中写到:"爱你爱得如此之深,以至于愿意为你赴刀山、下火海,在所不辞。星期六若不下雨,我一定去病房看你。"

不矛盾律的作用在于保证思想的无矛盾性。这种无矛盾性也是限定在"同一思维过程"中的,也就是指同一时间、同一关系、同一方面对于同一对象的思维不能自相矛盾。

辩证矛盾是与认识对象(包括客观世界、人类社会和思维)的属性分不开的。我们承认客观世界普遍存在着客观矛盾,同时要致力于在思维中正确反映这种矛盾,但这种"矛盾"是指客观事物的"对立统一"的属性及其在思维中的反映,而不是形式逻辑所讲的"自相矛盾",决不可把这两个"矛盾"概念混为一谈。逻辑矛盾与辩证矛盾的根本区别是:包含逻辑矛盾的命题即自相矛盾的命题都是直接或间接地既断定事物具有某种属性,同时又断定事物不具有该属性;而辩证矛盾命题断定的是事物同时具有两种对立统一、相反相成的属性。

马克思和恩格斯把逻辑矛盾称为"自我消灭的矛盾"、"荒唐的矛盾",并经常用"木制的铁"、"方的圆"这样的形象比喻揭露论敌的逻辑谬误。列宁则明确指出:"逻辑矛盾——当然在正确的逻辑思维条件下——无论在经济分析中或在政治分析中都是不应有的。"[①]

在日常思维中区分逻辑矛盾和辩证矛盾,要特别注意把语言与其所表达的思想相区别。"运动物体既在这一点,又不在这一点",如果其所表达的是物体运动"既有间断性,又有连续性,是间断性与连续性的对立统一",则其所表达的是辩证矛盾思想。但是,如果将其理解为物体运动"既有连续性,又没有连续性",那就是逻辑上自相矛盾的思想。我们说"雷锋是平

[①] 《列宁全集》第28卷,人民出版社1986年版,第131—132页。

凡的,又是伟大的。"其中的"平凡"指他的工作岗位和事迹;而"伟大"是指他的精神和价值。不能理解为雷锋既具有平凡的属性,又不具有平凡的属性。再如,臧克家的诗:"有的人死了,他还活着。"其中的"死了",是指自然生命的结束;"活着",是指精神永存。这样的矛盾是从不同的角度对事物的认识,因而不违反不矛盾律的要求。如果说某人的"自然生命结束了",又说他"自然生命没有结束",那就成了逻辑矛盾,就违反了不矛盾律的要求。

英国著名哲学家卡尔·波普尔曾在其名著《猜想与反驳》中,专门写有一篇《辩证法是什么》的文章,他把辩证法混同于诡辩论,然后予以"痛批"。大学者波普尔之所以会犯这样"低级"的错误,一个关键性的因素在于,他没有弄清楚逻辑矛盾与辩证矛盾之间的根本差异。我们不妨摘录波普尔《辩证法是什么》一文中的部分言辞,看看他的问题出哪里。波普尔这样写道:

> 辩证法(现代意义的,特别是黑格尔使用这个术语的意义上)是这样一种理论,它坚持某些事物、特别是人的思想发展的特征是所谓的辩证三段式:正题、反题、合题。先有某种观念或理论或活动,可称之为"正题"。这一正题往往生出对立面来,因为像世界上的多数事物一样,它多半只有有限的价值,而且也会有缺点。对立的观念或运动叫做"反题",因为它直接与前一正题对立。正题同反题之间的斗争一直进行到得到某种结果,它在某种意义上超越了正题和反题,因为认清了二者各自的价值,并试图保持二者的优点、避免二者的局限。这一结果是第三步,叫做合题。合题一旦达到,又可能转而成为新的辩证三段式的第一步,如果达到的这一合题又成了片面的或者难以使人满意的,就要继续这样的发展。因为在这种情况下对立面又会出现,这意味着又可以把这一合题称为产生新的反题的正题。这样,这种辩证三段式将进到更高水平,在得到第二个合题时它就达到第三级水平了。
>
> ……
>
> 辩证法家由此正确地看到,矛盾——特别是"导致"合题形式的进步的正题同反题之间的矛盾——极其富于成果,而且确实是任何思想进步的动力,于是他们得出——我们即将看到是错误的——结论说:

没有必要回避这些富于成果的矛盾。他们甚至断言矛盾是回避不了的,因为世界上矛盾无所不在。

这样一个论断无异给传统逻辑的所谓"矛盾律"(更完整地说即"不矛盾律")以打击。矛盾律断言:两个相互矛盾的陈述绝不可能同真,或者说,一个由合取二矛盾陈述所组成的陈述,根据纯粹逻辑理由,必定被斥为虚假的。辩证法家根据矛盾的富有成效而主张必须摈弃传统逻辑的这条定律。他们认为辩证法由此即可导致一种新的逻辑——辩证逻辑。①

在波普尔看来,如果承认辩证法家所坚持的"矛盾"理论,那么形式逻辑的不矛盾律将失去其作用,倘若如此,一切理性批判、讨论和智力进步都将成为不可能。也就是说,如果接受矛盾,就要放弃任何一种科学活动,这就意味着科学的彻底瓦解。这是因为,如果承认了两个相互矛盾的陈述,根据司各脱法则(从一对矛盾陈述中可以有效地推导出任何一个陈述来),就一定要承认任何一个陈述。

十分显然,波普尔将违背形式逻辑不矛盾律层面的"逻辑矛盾",与反映事物内部"对立统一"属性的"辩证矛盾"混淆了。怎样区分逻辑矛盾与辩证矛盾才是合适的呢?我们不妨再就大家都熟知的韩非的"矛盾"故事来分析一下。那个同时卖矛和盾的人的断言显然是"逻辑矛盾",其所断言的内容是"不可同世而立";但如果我们研究矛与盾在武器统一体中的对立统一关系,形成关于进攻与防御的思想,这就不是自相矛盾问题了,其所反映的就是事物对立统一属性的"辩证矛盾"。

明确了辩证矛盾,就容易理解辩证思维的内涵。辩证思维是相对于形而上学思维而言的。将普遍联系着的对象及其各个部分、各种性质、各种关系,相对地独立起来、区别开来,分别地加以研究,这是人们认识事物的必要环节,但若局限于这种思维方式就是形而上学思维,如果把这种思维方式上升到世界观、方法论的高度,就是形而上学世界观和方法论。形而上学思维和形而上学世界观、方法论,不能正确地反映认识对象的全貌及其变化和发展,难以把握认识对象的深层本质和运动规律,所以才需要有

---

① 波普尔:《辩证法是什么?》,载《猜想与反驳》,傅季重等译,上海译文出版社1986年版,第448—453页。

辩证思维,需要用联系、发展、全面的观点看待事物和思考问题,其实质与核心是运用辩证矛盾分析法,从对立面的统一中认识和把握事物。

辩证思维的发展和人们对它的研究经历了从自发到自觉、从不成熟到成熟的过程。从整个人类思维发展史来看,辩证思维的发展大致经历了以下三个基本阶段。

其一,古代朴素的辩证思维。它的主要特点是以直观的方式把自然界作为一个整体,把万事万物看作是相互联系、相互作用、不断变化和发展的,从总的方面、从变化发展的角度来考察世界。从根本上说,古代朴素的辩证思维是正确的,它反映了世界发展的总画面,但是,由于它缺乏严密的科学的考察和证明,仅仅是基于天才的猜想,所以,它还不能具体说明世界各部分的联系,没有形成完备的理论,不能深刻解释世界的发展,带有朴素、直观的性质。古代朴素辩证思维在理论上的表现,在西方即古希腊的朴素辩证哲学。在古代中国,也有朴素的辩证思维思想,在《易经》、《老子》等著作中都有所体现和反映,例如,《周易》就通过八卦的形式,即象征天、地、雷、风、水、火、山、泽等八种自然现象,推测自然和社会的发展变化。认为阴阳两种势力的相互作用是产生万物的根源,提出了"一阴一阳谓之道"以及对立面及其转化、物极必反等等。《老子》则对辩证思维有了进一步的明确运用,提出了"天下万物生于有,有生于无","道生一,一生二,二生三,三生万物。万物负阴而抱阳,冲气以为和。"认为万物都含有阴阳的对立,二者在斗争中得到统一,促进事物的变化发展。而且,《老子》还提出了"反者道之动"的命题,肯定了事物向相反的方面转化的运动规律。

其二,近代唯心主义的辩证思维。随着近代科学的产生和发展,人们开始自觉地系统地研究辩证思维,但这时的研究大多带有唯心主义的性质,其理论上的最高成就是黑格尔的唯心主义辩证法体系。黑格尔认为,在自然界和人类社会出现之前,就存在所谓的"绝对观念",世界上的一切事物都是绝对观念派生出来的。他把"绝对观念"作为辩证的发展过程加以考察,在近代第一次把整个自然、历史和精神的世界描写为一个不断运动、变化和发展的过程。黑格尔还提出了关于"矛盾"是发展的内在源泉的思想;关于量变到质变的转化的思想;关于发展过程的"否定之否定"的思想,并且把辩证法运用于认识过程,揭示了概念的辩证矛盾运动。他还从世界观和方法论的高度对形而上学思维方式进行了有力的批判。总之,黑格尔对辩证法的基本特征作了自觉的、系统的表述,创立了哲学史上第一个全面、系统的辩证思维方法论体系,把辩证思维研究推进到一个新的发展阶段。

其三,科学形态的辩证思维。在总结人类最新科学成果、批判地继承以往辩证思维研究的"合理内核"的基础上,马克思、恩格斯处理了科学形态的辩证思维学说,并在其著作中做了典范性地实际运用。科学形态的辩证思维学说的进一步发展及实际运用不仅体现在马克思主义者的理论研究与实践中,而且体现在现代自然科学与社会科学的发展进程之中。特别是研究复杂大系统的当代系统科学的兴起与发展,包括一般系统论、信息论、控制论、协同论、突变论、耗散结构论、混沌学、自组织理论等等,都体现了深刻的辩证思维,并使辩证思维学说得以进一步丰富与深化。

辩证思维有两个重要特点,其一是整体性,又可称之为全面性;其二是动态性,又可称之为发展性。

辩证思维之所以具有整体性特征,是因为辩证矛盾的对立统一关系,犹如磁铁的两极,看似绝对对立,实则相互依存。没有其中的一极,就不会有另一极。把一块磁铁从中间截断,得到的两块小磁铁仍然具有对立的两极。磁铁两极发出的磁力线,还会形成一个圆形并融合在一起。现实中,任何认识对象都是由它的各个要素、各种联系构成的有机整体。辩证思维用全面的观点看问题,将认识对象的各个要素、各种联系的丰富性、多样性在头脑中再现出来,并运用辩证范畴从整体角度去思考如何解决问题。具有整体性特征的辩证思维能够科学地处理整体与部分之间的关系。部分是构成整体的要素,整体是由部分构成的系统,二者因为有了对方才能够存在,而不是孤立地存在着。辩证思维的整体又是有层次之分的整体。事物的整体总是相对而言的。如一个人是其各个生理器官构成的整体,一个集体是由许多个人组成的整体。辩证思维是从一个恰当的层次视角整体性地思考问题的。

动态性是辩证思维的又一重要特征。客观事物是变化发展的,人们的思维要正确地反映事物的实际存在过程,就必须以动态的方式去思考认识对象。用动态性的辩证思维看问题,就是用变化、发展的观点看问题,用辩证矛盾运动的观点看问题。它要求人们不仅要考察事物的现状和历史,还要想到事物的未来,把认识对象看成不断地"吐故纳新"的开放系统。

具有动态性特征的辩证思维追求把握事物的发生、发展过程。事物随着时间、地点、条件的变化而变化,事物内部矛盾的对立统一规定着事物发展的方向。只有用动态性的辩证思维看问题,我们才能把握事物变化发展的规律。

辩证思维强调整体性,但并不排斥独立性;辩证思维强调动态性,也不排斥静态性。辩证思维是在独立性与整体性、静态性与动态性的对立与统一之中,把握两极之间的统一,即辩证整合。

辩证思维遵从实践原则,以实践的观点看问题,凡是未经实践检验的东西,决不轻信和盲从。这是辩证思维同唯心主义诡辩论的根本区别。经不起实践检验的诡辩,不是真正的辩证思维。辩证思维与相对主义的根本差异在于,是否按事物的本质和真实面貌揭示其间的联系和转化。相对主义无视事物相对性中的绝对性,否定客观的是非标准,片面地夸大了认识的相对性和主观性。

基于上述,我们以为,辩证思维至少包含三个层面的要义:其一,不是"一叶障目,不见泰山",而是自觉地看到或注意到问题的两个方面,即"矛盾的双方",这里的"双方"是相互依存、相辅相成的;其二,能够清晰地把握对立双方各自存在的条件,以及它们之间实现转化的条件;其三,辩证思维的诉求在于能够在矛盾双方统一性的基础上,充分把握和创造矛盾双方存在和转化的条件,实现矛盾对立性的化解,即创新性地解决矛盾,达致一种矛盾相对消解后的"和谐"状态。由于事物是变化发展的,矛盾的产生和解决也是一个不断递进的过程,所以,辩证逻辑或辩证思维所要追求达致的那种矛盾解决后的"和谐",是一个不断递进发展的"和谐",是一种动态的"和谐"。因此,我们说辩证求"和",其实质是在矛盾发展的条件链上求得动态平衡。

遵循辩证逻辑要求的辩证思维与遵守形式逻辑法则的形式逻辑思维是相辅相成的互补关系。一方面,没有形式逻辑思维的确定性、无矛盾性和抽象性为基础,概念不明确、判断不恰当和推理无效,思维就会陷入混乱,在这种情况下的辩证思维,特别容易滑向两个思维的误区:一是失去精确性的含混辩证;二是走向诡辩论和相对主义。不论滑向哪个误区,都有碍于人们进行正确的思维。辩证思维自觉地把拒斥逻辑矛盾、保持思维的确定性,作为它的一条基本准则。像波普尔所认为的,唯物辩证法和辩证思维容许逻辑矛盾的观点是非常错误的。

另一方面,只有坚持辩证思维,形式逻辑才能更好地发挥其认识功能与作用。对于辩证思维必须遵守形式逻辑法则的原则要给予正确的理解。辩证思维所要求的稳定是动态中的稳定,而不是僵死的稳定。当在一种思想或理论中发现逻辑矛盾时,不能简单而轻率地抛弃这种思想或理论,而应当认真分析导致逻辑矛盾的诸多因素,寻找问题的症结、探寻排除逻辑矛盾的方法和途径。若问题出现在思想或理论的局部上,则可以局部地解决;若问题出现在关系到思想或理论的全局,或带有根本性,则就意味着这种思想或理论的整体都面临着变革。实际思维中往往有这样的情形:在表面上难以解决的逻辑矛盾的背后,隐藏着更为深刻的辩证对立。狭义相对论、量子论的创立过程,都显示了这一点。因而,在某些情形下,剖析所发现的逻辑矛盾,是把握差异、探索对立统一的一条重要途径;而这种深刻的对立一旦被揭示出来,辩证综合便成为消除这里所出现的逻辑矛盾的基本方法。

通过以上说明,我们可以对辩证法、辩证思维与辩证逻辑有了一个大致的了解。所谓"辩证逻辑",就是以"辩证范畴理论"为核心的研究辩证思维的规律与方法的学问。尽管对于辩证逻辑的严格界说尚存在许多学理争议,但我们的讨论至少说明了两点:在为人类"求真"、"讲理"服务的逻辑工具中,不但需要形式逻辑(演绎逻辑和归纳逻辑)工具,而且也需要有辩证逻辑工具;同时,辩证逻辑绝不是形式逻辑的"反动",它们之间具有相辅相成的互补关系。

3. 何以辩证

与形式逻辑理论可以转化为"演绎法"、"归纳法"这样的思维方法一样,辩证范畴理论所揭示的辩证思维法则,也可转化为辩证思维方法。这也是辩证逻辑研究的一个重要方面。在多年辩证逻辑的研究历程中,学界阐明了辩证思维的许多"对偶性方法",其中,归纳与演绎相统一的方法、分析与综合相统一的方法、逻辑与历史相统一的方法、从抽象上升到具体的方法等是其具有代表性的方法。这些方法是辩证法的对立统一规律在辩证思维方法论中的具体表现和运用。这里我们主要以分析与综合相统一的方法、从抽象上升到具体的方法为例,谈谈"何以辩证"的问题。

分析就是对事物的各个矛盾以及矛盾的各个侧面分别加以具体地考察,也就是把认识的整体对象分解为简单的组成部分(方面、特性、因素、阶段),然后分别地加以认识。定性分析、定量分析、因果分析、功能分析等都是人们常用的分析方法。

比如,在医学史上,曾有这样一个难题:许多失血病人,若不及时输血,很可能丧生;若输血,又常会发生血液混合后凝集,造成血管阻塞的可怕后果。分析血液成分,人们发现,血液可被区分为血细胞和血浆。血细胞中的红细胞含有 A 凝集原和 B 凝集原;血浆中的血清则含有与它们相对抗的抗 A 凝集素和抗 B 凝集素。依据红细胞所含 A、B 凝集原的不同,血液大致分为四种:只含 A 凝集原的 A 型;只含 B 凝集原的 B 型;同时含 A、B 两种凝集原的 AB 型;不含有 A、B 两种凝集原的 O 型。同时,在每个人的血清中,都不含有与其自身红细胞凝集原相对抗的凝集素。

分析出四种不同的血型,仍没解决输血的难题。考虑献血者的红细胞与受血者的血清之间是否会发生凝集反应,人们推断出 A、B、AB、O 血型之间的关系。

献血者红细胞 (含凝集原)	受血者血清(含抗凝集素)			
	A 型 (抗 B)	B 型 (抗 A)	AB 型 (无)	O 型 (抗 A、抗 B)
A 型(A)	-	+	-	+
B 型(B)	+	-	-	+
AB 型(A、B)	+	+	-	+
O 型(无)	-	-	-	-

注:"+"表示有凝集反应,"-"表示无凝集反应。

输血规律:(1) 同血型者可以相互输血;(2) O 型的血液可以输给其他各型的受血者;(3) AB 型的人,可以接受其他各型的血液,而 AB 型的血液却不可以输给其他各型的受血者。

(输血规律（2）和（3）的图示)

"→"符号表示单方向的输血关系,其左端为献血者的血型,右端为受血者的血型。这种关系不可逆,否则,就会发生凝集反应,给受血者带来严重的后果。

辩证思维不仅要求我们从事物中分析出它的多方面的特征,还要进一步弄清这些特征之间的关系,它们在决定事物本质中的地位和作用,才能深刻地认识事物。这就离不开综合。综合就是把事物已被分解开来并加以认识的各个部分,按照其固有的联系重新结合起来,以恢复对象的整体面貌,从而形成对认识对象的整体认识。丁渭"奇迹"般地修复皇城,其思维的精妙性所体现的正是以辩证"综合"方式实现了辩证思维的整体性。

宋代真宗时,皇城失火,宏伟的昭应宫被毁。大臣丁渭受命修复皇宫。施工时间短,任务重,既要清理废墟,又要挖土烧砖,还要运进大批建筑材料。怎样才能完成这样繁重而又紧迫的任务呢？经过思考,丁渭很快设想出一套完整的施工方案:先把皇宫前大街的土挖来烧砖,大街成了一条河沟;然后把下河的水引入河沟,用来运输木材和其他建筑材料;皇宫修好后,放掉水,将废墟留下的残砖断瓦等填入河沟,修复街道。这样,挖河一举,使得取土、运输和清理废墟这三个孤立的问题联系起来,成为工程进展中的有机整体,加快了工程进度,提前修复了皇宫。

相反,埃及的阿斯旺大水坝工程,就是缺少了这种整体观,留下了千古遗憾。为了发展电力,埃及建立了阿斯旺大水坝。水坝建成之后,国家能源紧张的状况得以缓解。但是,水坝的建立,下游农田的用水紧张,土壤盐分增加,水库和灌渠中病虫滋生,排水系统耗资巨大,土壤渐变贫瘠,不得不大量施用化肥等。由于没有对这项工程进行辩证的思考,他们为此付出了惨重的代价。

为此,哲人反复告诫我们:缺乏辩证思维素养的人,总是素朴地以为"真"与"假"、"是"与"非"是完全对立的,犹如"2+2=4"是真,而"课桌是动物"为假一样,简单明白,直截了当,截然分明。他们不懂得,认识真理是一个辩证的发展过程。辩证思维对真理的把握,是在矛盾的对立面之间寻求统一,即对立之中把握统一。

不同的领域,有着不同的综合范围和目的。哲学认识论中的综合,是要把握事物的共同本质以及事物发生发展的一般性规律。科学研究中的综合,是为了把握被研究对象的性质和规律。在科学研究中,人们常常运用结构综合和功能综合等多种方法,把握研究对象的本质和规律。综合的注意力主要放在各部分之间的联系上。

在一个完整的思维活动中,分析和综合是相辅相成但方向相反的两种方法。分析的方向是从事物整体走向事物部分,综合的方向是从事物部分走向事物的整体。事物的整体是由部分构成的整体,事物的部分是整体之中的部分,所以,分析和综合是人们正确认识事物所不能分割、相互依存的两种思维方法。

作为辩证逻辑的方法,分析和综合是互为前提,相互转化的。分析是综合的基础,综合是分析的先导。分析为综合做准备,而综合的结果又将指导人们继续对事物进行新的分析,再综合、再分析,如此循环往复,才使得人们的认识不断得以提高,才有可能得到真理性的认识。比如,抗日战争初期,"亡国论"和"速胜论"是当时中国社会的主流论调,而毛泽东运用辩证的分析和综合方法却得出不同于常人认识的"持久战"。抗日战争之所以是持久战,最后的胜利之所以是中国的,毛泽东的辩证分析和综合是:中日战争是半殖民地半封建的中国和帝国主义的日本在 20 世纪 30 年代进行的一场决死的战争。这是对中日战争矛盾的总体分析。具体而言,"敌强我弱、敌退步我进步、敌小我大、敌寡助我多助",所以,这场战争会经历防御、相持、反攻三个阶段。在不同的阶段,我们应该采取不同的战略方针。经过持久战,最后的胜利一定是中国的。①

再说说从抽象上升到思维具体的辩证逻辑方法。抽象是相对于具体而言的。"抽象"原意是指排除与抽出。"抽象"首先是指一种思维活动,指人的思维从事物整体中提取某一部分或一方面,或者从事物个性中抽取其共性的认识活动。这时的"抽象"是一个动词。如"这朵花是红的",就是将"红色"这种属性从这朵花的多种属性中提取出来了,至于这朵花的其

---

① 参见毛泽东:《论持久战》,载《毛泽东选集》第二卷,人民出版社 1991 年版,第 439—518 页。

他属性,如形状、味道等都被思维舍弃了。作为上述思维活动的结果而得出的某个概念(如"红色")或判断(如"这朵花是红的"),我们也可以称它为抽象,这时的"抽象"是一个名词。当我们说"这是一种抽象的认识"时,"抽象"又是被当作形容词使用的。可见,"抽象"至少具有两种含义:一是指一种认识的成果,二是指一种认识的方法。作为认识成果的抽象,是客观对象某方面属性在思维中的反映。作为认识方法的抽象,通常是指在思维中把对象的某个属性抽取出来,并舍弃其他属性的方法。

客观对象是由各种各样的外在现象和内在本质所组成的统一体。人们通过眼、耳、鼻、舌、身以及内感知等感觉器官,认识到的客观对象总是具体的。比如,当人的眼睛注视某一对象时,通过可见光和眼中晶状体的共同作用,被注视对象就会在视网膜上形成实像。同时,这个对象也会在视觉中枢内,形成与其形状、色泽等相对应的感知信息。感性认识的最高形式是表象。感性具体,也叫完整的表象,它是客观对象表面的、感官能够感觉到的具体现象的反映。感性具体,是人们在实践中对客观事物的感性直观,是整个认识的起点。1954年,加拿大麦吉尔大学心理学家进行了人类历史上的首次感觉剥夺实验。实验主要是探测在与社会隔离的情况下,人的思维活动会有什么不良反应。同时,也为航天、潜水等应用领域作心理学上的探索。实验要求被试除了吃饭、上厕所外,每天24小时尽可能长时间地躺在实验室内的床上,并戴上半透明的塑料眼罩,戴着纸板做的袖头和棉手套,头要枕在用U形泡沫橡胶做的枕头上。同时,用空调单调的嗡嗡声来限制听觉。实验结果表明,人如果得不到社会生活的感性刺激,真正成了闭目塞听的人,不仅会产生恐惧感,还无法顺畅地进行思维活动,更不用说进行任何构思与推理了。

感性具体只能对认识对象形成笼统的整体表象,其中,偶然的联系混淆着必然的联系,次要的过程干扰着主要的过程,纷乱的现象掩盖着事物的本质。要抓住事物的本质,必须暂时撇开一些无关的内容、干扰的因素、次要的过程、非本质的联系,从事物具体而复杂的表象形态中分离出纯粹的、理想的形态,使客观对象主要的过程、本质的联系充分暴露出来,才能加以精细的研究。作为辩证思维方法的思维抽象,是舍弃感性具体的偶然的现象,抽取偶然现象中所包含的必然联系、本质规定的思维方法。

思维抽象的具体过程千差万别,如下是抽象过程中的几个重要环节。

分离是思维抽象的起始环节。任何一种科学认识都必须根据实践的要求,确立特定的研究对象。一项具体的认识活动,不可能对现象之间的所有关系都加以考察,必须将研究对象与其他对象进行分离。分离就是暂时不考虑研究对象与其他对象之间可能存在的各式各样的联系。

提纯是思维抽象的关键环节。事物的现象总是错综复杂地交织在一起的。没有合理的纯粹化,就难以揭示事物某一方面的性质和规律。提纯就是在思想中排除那些干扰着人们认识的因素,以便在某种单一的状态下研究事物某一方面的性质和规律。

简略化是表述思维抽象结果的环节。对事物的情况做单一状态的考察本身就是一种简略化。表述认识的结果,也需要简略化。简略化就是对单一状态下的认识事物的结果进行简要化处理,或对认识结果作简略表达。

比如,伽利略发现了落体定律,并用一个公式简略地表示:$S = 1/2\ gt^2$

其中,"S"表示物体在真空中的坠落距离。"t"表示坠落的时间。"g"表示重力加速度常数,它等于$9.801\ m/s^2$。落体定律揭示的是真空中的自由落体的运动规律。通常所说的落体运动,是在大气层的自然状态下进行的。把握自然状态下的落体运动规律,不能不考虑空气阻力的影响。相对于自然状态来说,伽利略的落体定律是一种思维抽象的简略认识。

理想化是思维抽象的一种特殊形式。虽然在自然状态中,思维所抽象的那种事物的理想化状态并不存在,但在思维中设想这种状态,却有利于人们揭示认识对象的本质和规律。比如,在几何学中,"点"没有大小,"线"没有宽度,"面"没有厚度;在流体力学中,"理想液体"既不可压缩又没有黏滞性;在分子物理学中,"理想气体"对分子本身的体积与分子之间的作用力是忽略不计的。这些都是思维理想化的结果。

人们通过思维抽象形成的是对事物零散的、片面的认识,还不能把握事物整体的本质和规律。认识不能只停留在思维抽象阶段。要在思维中再现活生生的内容丰富的具体事物,认识必须发展到"思维具体"。"思维具体"是指在理性认识的层次上反映事物具体整体的认识,是人们在思维中把事物各个方面的本质规定按照其内在联系综合起来,形成关于事物整体的本质和规律的认识,它是多样性统一的事物整体在思维中的再现。这就犹如"庖丁解牛"——庖丁初学解牛时,只对牛的外部特征有直观的认识,不知道该从何处下刀。经过一段实践之后,他逐步知道了牛的内部结构,认识从感性具体深入到思维抽象,达到"庖丁解牛,目无全牛"的阶段。但这还不是纯熟的阶段。再经过一段实践之后,庖丁弄清楚了牛的内部结构和外部特征之间的关系,这时呈现在他面前的牛,又成为一头完整的牛,但不是最初的只见其表不知其里的牛,而是一头既知其表又知其里,并且知道其表里关系的牛。这时,庖丁才能纯熟地解牛。

思维具体是思维活动的结果,而不是起点。表述某种思维具体需要许多概念,具有内在联系的概念就构成一种科学的理论体系。从思维抽象发展到思维具体,需要正确地选择思维上升的环节。

首先,要选择一个合适的上升起点。这样的起点应是某一认识领域里最简单、最基本的概念,对研究对象的基本单位的反映。它能以"胚芽"的形式,包含着研究对象整个发展过程中的一切矛盾。把这个"胚芽"扩展开来,就能展现出一个完整的对象。马克思揭示资本主义社会的内在联系和普遍规律就是正确地选择了"商品"这个起点的。在资本主义社会,商品关系是最普遍的社会关系。"商品"这个概念把各种具体商品的个性舍弃掉,只保留其最一般的规定。在《资本论》中,马克思以"商品"这个概念为起点,把"商品"作为剖析资本主义社会的逻辑起点,通过对"商品"的内在矛盾的分析,引出"货币"的概念。货币出现以后,发展到一定阶段会转化为资本。在商品的矛盾运动中,货币、资本既是由此达彼的桥梁,也是商品发展的不同阶段。在进一步发展中,由资本而产生剩余价值,社会财富大量集中,必然加剧劳动与资本之间的矛盾,促使社会主义革命不可避免地到来。《资本论》是对整个资本主义社会规律的具体阐述。

上升的起点,往往是某一认识对象的矛盾焦点。随着认识的深化,起点中所包含的种种矛盾会逐一地展现出来。这些一一展现出来的矛盾是认识深化的环节,也是思维从抽象逐步走向具体的桥梁。辩证思维正是从最一般的抽象规定开始,通过各个上升环节,达到再现事物多样性的统一,最终完成的思维具体便是一个认识阶段的飞跃的终点。

4. 辩 证 误 识

我们一再强调,辩证逻辑思维并不否定形式逻辑思维,也不抛弃形式逻辑思维。辩证逻辑思维不仅需要遵守形式逻辑思维的一般规律和规则,而且要以形式逻辑思维为基础。如若不然,就会滑向相对主义或诡辩论的深渊,使得辩证法最终沦落为人们所不齿的"变戏法"。

有一个故事说,一个乡间无赖,借了别人的钱不还。债主无奈,只得告官。这个无赖在大堂上振振有词地说,借你钱的是一个月前的我,现在的我已经不是一个月前的我了,你找一个月前的我要去。主审此案的糊涂官觉得那无赖讲得有理,就判他无罪,当堂将他释放了。债主无奈,狠狠地揍了这个无赖一次。无赖也去告官,债主说,揍他的是昨天的我,不是现在的我,要处罚也只能去找昨天的我,与现在的我没有关系。那个糊涂官觉得那债主讲得也有道理,也判债主无罪,当堂将债主释放了。试想,这种只承认事物"变动"的一面,不承认事物"确定性"另一面,如此下去,这样的社会还会有规则和秩序可言吗?

庄子在他的《齐物论》中说:"故为是举莛与楹,厉与西施,恢恑憰怪,道通为一。"就是说,细小的草茎和粗大的屋柱子,丑女与美人,宽大与狡诈,奇怪与妖异等等,从"道"的角度讲,是没有什么区别的。很多人将庄子的这段话误读为,"细小的草茎"和"粗大的屋柱子","丑女"与"美人","宽大"与"狡诈","奇怪"与"妖异"之间是没有区别的。可以想象得到,这些事物之间的明显差异,就是傻子也能够看出来,作为智者的庄子不会看不到的。庄子的意思是说,在"道"这种哲学本体论的最高层面,它们的差异性是可以忽略不计的,这当然是有道理的。但是,如果把层面混淆,由此得出不同事物在任何状态下都没有差异,那样话,这个社会还会有是非真假、善恶美丑的区别吗?

可见,不讲形式逻辑的确定性,辩证逻辑思维就会失却基准,很容易滑向相对主义。如果不能把不同的事物区分开来,千变万化的事物就会成为混沌的一团,那样的思维不可能是服务于"求真"、"讲理"的辩证思维,而是非理性甚至反理性的思维,是会造成严重危害社会后果的思维。美国哲学家宾克莱在其所著的《理想的冲突》一书中引用的一首诗,也许可以形象地反映当代社会流行的一种相对主义和反理性主义的哲学观念。

　　　　全看你在什么地点,
　　　　全看你在什么时间,
　　　　全看你感觉到什么,

全看你感觉如何。
全看你得到什么培养，
全看是什么东西受到赞赏，
今日为是，明日为非，
法国之乐，英国之悲。
一切看观点如何，
不管来自澳大利亚还是廷巴克图，
在罗马你就得遵从罗马人的习俗。
假如正巧情调相合，
那么你就算有了道德。
哪里有许多思潮互相对抗，
一切就得看情况，一切就得看情况……①

一般地说，相对主义的基本特点是割裂事物的相对和绝对的辩证关系，片面夸大事物的相对性，否定事物的绝对性，从而把相对性加以绝对化。由于相对主义否定事物的绝对性，必然否定事物在一定界限内的质的规定性，把事物看成是转瞬即逝、不可捉摸的东西。在认识论上，则必然否定认识的绝对性，否定相对真理中包含着绝对真理的因素，把一切认识都看成是相对的，从而否定真理的客观内容，抹杀真理的客观标准。正如列宁所指出的："辩证法，正如黑格尔早已说明的那样，包含着相对主义、否定、怀疑论的因素，可是它并不归结为相对主义。马克思和恩格斯的唯物主义辩证法无疑地包含着相对，可是它并不归结为相对主义，这就是说，它不是在否定客观真理的意义上，而是在我们的知识向客观真理接近的界限受历史条件制约的意义上，承认我们一切知识的相对性。"②如果把相对主义作为认识论基础，就必然使自己陷入绝对怀疑论、不可知论和诡辩论。相对主义是诡辩论的认识论基础，从相对主义的观点出发，可以颠倒黑白，混淆是非；反之，坚持相对主义最终必然会陷入诡辩论。

诡辩论是指故意违反逻辑规律和规则的要求，为错误论点作辩护的各种似是而非的论证。它源出于希腊语，其最初含义是"技巧"、"智慧"，后

---

① 宾克莱：《理想的冲突》，马元德等译，商务印书馆1986年版，第9—10页。
② 《列宁选集》第二卷，人民出版社1995年版，第97页。

来逐渐转化为为了欺骗而作的虚假的论证或议论。在现代文献中,"诡辩"一词有时也指一种冒充辩证法、貌似辩证法,实即主观主义、相对主义、折中主义的思维方法。诡辩的具体方法通常被称为诡辩术。

有一则关于庄子的故事说,庄子最宠爱的儿子死了,他却一点也不悲伤。人们责问他为何这样无情无义,他说:没有这个儿子的时候,我不会因为没有他而悲伤。现在这个儿子死了,就等于没有这个儿子了,我又有什么可悲伤的呢?庄子在这则"夭子"的辩论中是明显在玩弄诡辩。"没有这个儿子"与"这个儿子死了,就等于没有这个儿子"根本是两个不同的命题,其中的"没有"表达的是两个不同的概念。前者是本来就是"无"而"没有"的,是无经验内容和过程的概念,后者是"有"而失去成为"没有"的,是有经验内容和过程的概念。庄子是在有意识地混淆概念,玩弄诡辩。

有一些谚语或成语,往往被人们当作辩证思维或是辩证法的典范而引用。比如,"三十年河东,三十年河西"。似乎任何事物,只要随着时间的流逝,就一定会走向它的对立面。这个谚语源出自清人吴敬梓的《儒林外史》,在第四十六回,他写道:"大先生,'三十年河东,三十年河西'!就像三十年前,你二位府上何等优势,我是亲眼看见的。"这个谚语的本意是指从前的黄河河道不固定,经常会改道,某个地方原来在河的东面,若干年后,因黄河水流改道,这个地方会变为在河的西面。人们用这句话比喻人事的盛衰兴替,变化无常,有时候会向反面转变,难以预料。这从总体上说,是有一定道理,在大跨度时间领域,也可能反映出事物发展的某种规律性。但是,我们不应该忽视了这样的问题:从"河东"变成"河西",是有很多因素和条件促成的,并不是平白无故地随意变化的。特别是在具体问题上,如果无视其中的条件制约因素,一味地在思维中里"随意"变化,那就不是辩证法了,在现实中也是要吃苦头、付代价的。深受人们尊敬的季羡林生前曾经自言:到了耄耋之年,忽发少年狂,常有引人关注的怪论、奇思问世。在季羡林的晚年著述中,影响颇大的是他在 2006 年由当代中国出版社出版的《三十年河东,三十年河西》一书。在此书中,他以人类文化发展的全过程视域,指出了东方文化和西方文化的关系,即三十年河东,三十年河西。他说,到了 21 世纪,西方文化将逐步让位于东方文化,人类文化的发展将进入一个新的时期。著者的"爱国之心"无需怀疑,但人们还是对这结论产生了很大争议:西方文化是否将逐步让位于东方文化?并不见得!

可能是西方文化逐步让位于东方文化,也有可能是东西方文化逐步走向融合。

再如,西汉刘安在《淮南子·道应训》中说:"夫物盛而衰,乐极则悲。"相关的还有"乐极生悲,否(pǐ:凶)极泰(吉)来"、"塞翁失马,焉知非福"等等。很多人以为,这就是辩证法。如果说这是"辩证法",那也是极其素朴的"辩证法"观念。

我们不妨讨论一下"塞翁失马,焉知非福"的情况。它说的是,古时候塞上有一户人家的老翁养了一匹马。有一天,这匹马突然不见了,大家都觉得很可惜。邻人来安慰老翁,老翁却并不难过,他说:"谁知道是祸是福呢?"邻人以为老翁气糊涂了,丢了马明明是祸,哪来的福呢?过了一年,想不到老翁丢失的那匹马又跑回来了,还带回来一匹可爱的小马驹。邻人们纷纷来道贺,老翁并不喜形于色,却说:"谁知道是祸是福呢?"邻人又迷糊了:白白添了一匹小马驹,明明是福,哪来的祸呢?小马驹渐渐长大了,老翁的儿子很喜欢骑马。有一次,老翁的儿子从马上摔下来,把腿摔折了。邻人们又来安慰老翁,老翁十分平静地说:"谁知道是祸是福呢?"邻人这回更不能理解了,心想,儿子瘸了腿,怎么可能有福呢?过了一些时候,塞外发生了战争,朝廷征集青壮年入伍。老翁的儿子因腿部残疾而免于应征。应征的青壮年大多在战场上战死,老翁和他的儿子却幸免于难。这个"塞翁失马"的故事,有一种非逻辑的积极的心理意义,那就是,它告诉我们,无论遇到福还是祸,要调整自己的心态,要超越时间和空间去观察问题,要考虑到事物有可能出现的极端变化。这样,无论福事变祸事,还是祸事变福事,都有足够的心理承受能力。但是,从逻辑角度而言,"塞翁失马"中的"祸"与"福"的转换都是十分偶然的,正是那些偶然的因素促成了后来的结果。在常态中,那些促成"祸"与"福"转换的因素并不能构成必然关系的逻辑链条,一旦失却了其中的某一偶然因素,促成"祸"与"福"转换的"条件链条"就会断裂,"祸"与"福"之间就难以发生相互转换,如此,其中的"坏事"毕竟还是"坏事","好事"也还是"好事",是不会仅仅随着时间的流动而"自动"地向对立面转化。可见,"条件"关系及其实现的因素才是促成事物向对立面转化的根本原因,也是人们所要去努力发现和实现的因素。

"条件关系"不仅决定着事物性质的转化,也是我们把握形式逻辑思维与辩证逻辑思维关系的一个关键性环节。有则小故事说,古时一位秀才,在一次朋友聚会的唱和中,突然冒出一句"柳絮飞来片片红",结果引来一片嘲笑声。柳絮是白的,怎么可能片片红?"白"与"红"是反对关系,不可同真。就在那秀才陷入窘境难以脱身之际,一位朋友站出来说:"这是前人的名句,全诗是:廿四桥畔廿四风,凭栏犹忆旧江东。夕阳反照桃花坞,柳絮飞来片片红。"众人齐声喝彩。在"夕阳反照"的条件下,"白"与"红"本来不可同真的反对关系,在这种特定的语境中实现了转化。① 形式逻辑矛盾是有条件性的存在,条件改变了,形式逻辑矛盾往往也会随之被化解。化解逻辑矛盾是一种智慧,拥有这种智慧需要有辩证思维的方式。

是"智慧"的,是不是一定都是辩证思维的结果呢?邓析的"两可之说"可以说是极其"智慧"的,能不能说其是辩证思维的典范呢?《吕览》就曾批评邓析的"两可之说"是一种"以非为是,以是为非,是非无度,而可与不可日变"的相对主义诡辩。《荀子·非十二子》指责邓析"不法先王,不是礼义,而好治怪说,玩奇辞",但又承认,"其持之有故,其言之成理"。今人有把"两可之说"当作相对主义诡辩论的,也有认为"两可之说"反映了朴素辩证法思想,不是诡辩的。弄清楚这里的关系,有助于我们正确地理解"辩证"的本质。

邓析生活在百家争鸣、论辩自由的春秋末年,是郑国当时著名的学者、政治活动家和杰出的辩者,《汉书·艺文志》把他列为名家第一人。说他是与子产、孔子等同时代的名人实不为过。据《吕览·离谓》记载:"郑之富人有溺者,人得其死者;富人请赎之,其人求金甚多,以告邓析。邓析曰:'安之,人必莫之卖矣。'得死者患之,以告邓析;邓析又答之曰:'安之,此必无所更买矣。'"

说的是郑国有一富户,家里有人淹死了,有个人得到了这具尸体。富家人想赎回这具尸体,但得尸者要价太高,富户向邓析求教。邓析对他说:"你放心吧,这个得尸者(除了你),是不会卖给别人的。"得尸者听到后急了,也求教于邓析。邓析又回答说:"你放心吧,那个富户从别处是买不到这具尸体的。"

邓析根据尸体很快会腐烂这一事实,清楚地推知双方一定都因此而很

---

① 参见张盛彬:《认识逻辑学》,人民出版社 2008 年版,第 298 页。

着急,富户急于赎回尸体,否则尸体就会腐烂;得尸者也急于卖掉这具尸体,否则尸体就会腐烂而成为麻烦。邓析正是抓住了双方之间和每一方自身所存在的矛盾:一个想以低价赎回,另一个想卖得高价;双方既急于卖掉或买回尸体,又不急于买回或卖掉;每一方都因此而既急又不急。尸体腐烂这一客观事实,具有正反两个方面的性质(有利与不利),而立场、目的以及利益相反的人会抓住有利于自己的一面,并且只有把握住上述矛盾,才能得以操"两可之说",对于富家人和得尸者双方都可以给"安之"答复。

邓析在议论中所使用的推理方式,是符合事理也合乎逻辑的。邓析对富户的答复是一个省略前提的假言推理:

如果"人必莫之卖",那么可以"安之",
现在"人必莫之卖",
——————————————
可以"安之"。

这个推理的形式是充分条件假言推理,肯定前件而肯定后件,是有效的推理形式。在一定程度上,其前提也可以是真的。因为在当时的那种社会,头脑清醒者是不会去买一具与自己无关的尸体——得尸者非卖死者家属不可,除非有"奇货可居"的商人发现了其中的商机。邓析对得尸者的劝慰也是一个合乎逻辑、合乎事理的假言推理:

如果"此必无所更买",那么可以"安之",
现在"此必无所更买",
——————————————
可以"安之"。

富家人除了向得尸者赎买其家人的尸体外,不能从别处买到,得尸者当然可以"安之"。

可见,单独地看,邓析的"两可之说"中的任何一"可"并没有违反推理规则,其推理方式也是正确的,而且"是"就是"是","非"就是"非",言之成理,持之有故。如果将邓析的两个推理结合在一起,就不难发现其中的矛盾了:

如果"人必莫之卖",那么(富户)可以"安之",
如果"此必无所更买",那么(得尸者)可以"安之",
现在"此必无所更买",而且"人必莫之卖",

(富户)可以"安之",(得尸者)可以"安之"。

这个假言联言推理也是符合演绎逻辑推理规则的,但是两个假言前提的后件属于矛盾关系,并列在一起是不可能同时成立的。就是说,富户和得尸者中的双方而言,如果一方"安之",另一方就不可能"安之",不可能双方同时都能够"安之"。本来,尸体腐烂对于富户和得尸者双方而言,都是既有有利的一面,也有不利的一面,邓析看到了事物矛盾的两重性,却孤立、片面地抓住只对双方有利的一面,不顾及不利的另一面,割裂了事物矛盾的两个方面,这样的"两可之说"显然不能说是具有朴素的辩证法思想的。

马克思说:"具体之所以具体,因为它是许多规定的综合,因而是多样性的统一。"[①]辩证逻辑一方面要求人们从多侧面、多层次、多形态的统一上来把握对象的内在规定性,另一方面又要求人们从多中介、多关系、多条件的统一上来把握对象的外在规定性,从而形成对思维对象的多样性统一的整体认识。如果背离这一原则,仅仅抓住对象某一侧面、某一层次或某一局部的属性,就会陷入思维的直线式或单向性,也就不可能全面地把握对象本身。否则,就会误解辩证逻辑的本义。小孩子看电影,常常会指着电影中的人物问:"这个人是好的还是坏的",父母当时可能回答说:"是坏的。"孩子长大了,很容易发现,这个世界上的好人和坏人并不是截然分开的。相声大师侯宝林,晚年曾有惊世之语:世上不是好人多,也不是坏人多,而是不好不坏的人多。一个人一生中,可能有时候是好人,而另一些时候又可能是坏人。现实世界中,一辈子每个时刻都是好人,无过失,或一辈子每一时刻都是坏人,无恶不作,都是假设或理想化的情况,都不是真实的。我们只能就某一事件论事,按件计"价",因为常常作坏事的人,有时候也可能做好事。生活中有不少含混笼统的话语,如"顺我者昌,逆我者亡","胜者王侯,败者寇",乃至"凡是敌人反对的我们都拥护,凡是敌人拥护的

[①] 《马克思恩格斯选集》第二卷,人民出版社1995年版,第18页。

我们都反对"的思维套路,都犯了简单化的"非黑即白"的反理性错误。

可是,生活中并不乏有许许多多这样的活生生的案例。某市有一位年近花甲的老干部,过去一出门就要坐车。后来,他看到一份杂志上说,慢跑可以增进人的身体健康,于是他就开始"以步代车"了。有一天,他偶然看到另一份杂志上说:慢跑可能引起猝死。这时,他感到十分惊慌,不知所措了。慢跑可以增进身体健康,应该坚持慢跑;慢跑又有可能引起猝死,最好还是不要慢跑。为了小心起见,他就不再坚持慢跑了。

显然,这位老干部的思维不符合辩证思维的原则。他的这种思考方式属于典型的单一性认识和片面性认识。我们知道,对于"慢跑"而言,是可以包含多方面的性质的,"慢跑可以增进人的身体健康"和"慢跑可能引起猝死",就是从"慢跑"中所抽象的两个不同方面的性质。[①] 这两个方面可以而且也能够统一起来,而这位老干部却把这两个方面分割并对立起来,远远偏离了从"多样性统一"的层次上来把握对象的辩证思维。

恩格斯在《反杜林论》中说过一段名言:"真理和谬误,正如一切在两极对立中运动的逻辑范畴一样,只是在非常有限的领域内才具有绝对的意义;……只要我们在上面指出的狭窄的领域之外应用真理和谬误的对立,这种对立就变成相当的,因而对精确的科学的表达方式来说就是无用的……但是,如果我们企图在这一领域之外把这种对立当做绝对有效的东西来应用,那我们就会完全遭到失败;对立的两极都向自己的对立面转化,真理变成谬误,谬误变成真理。"[②]

5. 悖论与辩证

在某些情形下,剖析所发现的逻辑矛盾,往往是把握辩证矛盾的一条重要途径,而这种辩证矛盾一旦被揭示出来,就会成为人们深刻认识事物本质、把握事物运动规律的路径。发现和研究一种特殊的逻辑矛盾,即逻辑悖论,可能是理解这些问题比较恰当的切入点。

"悖论"一直被视为科学的难题,难就难在它是一种特殊的逻辑矛盾。

[①] 参见黄华新、汤军:《雾区的寻觅:谬误学精华》,上海文化出版社1990年版,第182—183页。
[②] 恩格斯:《反杜林论》,人民出版社1999年版,第93页。

这种矛盾不仅直接表现为从特定认知共同体公认正确的背景知识中合乎逻辑地推出明显不成立的结论,而且在两个矛盾命题之间可以构建相互推出的"奇异的循环"——矛盾等价式,甚至于这样的矛盾等价式还常常现身于相对成熟的科学理论之中。

说谎者悖论是最为古老的语义悖论,也被认为是"悖论之冠"。它缘起于公元前4世纪,麦加拉学派的欧布里德提出的如下问题:如果某人说他正在说谎,那么他说的话是真还是假? 欧布里德问题经常被重述为:"我现在说的这句话是谎话",这句话是否可赋真值? 假设这句话为真,根据其语义,可得它为假;若假设这句话为假,其语义又恰好"是其所是",可得它为真。至于这样的悖论是否存在,历来有不同的意见。早在古希腊时期,斯多亚学派的克吕希波就曾说过:"谁要是说出了'说谎者悖论'的那一句话,那就完全丧失了语言的意义,说那句话的人只是发出了一些声音罢了,什么也没有表示。"① 及至当代,仍有学者认为,悖论只是人们为了"研究"而刻意构想出来的。针对人们的这种认知状况,《简明不列颠百科全书》"悖论"条目明确地指出:"对某些人来说够得上一个矛盾或悖论的命题,对于另外一些信念不同或见解不坚定的人来说并不一定够得上是一个矛盾命题或悖论。"② 基于科学理论中一再出现而且不可彻底避免悖论的客观事实,我们坚持认为,悖论的存在是不可否认的事实。

作为一种特殊的逻辑矛盾,悖论具有怎样的性质和含义,又是如何生成的? 这里,可结合"$\sqrt{2}$悖论"来加以讨论。

其一,悖论的性质。首先,任何悖论总是相对于特定认知共同体而言的。$\sqrt{2}$悖论主要是相对于毕达哥拉斯学派成员而言的。对于不持"一切量皆可公度"观点的人而言,"$\sqrt{2}$是量,同时,$\sqrt{2}$不是量"在他们的思想中并不能构成同时成立的逻辑矛盾命题。换句话说,在这对矛盾命题之间,必有一个命题是会被人们舍弃的。其次,悖论总是从特定认知共同体"公认正确的背景知识"中合乎逻辑地推导出来的。$\sqrt{2}$悖论就是从毕达哥拉斯学派的"万物皆数"和"一切量均可表示为整数与整数之比"的背景知识中推导出来的。不认同这样的背景知识,也就不会构成$\sqrt{2}$悖论。第三,悖论的解

---

① 转引自杨熙龄:《奇异的循环:逻辑悖论探析》,辽宁人民出版社1986年版,第45页。
② 《简明不列颠百科全书》第一卷,中国大百科全书出版社1985年版,第655页。

决往往需要对导致悖论的背景知识进行创新。$\sqrt{2}$悖论的解决就是人们在放弃了毕达哥拉斯学派的"一切量皆可公度"的理念之后,由承认无理量的存在到建立完整的实数理论才逐步走出其认知困境的。

由此,悖论的性质可进一步概括为如下两个层面:其一,任何悖论都是关涉特定认知共同体的悖论,都是语用学性质的。其二,在悖论的语用学性质的前提下,悖论具有相对性,即悖论总是相对于特定认知共同体及其背景知识而言的;悖论具有根本性,即悖论所表现出来的矛盾总是直指特定认知共同体之背景知识中的核心信念;悖论具有可解性,即只要能够实现"背景知识"的创新或认知"格式塔"的转换,悖论便可获得相对消解。①

其二,悖论的含义。悖论含义的指认应该区分不同的层面。首先,应作生活层面和学理层面的区分。大凡将设身处境或行为抉择陷入"二难"、言语行为出现矛盾等皆视之为悖论者,多属于生活层面的悖论,亦即"泛化的悖论";而那些"挑战常识的大理"②的悖论,当属于学理层面的悖论。其次,在学理层面,悖论还应再作狭义与广义之分。凡是通过现代逻辑语形学、语义学和语用学的研究,能够得到严格的形式塑述与刻画,并且其推导可达到无懈可击的逻辑严格性的悖论,则属于"狭义悖论",如"罗素悖论"等集合论—语形悖论、说谎者悖论等语义悖论、"知道者悖论"等语用悖论。大凡符合"这样一种理论事实或状况,在某些公认正确的背景知识之下,可以合乎逻辑地建立两个矛盾语句相互推出的矛盾等价式"③这样的界说的悖论,均属于"广义逻辑悖论",它是在狭义悖论基础上进行的外延拓展,如哲学悖论和科学理论悖论等。

这里,我们想就"泛化的悖论"问题多说几句。"泛化的悖论"至少包括两类情况,一是将一般的逻辑矛盾"强化"为"悖论",比如,学界研究的"悖论文化"、"幸福悖论"、"历史悖论"和"道德悖论"等,在很大程度上,就是将这些领域中隐含的逻辑矛盾强化为逻辑悖论的。二是以修辞的方式"呈现"逻辑矛盾。就后一种情况而言,为了清晰地揭示认识对象的辩证属性,科学语言总是从多层面、多方面、多角度去分辨和阐释,但作为修辞手段的"悖论",却往往将不同层面、不同方面、不同角度的属性同时呈现在一

---

① 参见张建军:《广义逻辑悖论研究及其社会文化功能论纲》,载《哲学动态》2005年第11期。
② 黄展骥:《简朴的悖论定义》,载《人文杂志》1994年第3期。
③ 张建军:《逻辑悖论研究引论》,南京大学出版社2002年版,第8页。

个语境中,即(1)两种不同的而又似乎相抵触的判断(有时是省略的形式)同时出现在字面上,出现了 B,又出现了非 B。(2)把不协调的东西紧连在一起,进行了超常搭配,构成了突兀的结合。① 比如,臧克家的名作《有的人——纪念鲁迅有感》:"有的人活着/他已经死了,有的人死了/他还活着"。这里通过"活"与"死"、"死"与"活"的概念潜替,语表上突破了形式逻辑同一律的要求——"在同一思维过程中,每一思想必须保持自身的同一";语里中,它们分属于不同的语义层面,又不违反同一律的要求。此外,人们常说的"金规则就是没有金规则"、"假作真时真作假,无为有处有为无"等语句,语表近似甚至直呈着形式逻辑的矛盾,语里却蕴涵着辩证矛盾的属性。这种带有辩证思维特色的悖论修辞,可让读者从中有所领悟,只要认知的角度把握得当,不会产生语言层次上的缠绕。反之,如果悖论修辞后的语里直接违反了形式逻辑的要求,那就是逻辑错误,是修辞的败笔。比如,有的人往往把"稀奇的念头"、"古怪的事件"、"异常的情形",以及像O.威尔德所说的"除了诱惑之外,我能够抵御任何东西"②等,这些介于"有意义"与"胡扯"之间的矛盾语言都赋之以"悖论",是在对悖论修辞方式的滥用。

悖论修辞不仅常常出现在文学语言中,在宗教学中,也大量存在。如N.雷歇尔所指出的,文学家们擅长使用这种修辞意义的悖论,基督教徒更是常用这样的悖论修辞。S.弗兰克在 1534 年出版的《悖论》一书中,就收集了 280 个这样的悖论,包括一些格言,如"上帝从来没有比更远时更近"、"在不相信中建立信仰",以及德尔图良那臭名昭著的"名言":"正因为它是假的,所以我才相信。"③ 今天,也有人将"真实的谎言"、"创造性的破坏"、"一个聪明的傻瓜"、"无事空忙"、"忘却的记忆"、"公开的秘密"、"虽败犹荣"、"虚拟现实"、"欢乐的悲观者"、"温柔的残忍"、"残酷的善良"、"令人绝望的希望"、"令人不寒而栗的烈火"、"愚蠢的智慧"、"甜蜜的忧愁"、"惬意的恐怖","致命的美丽"等等,都视作为"悖论"。这样的"悖论"涵盖了自语相违、言行相违、事与愿违等种种"矛盾"现象。这种近乎

---

① 参见张宏梁:《诗歌中的悖论语言探析》,载《逻辑与语言学习》1994 年第 5 期。
② N. Rescher. *Paradoxes: Their Roots, Range, and Resolution.* Chicago: Open Court Publishing Company, 2001, pp. 3—4.
③ Ibid., pp. 4—5.

于没有边界的"悖论"泛化,其实是各种各样"矛盾"和"差异"的集合体,当然,这也是一个其认识论和方法论价值极为有限的"杂烩"。

其三,科学理论中悖论生成的因由。"科学理论"有广义和狭义的不同理解。广义的科学理论是与实践行为相对应而言的。狭义的科学理论是指那些具有内在逻辑严密性的系统性知识。这里所说的科学理论是狭义的。狭义的科学理论总是以某类知识整体的方式存在的。这种整体是以某种基本信念为"奇异点",通过其"自组织"的机制——"逻辑"去贯通零散、孤立的知识性命题而形成的。逻辑贯通的过程,既是科学理论系统化的过程,也是不断清理不同命题之间内容上的对立和形式上的矛盾,使得科学理论系统越来越趋于完备性、命题之间越来越具备协调性的过程。一个相对成熟的科学理论,总是在清理了普通的逻辑矛盾之后所显现出来的相对完备状态。但是,人们在构建科学理论之初却无法保证其基本信念本身的充足恰当性,因而也就不能够保证其后继演化的充分自洽性。当人们在相对协调的科学理论中发现难以消除的逻辑矛盾,而且这种逻辑矛盾的清理又必然动摇该理论基本信念的"正确"地位,往往意味着这种理论出现了悖论。

我们认为,既然悖论是一种特殊的逻辑矛盾,解决悖论的思维方法和方式也应具有相应的特殊性。就解决科学理论悖论而言,由于悖论总是深藏于科学理论的内部,要发现它们则离不开对理论硬核合理性的归谬性的反思;由于科学理论的基本品格是逻辑自洽性,即无矛盾性,要实现对含有悖论的科学理论之基本信念的"革命",实现对原有理论局限性的超越,仅靠逻辑演绎是不够的,还要运用具有思路跨越性的"想象"等非严密推导的思维方式不可;再者,任何科学理论悖论的解决都不意味着对原有理论的彻底否定,而是对导致悖论的原有理论的合理性作充分肯定后的扬弃,是在吸收原有理论合理精华的基础上重构一种消解了矛盾的、达致新的"和谐"的理论,这就需要运用辩证思维。

首先,由反思而发现悖论——质疑"公认正确"的背景知识是发现悖论的首要环节。

悖论的寻求和发现,既不是基于实验或经验进行的科学知识的累积,也不是对既有的问题进行常规性的解答,而是对相对成熟的科学理论或是对人们"置信程度"较高的"共识"之可靠性、可信性进行的反思或批判。

在科学史上,"速率悖论"的发现就是伽利略对亚里士多德理论进行反思的后果。亚里士多德在其《论天》一书中说,物体下落的速率与物体的重量成正比:"一定的重量在一定时间内运动一定的距离;一较重的重量在较短的时间内走过同样的距离,即时间同重量成反比。比如,如果一物的重量为另一物的二倍,那么它走过一给定的距离只需一半的时间。"① 伽利略反思:假如有两个物体是同一材料制成的,把这两个物体连接在一起,速率较大的那个物体将会因受到速率较慢物体的影响,其速率要减慢一些,而速率较小的物体将因受到速率较大的物体的影响其速率要加快一些。这种"更快一些同时又更慢一些"的矛盾说明,在同一介质中运动的同样的物体具有自然界给定的固定速度。伽利略的反思雄辩地表明,人们原先不加怀疑地采用的"速率"、"更快"等概念——这些在亚里士多德物理学理论中都是关键性的概念,恰恰是最可疑的"公认正确"的背景知识,而从这种"背景知识"出发,难免会导致悖论的生成。与此类似的情况,在社会生活领域也同样存在。

在社会生活领域,投票既是一种重要的进行集体决策或集体选择的方法,也是体现或反映民主制度的社会方法。在投票活动中,"多数原则"一直是人们信奉的基本原则,换句话说,它也是愿意采取和参与投票的人们置信程度极高的共识。然而,有学者对这一原则反思后发现,投票中的多数原则蕴涵着悖论。早在1785年,法国人孔多塞就发现了在两两相决的投票中存在着悖论。20世纪50年代,著名经济学家阿罗对这个问题作了进一步深化。假定有甲、乙、丙三个投票者,每人要共同面临A、B、C三种选择方案。假设投票人甲、乙、丙对A、B、C三个方案的偏好次序如下表:

偏好次序 \ 投票者	甲	乙	丙
1	A	B	C
2	B	C	A
3	C	A	B

---

① 转引自霍尔顿:《物理科学的概念和理论导论》,张大卫译,人民教育出版社1983年版,第126页。

按多数票规则,现在由三个人对三个方案进行两两投票表决。先就 A 与 B 表决,甲和丙认为 A 好于 B,乙认为 B 好于 A,A 与 B 的表决结果为 2∶1,A 获胜。再就 A 与 C 表决,同样的道理,A 与 C 的表决结果为 1∶2,C 获胜。至此,如果集体偏好具有传递性,C 将最终获胜,偏好顺序为 C > A > B,(">"表示排序上优先于)。但是,如果人们再就 C 与 B 表决,甲和乙认为 B 好于 C,丙认为 C 好于 B,表决结果是 B 胜 C,集体偏好顺序为 C > A > B > C。这样,就出现了投票循环现象,表明投票结果不具有传递性和稳定性。这种在多数票规则下,投票决策中可能得出的自相矛盾的结果,被人们称之为"投票悖论"。虽然投票悖论并不是在所有的投票过程中必然发生,但投票决策过程中可能出现的自相矛盾的结果却引起了人们的极大关注。"投票悖论"也逐渐成为经济学、政治学、哲学等学科领域的探讨的热点问题之一,随着博弈论、公共选择和公共决策理论的兴起,这个问题业已受到人们越来越多的重视。

其次,发挥想象——突破导致悖论之背景知识局限性的关键环节。

悖论的分析和消解,一般不能直接借助于实验或实践的手段。因为,实验或实践的手段常常用在构建科学理论的一般性证实或证伪过程中,对于已经清除了普通的逻辑矛盾而显现出相对成熟形态的科学理论中的悖论而言,则需要运用比实验或实践手段更为抽象化和理想化的方式才能抓住其悖结,进而消解悖论。波普尔曾说过,"缺乏想象力"是"科学进步的真正危险"。① 在悖论的分析和解决中同样不能忽视想象——这种思维创造活动中的重要环节的应有功用。

"想象,作为人所特有的一种心理过程,是人们在已有经验基础上,通过联想的作用,对头脑中原有的记忆表象进行改造和重新组合,从而创造出新的经验形象,即形成并非直接反映现实中已有的客观对象的新的主观映象"②,借助于隐喻和类比的思维机制,通过"如果—那么—"的试错性产生式,想象可以超越时间和空间的限制,创造出对应于又可能有别于客观世界的理想世界,帮助人们打通思维的悖结,实现悖论的消解。迈出消解光的本性悖论的关键一步的爱因斯坦,正是通过"冒失的"想象实现了从"能量

---

① 波普尔:《猜想与反驳:科学知识的增长》,傅季重等译,上海译文出版社 1986 年版,第 309 页。
② 傅世侠:《创造·想象·激情》,载《自然辩证法报》1983 年 8 月 25 日。

子"到"光量子"的认知跨跃。

我们知道,黑体辐射是导致20世纪物理学革命的重大问题之一。普朗克曾在《正常光谱中能量分布的理论》一文中提出了大胆的假设:物体在吸收和发射辐射时,能量不按经典物理定律解释的那样连续地吸收和发射,而是按不连续的、以一个最小能量单元整数倍跳跃式地吸收和发射。当时,人们只愿意使用普朗克的辐射公式,却不愿意接受他的量子假说。普朗克自己也认为量子理论纯粹是一个形式上的假设。可是,爱因斯坦却很快把普朗克的量子论"冒失地"向前推进。在《关于光的产生和转化的一个启发性观点》的论文中,爱因斯坦指出,麦克斯韦的电磁波动理论虽然在描述纯粹光学现象时已被证明是十分卓越的,似乎很难用任何别的理论来代替。但是,不应当忘记,光学观测都与时间的平均值有关,而不是与瞬时值有关。而且,尽管衍射、反射、色散等理论已为实验所证实,但仍可设想,人们把用连续空间函数进行运算的光的理论应用到光的产生和转化现象上去时,这个理论会导致和经验相矛盾,要解决这个矛盾,就要把光理解为不仅仅只是像普朗克所说的那样,只是在发射和吸收时才不连续地进行,而且在空间传播时也是不连续的。麦克斯韦的波动理论仅仅对时间的平均值有效,对瞬时的涨落则必须引入量子的概念。"关于黑体辐射、光子发光、紫外光产生阴极射线,以及其他一些有关光的产生和转化的现象的观察,如果用光的能量在空间中不是连续分布这种假说来解释,似乎就更好理解。"①他把这些不连续的能量子取名为"光量子"。1908年,爱因斯坦用统计方法研究了黑体辐射,第一次揭示了"波粒二象性"的存在。在爱因斯坦提出的光量子理论的基础上,历经多位科学家的创造性的实验及其理论发展,尤其是与光量子相关的其他实物粒子的二象性被进一步揭示出来,一直无法用经典电磁理论解释的"光电效应"难题得到了完满阐明,使得人们关于光的本性的悖态认识才得到了有效澄清。

波普尔曾说:"科学家的工作是提出和检验理论。在最初阶段,设想或创立一个理论,我认为,既不要求逻辑的分析,也不接受逻辑的分析。""我对这个问题的看法是,并没有什么得出新思想的逻辑方法,或者这个过程的逻辑重建。我的观点可以这样表达:每一个科学发现都包含'非理性因

---

① 《爱因斯坦文集》第二卷,范岱年等译,商务印书馆1977年版,第38页。

素',或者在柏格森意义上的'创造性直觉'。"①就解悖思维的整个过程而言,波普尔的这段话可能有失偏颇,因为逻辑思维的缺场,悖论既不能被发现,也不能被分析,更谈不上消解。但是,如若将它只放在解悖思维的想象环节上,倒是比较适当地描述了这个阶段的思维特征。的确,在解悖思维过程中,当人们运用逻辑因素解悖陷入困境之际,往往是非逻辑因素大显身手之时。

最后,辩证思维——实现悖论"合理"解决的决定性环节。

辩证思维之所以受到国内外许多悖论研究者的青睐,是因为悖论中的"矛盾"不同于普通的逻辑矛盾,悖论性结论虽是矛盾的却又可以得到同等有力的证据支持。

就资本生成悖论而言,货币何以能够转化成为资本,或者说,货币转化资本的关键性环节在哪里?在马克思主义政治经济学诞生之前,重商主义者以商业资本的运动作为考察对象,从流通领域研究货币——商品——货币的运动规律。他们认为,金银或货币是财富的唯一形态,利润是从流通中产生的,是贱买贵卖的结果;重农主义者则把研究对象从流通领域转向了生产领域。在他们看来,只有农业生产才能实现财富的"增加",而手工业和商业所做的工作只是将财富"相加",据此,他们提出了劳动创造价值等重要的经济观点。从这两个学派的理论出发,古典政治经济学家关于资本生成问题形成了两种完全对立的观点。其一,用交换、用商品高于它的价值出卖来解释利润,这样,"资本"只能在流通中产生;其二,由于"只有创造剩余价值的劳动,即只有劳动产品中包含的价值超过了生产该产品时消费的价值总和的那种劳动,才是生产的。"②换句话说,"资本"是在生产中产生的。逻辑学的不矛盾律告诉我们,这两个命题不可能同时成立。就是说,资本在流通中产生就不是在生产中产生;资本在生产中产生就不是流通中产生。十分显然的经济学常识是,不论是"等价物交换"还是"非等价物交换","流通或商品交换不创造价值"③。但是,不通过流通却又不能使资本得以生成。于是,在古典政治经济学家那里,关于资本的生成问题

---

① 波珀(波普尔):《科学发现的逻辑》,渣汝强、邱仁宗译,沈阳出版社1999年版,第8—9页。
② 《马克思恩格斯全集》第26卷,人民出版社1972年版,第19页。
③ 马克思:《资本论:政治经济学批判》第1册,载《马克思恩格斯全集》第44卷,人民出版社2001年版,第190页。

就陷入了"一个双重结果"的悖论之中："资本不能从流通中产生，又不能不从流通中产生。它必须既在流通中又不在流通中产生。"①这种"奇异的循环"困扰着坚持劳动价值论的古典政治经济学家，以致后来从古典政治经济学中衍生出来的庸俗经济学在商品与资本、价值与价格、剩余价值与利润等等概念的混乱达到了可悲的程度。

通过梳理前人的理论理路，马克思发现，资本的生成不能用商品价格与商品价值的偏离来说明。因为，即使商品价格与商品价值相等，资本也一定可以生成。在继承和发展前人的劳动价值论的基础上，马克思指出，劳动虽然不是财富的唯一源泉，却是价值的唯一源泉，"货币转化为资本，必须根据商品交换的内在规律来加以说明，因此等价物的交换应该是起点"②。所谓等价交换就是所有的交换都是等价的，社会的每一个成员为社会提供的劳动量，与他从社会中拿回来的产品中包含的物化劳动量是相等的。找到了"劳动量"这个确定的起点，"资本生成悖论"的消解便迈出了坚实的第一步。由于资本的生成，离不开劳动价值的产生。资本家销售的产品是按劳动价值计算的，但投入的生产要素的价值却是劳动力的价值。由于"劳动力的使用就是劳动本身"，因而劳动力买卖与劳动是同一个过程。③ 这个过程既是资本家消费劳动的使用价值的过程，又是劳动创造价值的过程，可用下列等式来表示：

投入品价值 = 物化劳动价值 + 劳动力价值
产出品价值 = 物化劳动转移价值 + 追加的劳动价值
剩余价值 = 追加的劳动价值 － 劳动力价值

不难发现，"劳动力的价值和劳动力在劳动过程中创造的价值增殖，是两个不同的量。货币所有者支付劳动力的日价值……劳动力被使用一天所创造的价值比它自身的日价值多……货币所有者赚得了这个差额……魔术变完了。剩余价值产生了，货币转化为资本"④。就是说，以劳动价值减去劳动力价值计算出来的差额就是剩余价值。剩余价值正是资本得以

---

① 马克思：《资本论：政治经济学批判》第 1 册，载《马克思恩格斯全集》第 44 卷，人民出版社 2001 年版，第 193 页。
② 同上。
③ 同上书，第 207 页。
④ 恩格斯：《反杜林论》，人民出版社 1999 年版，第 243—244 页。

生成的秘密之所在。所以,"剩余价值的形成,从而货币转化为资本,既不能用卖者高于商品价值出卖商品来说明,也不能用买者低于商品价值购买商品来说明。"①从个别商品生产的不同环节之间的关系来看,资本家在与工人进行购买劳动的谈判时就已经清楚地知道,他付给工人的工资低于劳动即将创造的价值,生产过程作为创造商品价值的过程,在这里不过是把活劳动物化和物化劳动转移的过程,以便使资本家通过商品销售实现获取劳动购销差价的目的。很明显,生产环节是为资本家实现劳动的购销差价服务的,而销售环节则是为实现资本产生的目的所采取的必要手段。因此,对于没有剩余价值理论和劳动力商品论的古典政治经济学来说,"资本必须既在流通中又不在流通中产生"所表达的是一种悖态性的认识,而在马克思那里,资本产生过程中生产的根据性和流通的条件性的对立得到了辩证统一,"资本产生悖论"得以消解。

正是因为有同等有力的证据支持,才使得特定的认知共同体陷入认知抉择之"优先策略"失效的困境之中——对矛盾双方中的任何一方都没有充分的理由给予拒斥。悖论矛盾的这种特点决定了悖论的解决不能像对待普通的逻辑矛盾那样,采取简单否定的方式,而必须运用辩证思维从对立的矛盾中寻求并达致新的统一。而辩证地思考悖论问题,目的是将悖论矛盾放到动态发展的问题整体之中进行审视,以把握其深层的逻辑结构及其变化规律。

固然,"悖论背后总是有某种辩证矛盾隐蔽地在起作用。但悖论却不能简单地等同于在它背后的辩证矛盾",悖论矛盾本身毕竟是一种逻辑矛盾,实现这种由逻辑矛盾向辩证矛盾转化的认识过程,正是人们对导致悖论的背景知识进行创新的过程,所以,"进一步说,悖论中的形式矛盾被澄清的过程,也就是悖论背后的辩证矛盾被理解的过程"②。

辩证思维之于悖论研究的必要性不仅在于悖论解决的困难性和复杂性,还在于它要求人们克服自己认识方式中固有的局限性和片面性。就人类的认识方式而言,"割离"是思维认知中必不可少的一个环节。正如列宁所指出:"如果不把不间断的东西割断,不使活生生的东西简单化、粗陋化,

---

① 马克思:《资本论:政治经济学批判》第 1 册,载《马克思恩格斯全集》第 44 卷,人民出版社 2001 年版,第 189 页。
② 桂起权:《悖论的不同型式、解法和实质分析》,载《湖北社会科学》1987 年第 7 期。

不加以划分,不使之僵化,那么我们就不能想象、表达、测量、描述运动……不仅思维是这样,而且感觉也是这样;不仅对运动是这样,而且对任何概念也都是这样。"① 但是,割裂后的认识毕竟难以符合认识对象的本真面貌。虽然割裂性的认识成果不必然导致悖论,但悖论的生成往往与割离的认识密切关联。比如,对"连续"的割离、对"整体"的割裂,等等。因此,要避却割离性认识方式所带来的负面影响,就必须自觉地运用整体性的辩证思维方式去把握矛盾双方的共同本质。

再从"说谎者悖论"等语义悖论的既有解决方案上看,从语境迟钝方案到语境敏感方案的重要转折,就是对语义悖论的静态分析转化为一种动态分析,在"动""静"的统一中去揭示语义概念"真""假"之有规律地变化的本性。比如,间接自指的悖论性语句所体现出来的"假→真→假→真→……"周期性真值变化规律,正是赫兹伯格等人对悖论性语句真值变化之整体性把握中发现的,而能够有效消解说谎者悖论的情境语义学方案,更是充分考虑到了与语言行为及其主体密切关联的社会实践因素——情境,还"真"这个概念以动态发展的本性。虽然情境语义学并不仅仅是为解决悖论而创立,但它在解悖方面的有效性却与人们自发或自觉地运用辩证思维是密不可分的。在一定意义上说,语境敏感解悖方案特别是情境语义学方案的提出,其实质就是把"真理"概念由"固定范畴"转化为"流动范畴"。②

总之,通过辩证思维,可以实现悖论由逻辑矛盾性质的命题到辩证矛盾性质的命题的认知转换,进而实现对导致悖论的旧理论的"扬弃",形成解决悖论的新观点和新理论。当然,这只是对解悖思维的历时性解剖分析,在解悖思维实际中,反思、想象和辩证思维应该是共时性地交互作用的。

6. 动态的和谐

在现代演绎逻辑中,有三个特别重要的基础概念,即永真式、永假式和适真式。它们是对命题形式结构的分类。我们知道,命题形式结构是命题

---

① 《列宁全集》第 55 卷,人民出版社 1990 年版,第 307 页。
② 参见张建军:《回归自然语言的语义学悖论》,载《哲学研究》1997 年第 5 期。

的抽象化,命题是形式结构的具体化,又叫做形式结构的一个解释,任何命题形式结构都有无穷个解释。如果一个形式结构的所有解释都是真命题,那么该形式结构就是永真式。如果一个命题形式结构的所有解释都是假命题,那么该形式结构就是永假式。如果一个命题形式结构的解释既有真命题又有假命题,那么该命题结构就是适真式。永真式如"所有 S 是 S"、"P 或者非 P"。永假式如"P 并且非 P"。适真式如"所有 S 是 P"。永真式及其解释都叫做逻辑真理,类似于这样的语句:"今天或者下雨,或者不下雨",这句话总不会错,即永远都是真的。永假式及其解释是逻辑矛盾的表现,如果说:"今天既会下雨又不会下雨",它总是错的。逻辑也需要研究适真式,要研究一个协调式在什么情况下得真命题,在什么情况下得假命题,就是它的"成真条件"。形式逻辑之"逻辑真理"的"真",是由思维形式所决定的。在这个意义上,我们可以说,"逻辑真理"的"真"其实是一种无条件的、静态的"真"。如我们前面一再阐明,这种"逻辑真理"所决定的思维规范,是我们在把握实际"真理"的过程中所必须遵守的。虽然实际思维内容的"真理",不是形式逻辑所要研究的,但形式逻辑工具可以转化为我们在求真过程中所使用的"演绎方法"和"归纳方法"。

辩证逻辑有一个基本原理,即"没有抽象的真理,真理总是具体的。"① 其中的"真理"并不包括前述的"逻辑真理",而是指对现实世界情况有所断定的"现实真理"。辩证逻辑所要阐明的是,要把握现实的"具体真理",仅靠演绎方法与归纳方法是不够的,还需要运用以辩证范畴理论为基础的"辩证思维方法"。

真理要以命题的形式去表达。按照认识程度和形成途径的差异,可以将命题分为经验命题和理论命题。

  昨天下了雨。
  张晓芳今天休假。
  马克思出生于 1818 年 5 月 5 日。
  北京在中国。

这些命题都是经验命题,它们所断定的主要是个别对象的可以观察的

---

① 《列宁选集》第一卷,人民出版社 1995 年版,第 523 页。

属性。通过观察或实验操作，我们就可以判明其中的内容是否合乎事实。经验命题的内容，可以是对客观事物的正确反映，但这种命题的内容比较直观，也容易确认，一般地，人们不把这类命题所断定的内容作为科学真理的内容，而只是在理论需要"观察陈述"验证时加以使用。

> 任何物体，只要没有外力改变它的状态，它便会永远保持静止或匀速直线运动状态。
> 光的本性既是波，又是粒子。
> 生产关系一定要适合生产力的性质和水平。

这些都是理论命题，是断定定律和原理等普遍性认识的内容。这类命题在认识上已经深入到了客观对象的内在本质。客观对象的本质总是呈现出多种层次性，既有浅层的，更有深层的。个别理论命题只能反映客观对象某一层次的本质。客观对象又是发展变化的，在不同的条件下，有着不同的规律。个别理论命题也只能反映客观对象在特定条件下的某一种规律。只有许许多多的理论命题逻辑地联系在一起，形成一个理论体系，才能从各种层次、各个方面，统一地反映客观对象的整体。

一条真理被揭示出来，在多大范围内是适用的，人们起初并不十分清楚。有时候，人们可能把它的适用范围划得很窄，只有经过一番扩大和推广，才能在广阔的领域里发挥作用。更多的时候，人们会把真理的适用范围定得很宽，反而使得真理在某些领域里"失效"。在特定的领域里充分"有效"，而在特定的领域之外有时会"失效"，说明任何真理都是绝对性与相对性的统一。这里之所以存在"绝对性"，是因为有形式逻辑"不矛盾律"的制约，超越某个真理的适用范围，这个"真理"就会变成"假"命题；之所以存在"相对性"，是因为有辩证思维的作用，随着条件关系的变化而修正既有的认识，使之符合事物的实际情况，从而保证"命题"在特定的情境中是真的。可见，任何认识的恰当性都是在形式逻辑确定性的基础上按照一定的条件给出的具体认识。

比如，人类对于自己居住的"大地"的认识，就经历了以下诸多情形。古代人在未曾直接观测的情况下，凭猜想认为"大地是圆弧形的"。15、16世纪哥伦布发现美洲，麦哲伦环球航行得出了"地球是圆球体"的结论。1669—1671年，法国天文学家利用简单望远镜和测角仪，运用三角测量法对"大地"进行了最早的测量。经过后人的继续工作,科学家们获得了关于地球子午圈长度的较为精确的测量值。据此,人们认为"地球是椭圆球体形"。

在牛顿提出"地球是一个扁球体"的假说之后,又经过100多年的大地测量,到18世纪末,科学界普遍接受了地球是极轴方向扁缩的椭圆球的观念。从19世纪末到20世纪50年代,随着测量仪器的不断精密,大地测量规模遍及全球,测量数值不断精确,特别是1957年第一颗人造地球卫星上天,使人类能离开地面观测地球的形状。结果,人们发现地球表面不是一个椭圆球面,而是一个复杂的面。地球赤道横断面也不是正圆形,而是卵圆形。整个地球的形状,从包含南北极在内的、垂直于赤道平面的纵剖面来看,是"梨形状"。

地球是梨状,这是地球形状的最新观念,但仍然只是近似的认识。前几年,海上重力测定所得到的重力场等势面的地球形状,与人造卫星所测定的梨形地球,正好是相反的梨形(即南极凸、北极凹)。这在目前尚是无法解开的谜。

人们对"大地"的认识历史告诉我们,辩证逻辑所谓的思维要具体,就是要求思维在把握某一事物或现象时,要把决定和影响思维对象的内部根据与外部条件等具体因素都考虑在内,通过对各种具体因素的综合分析,达到认识事物的特殊本质的目的。它是在具体条件中把握事物具体规定性的。所以,所谓思维的具体性也就是思维认识事物的条件性。径直地说,"思维要具体的主要表现就是条件性分析,即在辩证性的认识活动中,一切以时间、地点和条件为转移来把握思维对象,因此可以称之为条件分析法。"①

我们以为,是否基于"条件分析",既是区分素朴辩证思维与现代辩证思维的一个重要标准,也是我们把握辩证逻辑与诡辩论之区别的一个重要参考标准,是我们将辩证思维逻辑化的一个重要切入点。就人们所熟知的"孙膑赛马"这个典故而言,孙膑为什么能够使大将田忌与齐王的赛马中转败为胜呢?因为孙膑看到,田忌以前之所以每赛必败,是因为在总体上马力不如对方。但是,这里马力的强弱只是相对的。田忌的上等马虽弱于对

---

① 张晓芒:《正确思维的基本要领》,中央编译出版社2008年版,第130页。

方的上等马,却强于对方的中等马;田忌的中等马虽弱于对方的中等马,却强于对方的下等马。因此,只要改变对阵的次序,就可改变双方强弱的对比,条件变化必然引起结果的变化,从而能够改变胜负的总结局。

在这里,孙膑的思考是有辩证性的。"弱"和"强"、"败"和"胜"这些概念既有着确定性,又有着灵活性,它们所反映的相互对立的双方并不是固定不变的,而是在一定条件下相互转化的。如果能够把握好这里的"条件",弱可以转化为强,强也可以转化为弱;败可以转化为胜,胜也可以转化为败。转化必须具备一定的条件,离开了一定条件,转化就是一句空话。孙膑正是由于正确地认识到弱和强、败和胜的辩证关系,并开动脑筋,成功地创造了使田忌转弱为强、转败为胜的条件,使得田忌取得了赛马的胜利。

现在的问题是,如果齐王也懂得这个道理,掌握了孙膑的赛马技巧,那么,孙膑赛马还能够"每赛必赢"吗?我们来看看博弈论专家们的详细分析:如果齐王在每一次的比赛中只是随机地选择他的马,孙膑的策略就必须随之变化。因为齐王的马在总体上比田忌的马跑得快,齐王的赢的可能性要远远大于孙膑。假设齐王与田忌的策略各为"上马"、"中马"和"下马"策略,这样每个人的马的出场顺序有6种,共有36种可能组合。假定齐王与田忌是同等的马进行比赛,齐王的马要快过田忌的马;只有当田忌出场的马好于齐王的马,才能赢过齐王。如果用"+"表示田忌赢(齐王输),以"-"表示田忌输(齐王赢),可将他们比赛的可能情况可以排列如下:

齐王＼田忌	上中下	上下中	中上下	中下上	下上中	下中上
上中下	-	-	-	-	+	-
上下中	-	-	-	-	-	+
中上下	-	+	-	-	-	-
中下上	+	-	-	-	-	-
下上中	-	-	-	+	-	-
下中上	-	-	+	-	-	-

可以看出,当齐王不让田忌和孙膑知道他的马出场的顺序,或者随机选择马的出场顺序,田忌赢的可能性只有1/6,而齐王赢的可能性则

为 5/6。① 这是从自然概率角度来说的,人的智慧,恰恰是能够超越这种自然概率,创造条件,实现理想的目的。"孙膑赛马"在自然概率中并不是在任何情况下都能够"赢",而且其"输"的可能性更大,但他恰恰是把握住了特定的条件——"知道"对方出马的次序,所以能够"赢"得赛马。因为能够准确预测事态,"知道"特定情况下的条件变化,孙膑不论是与齐王赛马,还是与庞涓的战役中,每每能够奇招迭出,牢牢地掌握着博弈的主动权。由此可见,如果失却了对具体条件的把握,辩证矛盾对立面的相互转化就会成为一句空话,理想的目的只能是盲目乐观的想象。

如果说"田忌赛马"已是远去的历史,留给后人的更多的只是思维方式方面的启迪和思考,那么当代社会在"发展"方面遭遇的困境,则是摆在人们眼前的现实难题。自第二次世界大战之后,国际社会兴起了发展思潮,这种发展思潮把"增长"当作"发展",在这种思潮的影响下,一些拉美国家采取了把"馅饼做大、分而食之"的"高增长战略",埋下了贫富差距拉大的"陷阱",品尝了片面发展留下的苦果。20 世纪 90 年代以来,我国的一些地区把"发展是硬道理"片面地理解为"增长是硬道理";把"以经济建设为中心"视为"以发展速度为中心";把经济发展简单地理解为 GDP(gross domestic product,国内生产总值)决定一切,也在一定程度上陷入了发展的误区。这种片面的发展观至少内蕴着五个方面的矛盾,也有人在泛化的意义上将其称之为"发展的悖论"②,诸如,发达地区与落后地区的悖论、富裕群体与贫穷群体的悖论、渐进发展与跨越发展的悖论、原有社会结构的解构与新的社会结构的重建的悖论、发展中的民族化与世界化的悖论等,这些"悖论"不解决,发展所带来的成果就可能被其负面所抵消,社会就可能陷于混乱和动荡,而要解决这些悖论,又不能采取简单否定的方式,必须在科学发展观的指导下,分析和把握这些悖论产生的缘由,存在的条件,探索其相对化解的机制,从思维方式的角度说,必须运用辩证思维去创新解决,否则,就会背离发展的初衷。

与发展问题密切关联的难题,便是效率与公平问题,对于当代中国社会而言,这个问题尤为突出。"效率优先、兼顾公平"的提法在推动社会发

---

① 参见潘天群:《博弈思维》,北京大学出版社 2005 年版,第 51—52 页。
② 参见鲍宗豪:《"发展"的悖论与科学发展观》,载《红旗文稿》2007 年第 23 期。

展的同时也给社会带来了负面效应,有人甚至将其视为"效率与公平"的悖论。为了消解这种"悖论",有人曾建议将其修正为"效率与公平并重"原则、"以公平为导向的社会政策",甚至有人提出应该将其倒转为"公平优先、兼顾效率"。细致分析,我们可以发现,"效率优先、兼顾公平"本来是就"完善分配机制"而言的,即"初次分配注重效率,发挥市场的作用,鼓励一部分人通过诚实劳动、合法经营先富起来;再分配注重公平,以共同富裕为目标,调解差距过大的收入,扩大中等收入者比重,提高低收入者收入水平。"[①]这里"效率"与"公平"的特定涵义及其适用层次,在原有语境中都是清楚的。对"效率优先、兼顾公平"的全面理解应该是"竞争规则公平"前提下的"效率优先、兼顾分配公平"。公平可以划分为竞争规则公平、机会公平、分配公平三个层次。在公平的各个层次之间,竞争规则公平乃公平的要义之所在,同时也是效率提高的前提与保证。"兼顾公平"指的是兼顾分配公平,在坚持竞争规则公平、效率优先的同时,必须同时兼顾分配公平,才能实现以人为本位的全面发展。在实践中,"竞争规则公平"前提下的"效率优先、兼顾分配公平"与科学发展观具有内在的一致性:"竞争规则公平"为科学的发展提供社会环境;"效率优先"与科学发展观中的发展的思想本身就是一致的;"兼顾分配公平"与科学发展观所提倡的以人为本的可持续发展又具有本质的一致性。[②] 问题在于,在"效率优先、兼顾公平"原则的实际理解与运用中,本来非常明确的狭义"公平"概念被过度泛化,有些人甚至把总体的"社会公正"放在"兼顾"的位置上;而"效率"的内涵又往往被过度窄化和扭曲,被等同于短期经济效益,甚至直接等同于 CDP 指标。所谓"效率与公平"的悖论只是在这种混淆和扭曲的"公共信念"中产生的。

当代"分析的马克思主义"的主要代表人物之一乔恩·埃尔斯特(Jon Elster),同时也是本书导言所述"审议式民主"思潮的重要代表人物之一。与多数"分析的马克思主义"学者拒斥黑格尔—马克思的辩证法与辩证逻辑的立场相反,埃尔斯特长期致力于马克思辩证理论的"分析性重建"工作。他认为,经过严格的逻辑分析可以表明,马克思的"社会矛盾"理论

[①] 《中国共产党第十六次全国代表大会报告》,2002 年 11 月 8 日。
[②] 参见贾丹:《效率优先、兼顾公平兼顾的是何种公平》,载《青海社会科学》2005 年第 1 期。

"正是马克思对社会科学方法论的主要贡献"①。正因为如此,使得埃尔斯特的成果既有清晰的逻辑分析风格,又有浓厚的"辩证"意味。比如,在作为"审议式民主"思潮公认的代表作之一《市场与论坛》一文中,埃尔斯特明确提出了把握政治生活中的"现实矛盾"的任务:

> 观察政治目标和政治手段之间的关系可以有两种不同的方式,而这两种方式之间存在着强烈的张力。一方面,手段应当分享目标的性质,否则,使用不恰当的手段可能会败坏目的。另一方面,如果手段是直接由所要实现的目标衍生出来的,选择这样的手段也包含某些危险,因为,在现实的环境中这样的选择将使我们远离目标,而不是逼近目标。在这两种相互对立的理解之间,必须求得一种微妙的平衡。实际上,我们还不清楚是否存在一道山脊,沿着它我们可以跨入良序社会。
>
> 即使在一个良序社会中,我们有幸拥有理性的讨论,这种理性讨论的过程也是脆弱的,它很容易受到适应性偏好、随大流、一厢情愿等因素的干扰。为确保活力与稳定,讨论必须有一些结构性因素的制约——如政治制度或宪政框架——而这又很容易重新引入控制的因素。实际上,在政治层面上我们将面临一个反复出现的个体行为的两难处境:一方面是个体受到各种规则的约束,这些规则使他们免受非理性行为或不道德行为的伤害;另一方面又不能让这些规则变成人们无法逃脱——即使逃脱是合理的——的牢笼,我们如何才能保证二者均不偏废呢?②

埃尔斯特认为,要在这样的现实矛盾中求得"微妙的平衡",就要在各种极端立场之间维持"必要的张力",追求一种融贯的"中间立场",而这种融贯性可以在理性化的"审议式"民主论坛中逐步获得。显然,这正是辩证逻辑和辩证思维方法论所昭示和支持的方向。

当代中国社会,正在通过社会转型致力于构建社会主义和谐社会。社会转型期间,必然充斥着异常尖锐复杂的社会矛盾与冲突。即使实现或基

---

① Jon Elster. *Logic and Society*. Chichester: Wiley, 1978, p.41.
② 埃尔斯特:《市场与论坛:三种政治理论》,载《审议民主》(谈火生编),江苏人民出版社2007年版,第78—79页。

本实现和谐社会的目标,那也只是意味着一种相对理想的社会秩序的形成,意味着尖锐的社会矛盾的相对消解。和谐的社会,当然不是社会矛盾突出、群体性冲突事件不断的社会,但也不可能是一个没有任何矛盾和冲突的社会,如果完全消除了"矛盾",那的确是一种平静、和谐,但是,那是一种毫无生机的"死"的和谐。社会需要发展,人们的生活需求在变化,非对抗性的和对抗性的矛盾会不断生成,要在不断变化的社会中实现和谐,只能是一种充满生机和活力的"生"的和谐,也就是一种动态的和谐,而要实现这样的和谐,首先必须具备发现消解矛盾甚或悖论的"条件链条"的思维素养,能够驾驭消解矛盾甚或悖论的基本技能,而这一切都离不开辩证思维和辩证逻辑的强有力的支持。

第五章 逻辑精神：社会理性的内核

1215年,英国国王约翰无节制地税收激起了众怒,贵族率领民众讨伐国王,战斗到最后关头,国王身边只剩下7个骑士。按照中国人的传统做法,当然是要杀掉这8个人改朝换代,但那些英国人却没有这样做,而是迫使约翰签署了保护国民权利的《大宪章》。这个《大宪章》后来成为英国宪政制度的基石。相反,中国历史上的改朝换代,往往都是凭情感上的"痛快"和"解恨",而以"坚决、彻底"的方式进行的。项羽进入秦朝首都咸阳,不但杀人无数,还把阿房宫以及秦始皇陵墓的地面上相当于72个故宫那么大的豪华建筑放火烧了。李自成攻入洛阳,不但把统治洛阳的明朝福王杀了,也将福王宫给烧了……有人疑问,为什么还要烧王宫呢?你住进去不就行了?留下来不是一处很好的文物吗?但中国民众传统思维中的"造反"和"革命",早已演化为一种接受推翻而不接受改革的思维定势。这种思维定势决定了它不可能具有"妥协"的属性。[①] 其实,"妥协"仍然只是现象表层的东西,"妥协"现象背后更为深层次的当是群体思维中的"社会理性",是对社会运行"成本"和"收益"的合理权衡。理性地审视1215年的英国国王与国民的战争,人们并不难发现,率领民众讨伐国王的贵族,其要求无非是国王征税要

---

① 参见马立诚:《历史的拐点:中国历朝改革变法实录》,浙江人民出版社2008年版。

经过其同意;而国王最低限度的要求则是要保住自己的王位。"限制王权"和"接受限制"是双方在维护自己最低限度利益的要求下互相妥协的基点。① 所以,社会改革中各方利益集团之间达成的"妥协",进而实现社会制度的创新是理性审思之后的结果,不是某种激情冲动的产物。在进行这种理性审思中,条分缕析的逻辑思维、尊重论证的逻辑精神显然是其最为核心的因素。

正如郁慕镛所强调:"学习逻辑仅仅学习逻辑知识与方法显然是不够的,重要的还应学习逻辑精神和逻辑思想。近代西方逻辑与西方的数理化一起输入我国,但是,在'中学为体、西学为用'的思想指导下,中国传统的那种模糊笼统缺乏逻辑分析的思维方式却变化不大。一方面中国知识分子中只有少数学过逻辑,受过逻辑专门训练的就更少了;另一方面,许多中国知识分子对西方逻辑、乃至对西方科学的态度不妥。……学到了西方科学和逻辑中的形而下方面,知道了一些科学和逻辑知识,会解一些科学和逻辑难题,却没有学到其形而上的方面,即把握科学和逻辑精神,当然更谈不到将这种精神融入自己的'灵魂'了。"②问题的关键恰恰在于,逻辑精神的真正弘扬,是社会迈向理性化之途的必由之路。

1. 社会理性的特质及其取向

社会理性是"理性"的种概念,也是一个群体性思维概念。"理性"是相对于"非理性"而言的。人们通常所说的理性、非理性只是一个泛文化的概念,它们大体上是对一种精神现象或文化现象的笼统描述。百度百科对"非理性"词条的解释是:非理性主要是指一切有别于理性思维的精神因素,如情感、直觉、幻觉、下意识、灵感;也指那些反对理性哲学的各种非理性思潮,如唯情论、意志论、生命哲学、无意识、直觉论、神秘主义、虚无主义、相对主义等。③ 在日常意义层面,"非理性"常常被人们理解为"不要理性"、"否定理性",甚至"丧失理性",成为一个价值判断词。

---

① 参见马莉:《改革需要妥协与和解的社会理性》,载《中国商报》2008年3月25日。
② 郁慕镛、张义生主编:《逻辑、科学、创新——思维科学新论》,吉林人民出版社2002年版,第15页。
③ http://baike.baidu.com/view/644279.htm.

在哲学、心理、法学、宗教、政治等不同学科中，人们对"非理性"也有近似但并不等同的认识。比如，有些哲学家认为，非理性就是荒诞无稽、逻辑混乱；心理学家认为，非理性是人的原始欲望和本能；伦理学家认为，非理性是违背人伦之举；宗教学家认为，非理性是背离神谛异端；法学家认为，非理性是越轨行为或犯法行为；政治学家认为，非理性是缺乏理智的盲目的政治手段，有的则专指暴力或杀戮……凭借上述解释，我们可以这样认识非理性的基本属性，即非理性是反映并反作用于社会存在的非条理化、非规范化、非逻辑化、非程序化、非秩序化的社会意识或社会精神现象。① 在社会学意义上，非理性主要与规范化、组织化、有序化的社会行为相对应，常常与人的本能私欲、集体无意识、潜意识行为结构等相关联。② 在思维方式层面，"非理性"最为显然和突出的要素就是其非逻辑性，换句话说，就是缺乏对行为和思想的合理性与正确性作逻辑的反思和审问，任凭本能、激情、冲动而盲目地行动。

我们认为，上述对"理性"与"非理性"的讨论都是颇有启发价值的，但有一个共同的缺点，就是没有注意界划"非理性"与"反理性"。人类思想与行动固有理性因素与非理性因素方面，正如当代科学逻辑研究所揭示，非理性因素与理性因素的互动，在科学研究中起着重要作用。科学研究是这样，社会生活也是这样。我们倡导在社会生活中弘扬逻辑精神，绝不是要否定非理性因素在社会生活中的正面价值，而是要使社会成员认识反逻辑、反理性因素的危害，抑制非理性因素的负面作用，使社会理性化因素占据主导地位，从而使社会走向真正的和谐发展。我们赞同这样的观点："人类社会关系和社会生活决定了我们必须用理性统率非理性，而不是把我们的命运交给盲目的非理性。"③

那么，如何理解"社会理性"这个概念呢？一般说来，"社会理性"是"理性"的种概念，是一种社会群体之间的合作理性，它至少包括如下两个方面：一是市场交易领域的社会互利——经济理性；二是生存安全领域的社会互助——合作理性。人类的这种合作理性是人类社会长期实践的产物，是基于对人们之间存在的社会连带关系的认识而达成的共识并采取的

---

① 参见夏军：《非理性及研究可能性》，载《中国社会科学》1993年第4期。
② 参见姚军毅：《当代哲学问题前沿研究》，载《武汉大学学报》1994年第2期。
③ 韩震：《重建理性主义信念》，北京出版社1998年版，第193页。

必要行动。从整体上看,人类具有合作理性,而个体的人可能不具备或较少具备合作理性;作为抽象的人具备合作理性,而作为具体的人可能不具备或较少具备合作理性。因此,合作理性催生了道德和法制,即通过建立非强制和强制性的行为规范保护合作者、惩罚不合作者,以保证社会合作目的的顺利实现。

社会理性既是人们从事各种社会活动中的本质能力,也是作用于人们社会活动的基本原则。作为本质能力,社会理性表现为人们在社会活动中的思维能力、自控能力、评价能力;作为基本原则,社会理性表现为认知原则、规范原则、评价原则。三种能力和三种原则在各自领域的结合,构成了三种社会理性:理论理性、实践理性、评价理性。一般而言,社会理性具备如下核心要素和基本特征。[①]

其一,社会批判和反省。所谓批判就是不迷信任何外在的权威、现成的经典、流行的偏见,对于既存的宗教、自然观、社会、国家制度以及先前毫未置疑的种种观念和信仰,重新加以审视、检讨、诘难、辩驳、求证,以确定所有这些对象历史存在的合法性基础,它们的真理性、有效性以及发展变化的可能性。所谓反省,就是对自己或己方团体的既往历史、当下选择和决策等进行检讨,以超脱于自身的地位、身份、利益的方式,甚至以换位思考的方式,反思其公平、公正、合理性。

从思维技能角度论,社会批判和反省可以参考如下提问的方式:(1)讨论的问题或结论是什么?(2)理由是什么?(3)其中有哪些词句的意义模糊不清?(4)其中有无价值冲突?(5)它的描述性假设是什么?(6)证据是什么?(7)抽样选择是否典型,衡量标准是否合理?(8)是否存在竞争性假说?(9)统计推理中是否有错误?(10)类比是否贴切中肯?(11)逻辑推理中是否存在错误?(12)重要的信息资料有没有遗漏?(13)哪些结论可以与有力的论据相容不悖?(14)讨论中你的价值偏好是什么?[②] 等等。比如,对于这样的言论——"有些人依靠他们的足智多谋找到了工作或者凭借自愿降低报酬找到了工作,解决了失业问题。因此,所有失业者都可以这样做。"我们可以这样反思:这是通过归纳推理得出的

[①] 参见姜义华:《理性缺位的启蒙》,上海三联书店,2000年版,第4—8页。
[②] 布朗、基利:《走出思维的误区》,中央编译出版社1994年版,第217—218页。

结论吗？是否合理？如果推广开来，所有失业者都这样做可行吗？等等。

其二，通过理智锲而不舍地追求真实与发现真理的意志。社会理性是一种能力，一种力量，它的使命就是引导人们去努力追求真实，顽强地冲破一切障碍去发现真理。这种认识能力、认识力量，更敢于承认自己所发现的真理只是对真实的事实的有限的了解，社会理性的不断前进完全可以在往后摒弃它或更替它。

在社会生活层面，社会理性的这种属性对于剖析社会热点、难点问题，分清理想与现实的关系具有重要的作用。比如，在讨论收入分配时，假设社会是由两个居民组成，考虑 A、B、C 三种状态：在 A 状态下，每人各得 100；在 B 状态下，第一个人得 120，第二个人得 180；在 C 状态下，每人各得 150。再进一步设想，现在处于状态 B。那么，如果这三种状态都是可行的，社会最优的安排应该是状态 C；但是，如果状态 C 不可行，我们就不能把状态 C 作为"现实"参照去批评状态 B。如果不考虑可行的选择，非要两个人收入均等，我们只能走向状态 A，这样两个人的利益都受到损害。当然，如果全社会的价值观是平均分配偏好于任何收入差距，由状态 B 退到状态 A 也可以，但我们绝不能把不可行的状态 C 当作"现实"看到，否则就容易混淆理想与现实的关系，作出一些不理性的选择或决策。

其三，确立并严格依循一以贯之的分析、分解和综合、辩证构建的认知方法。社会理性应该将人们的认知建筑在对事物的现象、表征的分析基础上，努力考辨人们根据经典、启示、传统、习惯和权威、信仰所获得的一切原理、规则、观念、秩序，对它们进行解剖以及几乎无穷无尽的反复诘难、辩驳、验证、纠错，尽一切可能排除感情、欲望对于理智本身的牵制，以了解事实的真相，然后，再把所获得的事实经过比较、汇总、综合与重新构建，形成对于外部现实世界的全新认识，用以指导和规约人们的行动。社会理性反对一切以情代理，以主观意志代替客观分析，特别是在前提未经验证、未获得确认的情况下进行论证，以及由此获得的连锁结论。

我们知道，社会理性离不开论证和说服。论证可以是错综复杂的，但不论一个论证有多么复杂，都是由推理构成的。而任何推理又都是由两个基本要素组成——两个不同类型的命题：一个是前提，一个是结论。前提是支持性命题，是论证的起点，包含着推理的出发点所依靠的基础事实。结论是被证明的命题，它在前提的基础上得出，并力图为人们所接受。复杂论证通常包含大量的前提,而且各个前提之间往往相互作用,具有一定的关系。只有摆正它们之间的关系,才有可能得出正确的结论,反之,则不能得出正确的结论。如下这个故事常常被人们引用,也折服了不少被说服者——"丢失了一颗铁钉,丢了一只马蹄铁;丢了一只马蹄铁,折了一匹战马;折了一匹战马,损了一位将军;损了一位将军,输了一场战争;输了一场战争,亡了一个帝国。"其实,从"丢失了一颗铁钉"的前提到"亡了一个帝国"的结论之间,需要满足很多条件,在这样的前提和结果之间,远不是这么简单的线性关系。所以,逻辑学家警告人们:"从一个论证出发得出多个结论极为少见,实际上,这种情况也要尽量避免。"①

人们之所以不去努力追究前提到结论之间的内在逻辑关联,往往是因非理性因素在起作用。以非理性方式得出的结果,却又往往使得人们极为尴尬。一个明显的例子是中国学者对爱因斯坦的误读。

1953年,在致斯威泽的信中,爱因斯坦谈到科学起源时说过这样一段话,原文如下:

> The development of Western science has been based on two great achievements, the invention of the formal logical system (in Euclidean geometry) by the Greek philosophers, and the discovery of the possibility of finding out causal relationships by systematic experiment (at the Renaissance). In my opinion one need not be astonished that the Chinese sages did not make these steps. The astonishing thing is that these discoveries were made at all.

我们在导言中已引用了爱因斯坦这段论述的前一句话,现在我们关心的是后一句话。因为其中提到了"中国的贤哲"(Chinese sages),经常被中国学者所引用。对此,有两个通行译文。其中之一是商务印书馆出版的、影响颇广的《爱因斯坦文集》第一版。书中译文为:"西方科学的发展是以两个伟大的成就为基础,那就是:希腊哲学家发明形式逻辑体系(在欧几里得几何学中),以及通过系统的实验发现有可能找出因果关系(在文艺复兴时期)。在我看来,中国的贤哲没有走上这两步,那是不用惊奇的。令人惊

---

① 麦克伦尼:《简单的逻辑学》,赵明燕译,中国人民大学出版社2008年版,第47—48页。

奇的倒是这些发现[在中国]全都做出来了。"①

最后一句话译文,以前常被用来表明爱因斯坦对中国古代科学的赞赏,但是,宗白华、陈明远、李醒民等学者认为,这完全译错了。他们将之改译为:"如果这些发现果然做了出来那倒是令人惊奇的",或"若是这些发现在中国全都做出来了倒是令人惊奇的。"这种译法被当今一些学者推荐、引用,一再用来证明爱因斯坦否定古代中国有可能发展出科学。《爱因斯坦文集》新版也采用了这个译法。但是,这个译法也是值得商榷的,属于"矫枉过正"。张全、张之翔、方舟子等学者认为,这句话的准确翻译应该是:"令人惊奇的事倒是,这些发现都被作出来了",或"这些发现竟然被做出来了才是令人惊讶的。"②我们认为,从爱因斯坦原文及其思想语境看,这样的翻译是准确的。爱因斯坦只是认为演绎逻辑理论与归纳逻辑理论的出现都是不平常的事件,因此不必对古代中国没有发现它们而惊讶,值得令人惊奇的倒是它们的被发现,这里并没有否认古代中国有可能发现它们,更没有否定中国古代可能发展出科学。

上述引文之所以一再被误译和误引,无非是受制于两种非理性的情感,其一是译者和引述者,包括许多知名的学者,想以此作为"中国古代已经做出了伟大的科学成就"的证据,据此张扬民族自豪感。瞧,连爱因斯坦也说:"令人惊奇的倒是这些发现在中国全都做出来了。"在这些引者心目中,爱因斯坦的这段话就成了中国文明世界第一,至少是"领先"的"铁证"。其二则受到了对"牵强附会"学风的一种不满情绪的过度影响。

知名学者葛剑雄在谈到"太空能见到长城"的谬说时,也有类似的批评——新华社的一名记者在无意中发现,小学四年级第七册《语文》课本中收有散文《长城砖》,称宇航员能在宇宙飞船上看到长城。这套教材是由人民教育出版社编著,2001年经全国中小学教材审定委员会审查通过的。虽然"太空能见到长城"说法已被我国首位进入太空的航天员杨利伟明确否定,但长期重复这一谬说的现象却暴露了我们一个很大的弱点,即对我们钟爱的传统文化和国宝其实缺乏应有的了解;我们往往习惯于用是否对我们"有利"来衡量一条消息或一种说法的价值,而不是将事实的真伪和可靠

---

① 《爱因斯坦文集》第一卷,许良英等编译,商务印书馆1976年版,第574页。
② 参见张全、张之翔:《关于对爱因斯坦的误读问题》,载《大学物理》1999年第7期;方舟子:《爱因斯坦被误解了》,http://www.whyandhow.org/cn/info/265408/science-reading.shtml。

性放在首位。以是否"有利"为评价标准既不科学,也不讲究实效;有些人最喜欢用外国人的话来证明中国的伟大。在他们看来,连外国人都说中国或中国人好了,那就证明已经好得不得了。[①]

著名美学家宗白华谈到这类事件时曾经感慨道:"中国学者历来有两种极其强烈的嗜好与习惯(或者可以说是本能),就是模糊笼统和牵强附会。到了近代欧美学说输入中国,这种联想比附、随意发挥的习惯,更得到了用武之地。昨天以《庄子》来比附达尔文进化论,今天以《墨子》来比附卢梭民约论,明天又以《老子》来比附爱因斯坦相对论。似乎现代科学的许多成就,在中国古代早已有之! 生搬硬套、不可思议,自吹自擂、想入非非,实在令人又好笑又可气。我自己在年轻时代,五四运动时期,也曾经用魏晋佛理来比附康德哲学。现在回想起来,何尝不是中了这种模糊笼统、牵强附会的遗毒,沾染了一知半解、妄自尊大的恶习。""不适当地把'民族自尊心'、'民族自豪感'任意夸张为'集体虚荣心'和'夜郎自大症'。爱听恭维话、硬撑门面、只图表面光彩、明知落后而又不甘承认落后、死要面子。实际上,许多专家学者的灵魂深处,至今还活着一个精神胜利的'阿Q'。"[②]显然,这种"阿Q"精神与"社会理性"的为实、求真的取向是背道而驰的。

其四,尽可能使用中性语言、避免用情绪语言和臆测性语言进行社会评价。所谓中性语言,就是不包含主观价值判断与尝试,表达中性事实的语言。价值语言就是包含主观价值判断和各种臆测性的语言。由于价值判断往往会受到判断者内在情绪的干扰、影响,所以,价值语言在日常生活中往往包含了情绪而以"情绪语言"的方式出现。价值语言和情绪语言常常具有夸张性。比如,当A、B两国交战时,A国在某次战役中大获全胜,A国就会对外宣称:"我军士气高昂,奋勇杀敌,替天行道,杀得敌人片甲不留,看吧! 正义必然战胜邪恶";B国则宣称:"A国残暴成性,杀人如麻,简直是杀人魔王再现,让我们举国上下团结一致,共同歼灭恶魔,保卫世界和平。相信真理和正义必然站在我们的一边。"这两段描述,告诉我们这样一个中性事实:A国杀了许多B国的人;或者B国被A国杀了许多人。我们将A国和B国宣传中的情绪语言以及中性事实分别提炼出来,大致是:

[①] 参见葛剑雄:《为何"太空见长城"谬说会长期重复?》,载《文汇报》2003年11月28日。
[②] 转引自陈明远:《对爱因斯坦的误读》,载《文汇报》1998年4月16日。

(1)（情绪语言）我军替天行道,为了正义和真理而战,奋勇杀敌,歼敌无数。

(2)（情绪语言）A国残暴成性,杀人如麻,是杀人魔鬼。

(3)（中性语言）在一场战役中,A国杀了很多B国的人。

殷海光曾把价值语言或情绪语言表达的思想称之为"有颜色的思想",把中性语言表达的思想称之为"无颜色的思想",当我们听说一些信息时,要想保持独立的判断能力,首先必须清楚地分离中性语言和价值语言,过滤夸张和臆测性语言,以转化或直接找出中性语言和较为中性的事实,然后再搜集更多的中性事实,最后再独立思考、判断和评价。

认清价值语言或情绪语言,并将它们还原为中性语言,有一个简单但不是十分精密的方法,就是"把形容词先删掉",有的动词也可能是情绪、价值语言,也必须给予注意。比如"甲骂乙",其实,可能是甲批评了乙,但"骂"字就不同了。再如,"嫌疑犯"一词是对一个人从反面作出判断的价值语言。因为"嫌"字与"犯"字在中文的字形和字义中都呈现出不良的形象,如果一个人真的没有犯罪,称人家为嫌疑犯,未免太冤枉人,被冤枉的人也会因此而感到名誉扫地、怒气难消。因此,将其改为"嫌疑人","可嫌者"等较中性的语言,就可以避免误识和误解。一般而言,中性语言具有认知功能,能够提供给人们认知的便利;而情绪语言具有煽动情绪的作用,缺少认知功能。有的学者指出,只有那些缺少证据、不能进行严密论证事理的人,才喜欢动用情绪语言。以此鉴之,一个社会的主流媒体的新闻报道中所使用中性语言和情绪语言的多寡,以及读者、听众喜好中性语言或情绪语言的程度,即可以在一定程度上判断出这个社会的理性程度和文明程度。一个社会的主流媒体,其新闻报道使用的中性语言越多,说明这个社会越文明、越理性。[①] 所以,我们认为,以中性语言认识和评价社会事件,既是社会理性的取向,也是社会实现理性化的必要条件和路径之一。

2. 以逻辑分析考辨社会共识

每个社会都是历史长河中的一个截面,都是历史的积淀和其时代创新

[①] 参见杨士毅:《逻辑与人生》,富育兰编,黑龙江教育出版社1989年版,第61—62页。

的共同产物,也都有各种各样的通过不同方式和渠道形成的"社会共识",并以之维护或推动这个社会的运行和发展。社会共识能否接受和通过理性的批判与反思,反映着这个社会的文明进步的程度。没有经过社会理性确认的"共识",往往隐含着诸多不合理的成分。而社会的文明和进步则需要对不合理的社会共识进行检讨和修正。

"共识"顾名思义就是特定历史阶段的人们所形成的共同认识。人们既可能对真理形成"共识",也可能是对错误形成"共识"。粗略地看,"社会共识"的形成有两大类路径,即构建化路径和未构建化路径。构建化路径也可以称为结构性路径,是一种制度化的形成方式。它可以条文化,也可以不成条文。它是一个阶段的统治者通过社会制度或结构,使社会成员认同统治阶级的价值观念和意识形态,而统治阶级则通过有形的法律和无形的利益分配及社会、经济、政治、文化等各种资源的控制实现其目的,使得统治阶级的价值观念和意识形态深入到社会生活的各个方面。其中,统治阶级掌握的教育权力和传播工具起着重要作用。如果不认同统治阶级倡导的价值观念和意识形态,则会受到"硬"的(如法律)或"软"的(如道德)规范的制约,反之,则会受到保护或褒奖。比如,儒家制定并得到封建统治者认同的"三从四德"等。社会共识的未建构化路径主要是通过某种暴力方式实现的。因为某种"力量"或暴力控制着人们,"强权就是真理","力量"拥有者的意见就被得到"承认"。在秦始皇当政时,吕不韦任宰相。他写了一篇文章公布于天下,说谁能改我文章中的一个字,就会得到赏金。可是,在独裁者的统治下,又有谁敢改呢?久而久之,吕不韦的一些想法就逐渐成为社会"共识"了。

每个社会的社会共识都是一个复杂的系统,尽管叔本华曾有一个良好的愿望——如果每一个花招都有一个简朴、明白、恰当的名字,使得当某个人在使用这个花招时,就会马上因此受到反驳,那么,这将是一件大好事。但是,在有限历史阶段内,彻底清算一个社会的所有共识是不可能完成的任务。这里,我们只能结合一些具体事例谈谈逻辑分析对于考辨社会共识合理性的方法、意义和价值。

其一,利用逻辑工具,考辨误传的"共识"。

在社会共识形成的构建化路径中,由于民众所知道和所能够知道的内容主要来自统治者主导的传播内容和教育内容,缺少逻辑训练的人往往把这些内容看作是绝对真理,而那些与其相左的说法则被斥之为异端、邪说,以这种方式形成的社会共识大多含有很多谬误因素,利用逻辑分析,可以对纠正这种错误共识有很大的帮助。

在社会生活中,人们对好色之徒常常以"登徒子"称之,"登徒子"似乎就是"好色之徒"的别称。人们之所以有这样的共识,是因为一篇千古流传的文章《登徒子好色赋》。这篇文章的作者是宋玉。战国时期的楚王大夫登徒子发现,宋玉长相潇洒但品行不端,故而建议楚王对其应该有所戒备。楚王以登徒子的话质问宋玉,宋玉为了证明他不好色,而告发他的人登徒子才是好色之徒,便写了这篇《登徒子好色赋》,并逐渐传播开来,形成千古错识。让登徒子蒙冤千年的《登徒子好色赋》的全文是:

> 大夫登徒子侍于楚王,短宋玉曰:"玉为人体貌闲丽,口多微辞,又性好色。愿王勿与出入后宫。"
>
> 王以登徒子之言问宋玉。
>
> 玉曰:"体貌闲丽,所受于天也;口多微辞,所学于师也;至于好色,臣无有也。"
>
> 王曰:"子不好色,亦有说乎?有说则止,无说则退。"
>
> 玉曰:"天下之佳人莫若楚国,楚国之丽者莫若臣里,臣里之美者莫若臣东家之子。东家之子,增之一分则太长,减之一分则太短;着粉则太白,施朱则太赤;眉如翠羽,肌如白雪,腰如束素,齿如含贝,嫣然一笑,惑阳城,迷下蔡。然此女登墙窥臣三年,至今未许也。登徒子则不然。其妻蓬头挛耳,龂唇历齿,旁行踽偻,又疥且痔。登徒子悦之,使有五子。王熟察之,谁为好色者也?"

由于这篇文章不仅很有文采,而且论证方式也颇能迷惑人,所以昏庸的楚王得出结论:登徒子是好色之徒。让品性不端的宋玉得以逃脱责罚。如果楚王善于对宋玉的论证进行逻辑分析,这样的"冤案"就不会形成。因为,宋玉在文章中所陈述的理由要么是"预期理由"——其理由的真假是有待确认的。比如,是否有"东家之子","东家之子"是否绝色美丽,"东家之子"是否对宋玉倾慕良久?宋玉是否真的对"东家之子"不动心?等等;再者,登徒子之妻是否如宋玉所形容的那样丑陋?要么是"推不出"——即便宋玉所陈述的理由都是真的,也推不出登徒子是"好色之徒"的结论。相反,贵为楚国大夫的登徒子,仍然守着糟糠之妻,恰恰说明他是一位品行端正、对婚姻十分受诺的人。1958年,毛泽东在杭州西湖度假,曾与浙江、上海等地的教授聊天时,谈到了宋玉的这篇文章,还幽默地说,登徒子如果能够活到今天,应该授给他一个称号,因为他模范地遵守了《婚姻法》。

其二,利用逻辑工具,厘清"共识"的层次。

有很多社会共识是模糊的,人们认为大致是"那样",但究竟是不是那样,那样的程度又如何,并不清楚。要真正弄清楚这些共识是怎样的内涵,解除人们认识中的迷惑,就需要运用逻辑分析的工具。有一则趣闻,说的是1902年,教育家蔡元培与黄仲玉在杭州举行结婚典礼的事。婚礼上,来宾们侃侃而谈,就社会问题开展了讨论。陈介石阐述了夫妻平等的理论,宋恕则认为夫妻不存在平等,高低应以学行相较,还说:假如黄女士学问高于蔡先生,则蔡先生应以师礼对待黄女士,这怎么能说是平等呢?假如黄女士的学问不及蔡先生,则蔡先生应以弟子之礼对待黄女士,平等又从何谈起呢?一时,不但陈、宋二人相持不下,众人也参与了争论,七嘴八舌,难解难分。最后,大家请蔡先生表态。蔡元培说:"就学行言,固有先后;就人格言,总是平等的。"众人一听,很是叹服。大家之所以叹服蔡先生,是因为蔡先生清晰地区分了两个层面的问题,即学行与人格,而不是将任何情况下的夫妻之间的"平等"混淆起来。

分清层次,是辨析社会共识的一个基本能力和要求,否则,不同层次的观念和认识纠缠在一起,"共识"只能是"一锅粥"。禅宗传灯录中有一个非常有名的公案。老僧三十年前参禅时,见山是山,见水是水;及至后来亲见知识,有个入处,见山不是山,见水不是水;而今得个体歇处,依然是见山只是山,见水只是水。

如果我们将语言视为平面,这里就无层次等级之分,这三句话便是:其一,见山是山,见水是水;其二,见山不是山,见水不是水;其三,见山还是山,见水还是水。那么,第一与第二句相矛盾,似乎第一句为真,第二句就是假。或者第二句是真,第一句就是假。这样认识,就混淆了语言的层次,也混淆了语言指涉的层次。因为禅宗中的话是对不同的人生境界、人生层次、人生历程中不同的阶段所作的语言描述,所以,上述的三句话均为真,或者说,均是不同层次的真。第一与第三句在语言表达形式上似乎相同,但实际上并不相同。不同层次上的语言,即使是同样的形式,所指涉的意义也不相同。可以将第一句视为第二句的对象语言,将第二句视为第一句的元语言,第三句是第一句的元元语言,或第三是第二句的元语言,而第二句是第三句的对象语言,这样就容易正确理解这段禅语了。①

其三,利用逻辑工具,辨析模糊的"共识"概念。

社会共识的一个显然特点就是模糊性。模糊的共识可以被人们任意解释,容易产生分歧。社会交往首先要求在同一律的基础上进行,任意理解的共识难以达致"同一性",所以,对模糊性的共识有必要进行辨析。比如,"真诚"是社会生活领域中一个重要概念。一般民众认为,"真"和"诚"是一回事,"真"即"诚","诚"即"真"。不真就是不诚,而不诚也就是不真。这种模糊认识,在"阶级斗争"岁月里,不知造成了多少冤假错案。"真"与"诚"果真是"一回事"吗?香港学者黄展骥对此作了认真的辨析。

> 任何描写句、叙述句或判断句,如果它符合事实,我们就说它为真;如果它不符合事实,我们就说它为假。"真"与"假"是语言层面的谓词,只宜用来形容语句。它们是哲学和逻辑的关键概念之一,而且是语义学的研究对象。
>
> "诚"与"谎"是指人的心理状态、动机等。所以,它们并不像"真"、"假"之为语言层面的谓词而是关于人的心理状态、动机等的谓词。"诚"或"诚实"是指尽自己所知,如"实"说出;而"谎"或"说谎"则是指尽自己所知,而故意不如"实"说出。简单地说,前者指说真话的意图,后者指说假话的意图,而二者皆不问所说的话为真抑为假。诚与谎是伦理学的主要研究对象。
>
> 在历史上,许多科学家哲学家以为自己发现了一些真理、理论等,往往又被后来别的科学家哲学家所修正或推翻。如果说假话就是说谎话,他们岂不是都成了谎话大师?基于上文的讨论,假如那些科学家哲学家的动机是意图说真话,那么,即使他们的理论被别人推翻,我们仍然说他们诚实而不说他们说谎。②

正如黄展骥所指出的,在中国从古及今,许多人以至哲学家,都以诚为真,完全不分辨这两个重要的概念,这与传统中国不能充分发展科学而盛

---

① 参见杨士毅:《逻辑与人生》,富育兰编,黑龙江教育出版社1989年版,第77—78页。
② 黄展骥:《谬误与诡辩》,香港蜗牛丛书1977年版,第27—28页。

行泛道德主义是有很密切的因果关联的。这二者对中国贻害很深（殷海光常常这样说）。一天不着重分辨开这两个概念，一天这贻害就会继续下去。所以，我们决不能应用诉诸日常语言的那个"积非成是"的语义原则来处理"诚即真"这个问题。

社会关系错综复杂，一些居心不良的人常常玩弄"积非成是"的诡辩手段以达到自己不可告人的目的。在诡辩伎俩中，混淆概念、偷换概念是诡辩者常用的手法，正确使用和界定概念不仅具有科学研究上的意义，同样具有社会交往意义。在现实生活中，有些常常打着"朋友"的旗号招摇撞骗，并屡屡得逞，因为在人们的观念中，既然你和我的朋友是朋友，那么你和我也就是朋友了。从逻辑上说，"朋友"关系只是一种偶传递关系。偶传递关系是相对于传递关系和反传递关系而言的。人们从事物之间的关系是否具有传递性的角度，把事物之间的关系分为传递关系、反传递关系和偶传递关系的。对于任意对象 A、B、C，如果 A 对象与 B 对象有某种关系，B 对象与 C 对象也有这种关系，如果 A 对象与 C 对象必定还有这种关系，这种关系就是传递关系；如果 A 对象与 C 对象之间一定没有这种关系，这种关系就是反传递关系；如果 A 对象与 C 对象在有的情况下有这种关系，在有的情况下又没有这种关系，这种关系就是偶传递关系。可见，偶传递关系不是一种必然性关系，如果将其强化为必然性关系就是一种误读，而这样的误读在社会交往中的案例并不少见。有一则故事说，有位老人结交了一个猎人朋友。一天，猎人送给他一只野兔。老人当即将兔子做成美味，想招待那位猎人。不巧，那位猎人外出未归，猎人有一个朋友正在焦急地等待他。老人就将猎人的这位朋友请到家里，用那只兔子做成的美味热情地招待了他。这位朋友十分感动，到处宣扬老人的热心和盛情。几天后，有一人主动找上门来，自称是送老人兔子的朋友的朋友。老人便拿出剩下的兔子汤，招待了他。没过几天，又来了八、九个地痞流氓，自称是送老人兔子的朋友的朋友的朋友。面对一帮无赖，老人端上一盆洗碗水让他们喝，并说：既然是送他兔子的朋友的朋友的朋友，就应该喝兔子汤的汤的汤！这位老人很有智慧，他的智慧就在于奇妙地揭露了那些无赖将"朋友"强化为传递关系的逻辑错误。

据《北京晚报》刊载，加拿大前外交官切斯特·朗宁 1892 年生于我国湖北襄樊。他的父母是美国传教士，当时在中国传教，他是吃中国奶妈的乳汁长大的。他30岁在加拿大竞选省议员时,为了这件事竟遭到政敌的攻击。政敌攻击的主要理由是"朗宁是吃中国奶妈的乳汁长大的,身上一定有中国血统,不适合参加加拿大的省议员的竞选"。这些政敌的理由是建立一些人的"共识"之上的,即吃什么长大就具有什么血统。朗宁的反驳简洁而明了:"'你们是喝牛奶长大的,你们身上一定有牛的血统'。"

常言道:"一句话不当可以让人哭;一句话恰当可以让人笑。"不能准确把握概念的内涵而导致概念使用不当,也是造成很多不必要的社会纠纷和误解的重要原因之一。1984年第5期的《演讲与口才》杂志曾登有一则律师运用逻辑知识调解民事纠纷的记述。

有个大风天气,甲家的院子里刮来了一块油毡,由于一时弄不清楚是谁家的,甲家就将它盖在自家棚子上。

风息后,乙家发现厨房顶上的油毡少了一块,站在房顶上一看,油毡居然在一墙之隔的甲家棚子上。于是,乙家马上到甲家质问,出口便是:"你家为什么趁大风的时候偷我家的油毡?!"甲家听到此话,不由得勃然大怒,与乙家争吵起来。由于双方都不冷静,就拳脚相加,打得难解难分,后来闹到了法院。经过调查,律师对双方当事人说:"你们这一纠纷的实质,只是在一个字上,即油毡是甲家'偷'还是'拣'的。从事实上看,这块油毡是'拣'的。按照我国民族传统的道德习惯,知道失主是谁后,就应该及时还给失主。"甲家觉得律师言之有理,不仅洗清了自己"偷东西"之嫌,而且帮助妥善解决了邻居之间的纠纷,便主动买来一块新油毡赔给乙家。乙家也主动向甲家道歉,表示不该说对方偷了他家的东西。事后,双方高兴地说,律师用一个字,讲明了道理,分清了是非,解除了他们的纠纷。

其四,利用逻辑工具,分辨社会热点"共识"中的谬误。

社会热点问题,参与讨论和评价的人多,其中的主导看法,不仅反映着社会的"共识",也有很多非理性成分掺杂其中,含有诸多谬误。运用逻辑工具剖析热点问题,不仅可以揭示问题的实质,澄清人们认识中的混乱,也有利于引导社会评论向理性化方向发展,推动社会文明和进步。特别是在网络时代,信息传播的速度快、范围广,参与社会评价的人多,"网络"已经成为一种重要的社会监督和评价的工具。网络上正确的评价和监督无疑会促进社会的发展,但错误的网络"声音"不仅容易给当事人造成不应当的伤害,还可能误导受众,贻害社会。网络评价者都是社会生活中活生生的个人,一些人的"帖子"之所以会得到很多网民的认同,在某种程度上反映了那些"跟帖"者的"共识"。

2004年下半年,网络上有两大重量级的"爆炸新闻",一是新华网报道复旦大学经济学院院长陆德明教授的嫖娼事件,一是多家媒体报道82岁的杨振宁和28岁的女研究生翁帆结婚的消息,都在社会引起了一片哗然。在网络管理尚不规范的情况下,网络更是人们发表己见的最佳场所和平台。关于陆德明事件和杨翁婚事,网络评论可谓风起潮涌、铺天盖地,对与错、是与非的争执连绵数日。杨树森曾对2004年12月18—23日发表在搜狐、新浪两大网站BBS上的几千则关于杨翁结合的评论作了统计,他发现,持肯定态度者(支持者)不足15%,认为不好但可以原谅者(理解者)也只有20%左右,认为不好且不可原谅者占大多数。至于陆德明嫖娼事件,据陶东风对"随机选择的1000条"网友评论的统计,支持、同情陆德明的言论大约占92%,批评、指责的仅占8%。如何看待网民们的这种"共识"现象呢?杨树森从"是否危害社会"、"是否违反法纪"、"是否出自爱情"、"是否钱色交易"、"是否合法配偶"、"是否双方自愿"、"是否存在欺骗"等八个方面,对杨振宁再婚和陆德明嫖娼作了条分缕析的对比梳理,并列出了如下异同对照表:

评价指标	杨振宁再婚	陆德明嫖娼
是否危害社会	无社会危害性	社会危害性不明显
是否违反法纪	没有违反法纪	违反了法规党纪
是否出自爱情	出自爱情	并非出自爱情
是否钱色交易	并非钱色交易	纯粹钱色交易
是否合法配偶	合法结合	并非合法配偶
是否双方自愿	双方自愿	双方自愿(女方不得已卖淫?)
是否利用权力	没有利用权力	没有利用权力
是否存在欺骗	不存在欺骗	(男方)不存在欺骗

从以上对比看,杨振宁再婚行为在每个指标下都很难给出负面评价,而陆德明嫖娼则有不少负面的东西。但是在互联网上的网民评论中,对杨

振宁再婚的批评远远多于对陆德明嫖娼的批评。①

杨树森认为,之所以会出现这种奇怪现象,是因为我国公众评价两性关系时潜存着一个更为重要的标准:年龄是否般配。之所以会形成这个标准,是因为在一般人看来,爱情必须以性爱为基础,而年龄悬殊的男女之间由于生理原因不可能有和谐的性生活。然而,性生活的和谐与否纯粹是一种个人感觉,个体差异很大,并没有充分根据断定年龄悬殊的男女之间就一定不和谐。所以,杨树森指出,婚姻是一个人的私事,名人的婚姻也只是名人的私事,我们没有必要为他们的私事套上炫目的光环,也没有必要因此往他们身上大泼污水。有网友评价杨树森的文章说:"这种理性分析的文章,耐读!"

杨树森的这篇文章之所以"耐读",在很大程度上是他把握住了这样一个问题,即对于社会热点问题,要对其做出客观的评价和认识,首先应该确立参照评价的指标,虽然所给的指标不一定完全、合理,但有了标准比单纯地凭混沌不清、似是而非的感性印象,更能减少人们评价的盲目性。当然,上面就评价陆德明事件和杨振宁再婚所给出的指标,是否准确、合理,本身也是可以通过逻辑论证方式进行讨论的。这样的讨论显然有助于克服非理性因素带来的负面影响,有助于锻炼和提升群体思维的理性水平。

其五,利用逻辑工具,考辨"共识"道德原则的合理性。

甘绍平在谈到应用伦理问题时指出:原则上讲,任何一种事物都是理性审视、科学分析和公开论证的对象,任何一种事物都无法逃脱受到批判性的、反思的过程。伦理、道德也不例外。由于道德与每个人都相关,因此道德的权威及有效适用性更是来源于人与人之间达成的共识。

道德上的共识可分为事实上的共识与理性论证基础上的共识两种。事实上的共识大体上属于传统社会的范畴。在传统社会中,人们生活在地域狭小的封闭的村落里,彼此都相互认识,拥有着相同的生活方式,每位个体都是在一个谁也无法超越的巨大的传统中成长起来的,将大家维系在一起的便是由传统观念与宗教神谕所规定的共识,这一客观既定的共识就构成了社会共同体的精神基础。由于这种共识并不体现着自由的赞同,而是

---

① 参见杨树森:《从公众对杨振宁再婚和陆德明嫖娼的不同态度看中国人的两性观念》,载《逻辑修养与科研能力》,安徽人民出版社2006年版,第356—357页。

一种巨大的传统所确定的结果,因而,在传统社会里几乎不存在对道德规范合理性进行讨论的可能性,也就没有多少分歧可言。而理性论证基础上的共识则属于现代社会的范畴。现代社会是原子式的个体与族群的聚集体,社会联系不再像过去那样是通过传统理念与血缘纽带,而是通过以利益为核心的人与人之间的相互需求得到维系的。在这样一种大的社会中,个体与个体、族群与族群之间,都存在着各自不同的生活方式及价值系统。这样也就导致了,对于任何一种道德信念,都可能会有反对的意见;对于任何一种解决问题的方案,都可能会有另外一种选择。理性论证基础上的共识是一种旨在达到主体间的相互理解的交往行为的结果,是在没有外在强制因素影响的对话中,通过对论证和反驳的权衡,依靠理性的信服力建构起来的。①

　　理性论证基础上的道德共识,有人将其称之为"民主的道德"。"民主的道德"与"民主的政治"所不同的是民主的政治决策取决于投票中多数人的赞同,而民主的道德原则或规范则不能取决于多数人的投票,因为多数人的赞同有可能与某些个体的道德自主性相冲突,所以这种原则或规范只能来源于理性论证基础上的普遍赞同。换言之,道德上的共识并不来源于意见、观点的偶然堆积,而是取决于一种严密的建构程序。这种构建程序正是时下人们所在艰苦探求的。这是因为,当代中国社会正在经历着由传统向现代的转型,在伦理道德领域,传统美德既要继承但其功能又极为有限,传统美德伦理已经不能规约现实社会的人们行为,而新的道德范型又有待构建,在这样的背景下,道德反思和论证既显得艰难,又表现特别活跃。尤其在改革开放之后,这种反思、讨论和论证一直是社会关注的焦点之一。

　　关于道德原则合理性问题,可以借用这样一则幽默故事来讨论:甲乙二人分吃苹果。甲捷足先登,一手拿走了大的。乙甚为不快,责怪甲说:"你怎么这样自私?"甲反问到:"要是你先拿,你要哪一个?"乙答:"我先拿就拿小的那个。"甲笑道:"如此说来,我的拿法完全符合你的愿望。"这则幽默揭示了道德领域中的一个重要问题,对于当事者双方而言,自己身体力行一条道德律令就和自己提出这条道德律令而要对方实行恰好会产生

---

① 参见甘绍平:《应用伦理学前沿问题研究》,江西人民出版社2002年版,第21页。

截然不同的后果。这就和其他类型的人生道理不同。一个人提倡锻炼身体而自己不实行,吃亏的是自己;一个人提倡利他而自己不实行却是在占便利。

对于"分苹果"行为中蕴涵的特殊的道德矛盾,钱广荣给出了精辟的逻辑分析:在经验理性看来,谁先拿、谁后拿,谁拿大的、谁拿小的,这类问题并不重要,重要的是谁该先拿、谁该拿大的,事先必须要有"分苹果"的规则;在德性论看来,谁先拿、谁后拿,谁拿大的、谁拿小的,这类问题很重要。如果谁先拿并且拿了小的,就是道德的,反之则是不道德的,这是它的规则。这样,德性论用假设的方式制造了一系列矛盾:"先拿"、"拿小"者"不自觉"地把"不道德"的恶名留给了"后拿"、"拿大"者,前者道德价值的实现是以牺牲后者的道德人格为前提、为代价的;假如"后拿"、"拿大"者也是一个讲道德的人,则会出现这样的结果:两人终因相互谦让而"拿"不成,"两人相让,旁人得利",使"两人分苹果"失去实际意义;假如"后拿"、"拿大"者是一个不讲道德的人,那么"先拿"、"拿小"者的行为价值却意味着姑息和纵容甚至培育了"后拿"、"拿大"者的不道德意识——讲道德的良果同时结出不讲道德的恶果。①

茅于轼在其《中国人的道德前景》一书也对此作了如下逻辑分析:在此,甲拣了乙的便宜,因为乙奉行了"先人后己"原则;然而乙却无法拣甲的便宜,因为甲并不奉行这个原则。所以当社会里只有一部分人奉行"先人后己"的原则时,必定有一部分人吃亏,另一部分人占利。长此以往,势必引起争吵。可见,这种"先人后己"的原则如果只有一部分愿意实行的话,最终是行不通的。

如果甲乙两人同时都奉行这个原则,上述这个分苹果的问题仍旧无法解决。因为两人都要先拿小的,又会在新的问题上争执不下,正如前述君子国里发生的事,不但这两个人组成的社会里会发生这样的问题,许多人组成的社会里也有这个问题。如果全社会中除掉一个人以外,其他的人全都奉行"毫不利己专门利人"的原则,那么,必将是把全社会的利益都归之于这一个人享用,至少在逻辑上还讲得通。如果连这个唯一例外的人,也转而奉行"毫不利己专门利人"的话,则这个社会就无法存在下去,除非它

---

① 参见钱广荣:《道德价值实现:假设、悖论与智慧》,载《安徽师范大学学报》2005年第5期。

的利益可以输出。再从地球上的全人类的角度来看,输出利益是没有可能的。

产生这些矛盾的逻辑上的原因,在于从社会整体来看,不存在"别人"与"自己"的差别。虽然对某一个具体的张三、李四来说,自己就是自己,别人就是别人,二者决不会混淆。但是就整个社会来说,每个人既是他自己又是别人眼中的别人。当"先人后己"的原则应用于他自己时,他应该后于别人考虑自己的利害得失;可是当同一个原则应用于别人时,他又成了别人,他的利益又应先于别人(另一个自己)得到考虑。这样连同一个社会成员的利益究竟应该先于别人还是应该后于别人,就陷入了矛盾。所以"先人后己"和"毫不利己,专门利人"一类的要求包含着逻辑上的矛盾,不可能成为真正得以实施的处理人际关系的原则。当然这绝不是说,先人后己的精神不值得称赞,或者这种行为不高尚。而是说,这种原则不能成为社会成员中利益关系的普遍基础。反之,如果不加逻辑区分地直观信任某些道德"原则"可能会带来这样的后果:一次被骗,终身提防,永不信任,是所谓言教者讼,身教者从。

在茅于轼看来,在德性论道德信念中,这种"分苹果"的难题是无法得到合理解决的,这是因为,如果说"先人后己"不能解决合理分配问题,"先己后人"或者什么其他更高明的原则也不能解决这个难题。苹果是一大一小,参加分配的就这么两个人,恐怕神仙也找不出好办法来。而解决这个难题,必须创造出新的社会情景。在一个有买卖交换的社会里,上述难题就不难解决。这两个参与分配的人可以通过协商取得一个双方都同意的解决办法。比如,这一次甲拿大苹果,下一次乙拿大苹果;或者拿大苹果的人向拿小苹果的人支付一点补偿。在有货币的社会里,后一种方法一定可以找到一种双方都同意的解决方案。只要将补偿的金额从最小的单位(一分钱)算起,逐步增加,一直到任何一方首先同意拿小苹果再加上补偿为止。因为最初补偿的金额很少,我们可以认为双方都愿意拿大苹果。当补偿的金额多到某个程度,甲乙双方之中有一方同意拿小苹果加补偿时,另一方仍旧愿意拿大苹果并支付补偿,所以此方案是同时能够被双方接受的,而且我们还可以肯定,补偿的金额是有限度的,它不可能超过大苹果价值的一半。因为在最极端的情况下小苹果的价值小到接近于零,拿小苹果的一方也不会感到吃亏。此时他拿到半个大苹果的价值,另一方拿到一个大苹果同时支付了半个大苹果的价值,双方拿到的价值是相等的。所以在有货币的情况下,补偿的金额必定大于零,小于半个大苹果。我们有把握说,只要双方是理智地考虑这一问题,就不可能找不到解决问题的办法。这就是具有利益的均衡点。①

康德在《纯粹理性批判》"序言"中说:"我们这个时代可以称为批判的时代。没有什么东西能逃避这批判的。宗教企图躲在神圣的后边,法律企图躲在尊严的后边,而结果正引起人们对它们的怀疑,并失去人们对它们真诚尊敬的地位。因为只有经得起理性的自由、公开检查的东西才能博得理性的尊敬。"②当代社会的伦理信念和道德原则也要接受批判和反思,而这种反思和批判的结果,必将是基于时代情境,有限地批判继承传统美德,融合时代精神和时代特征,建构一种合乎当代社会情形的新的道德类型。这种类型会是什么呢?人们根据道德中两个重要概念——"损人"和"利己"作逻辑排列,试图从中得到一些有益启发:

损人	利己	理智但不道德
损人	不利己	不理智也不道德
利己	不损人	底线道德
不利己	不损人	无所谓道德
损己	利人	传统美德
不损己	利人	现代道德?

善与恶是相对而言的,必须有一种不善不恶的标准,高于它者为善,低于者它为恶。这种标准是什么?与市场经济相对应的这个标准,应该就是个人的正当利益。坚持自己正当利益,对他人正当利益无增无损,便是不善不恶,也可以视之为道德底线。能利人是为善,要损人是为恶。除非我们明确了什么是自己所应得、什么是个人的正当利益,否则我们就看不出究竟是谁在损人利己、谁在损己利人。

固然,德高者不怕受委屈,但这决不意味着我们可以听任好人受委屈而心安理得。苟求君子,放纵小人,在这样的情况下,小人自然乐在其中,君子虽感不快却又不好启齿,那可真的应了一句古语——"君子可欺以

---

① 参见茅于轼:《中国人的道德前景》,暨南大学出版社1997年版,第8—10页。
② 华特生:《康德哲学原著选读》,韦卓民译,华中师范大学出版社2000年版,第1页。

方",这肯定不是能够在现代社会广泛推行的普遍原则。儒学"推己及人"的道德本体观要求以"人性善"为立论的逻辑前提,其伦理道德思想带有浓厚的抽象义务论的色彩。"己欲立而立人,己欲达而达人"、"己所不欲,勿施于人"、"一日克己复礼,天下归仁焉"等,就是这种价值导向的典型代表。似乎"己欲立"而没有"立人","己欲达"而没有"达人"就是不道德的,就是一种恶。① 其实,真正的不道德和恶,只能是为了"立己"和"达己"而损害他人和社会。

儒家伦理思想是与普遍分散的小农经济、高度集权的专制制度相适应的,在以现代科技为依托的市场经济时代,儒学所悬设的价值理想已经丧失了应有的社会根基。在市场经济的社会框架中,"一事当前,先替自己打算"乃是人之常情,也是无可厚非的,以是否"一事当前,先替自己打算"来判定当事者是否讲道德本身是不讲道德的。人们在"一事当前"即特定的利益关系面前是否讲道德应有三个基本标准:一是在"先替自己打算"的同时能否做到"也替别人打算",即是不是"只替自己打算";二是在"先替自己打算"不成的情况下,是否愿意和能够做到"后替自己打算"直至"不替自己打算";三是"先替"或"后替"自己打算采取的是什么样的方式和手段。这三个基本标准,在发展市场经济的社会环境里无疑更具有普适性的意义。正是因为如此,当人们以传统道德审视现实的道德现象时,"失范"、"失序"、"滑坡"、"沦丧"的感慨越来越多,这种现象也真切地表明,传统的道德价值体系和道德认知方式与现实的社会生活已经越来越脱节。

在道德悖论的研究中,我们发现,舍弃传统美德而张扬现代理性,或忽视现代理性的现实状况而简单地回归美德传统,都不是良好的道德矛盾的消解方案。有的学者呼吁,道德解悖需要提升"道德智慧"。"这种智慧在社会层面便是选择和实现道德价值的公平机制,在个人层面便是把握选择和实现道德价值的特定的情境的能力"②,也就是将"为仁由己"的道德价值判断与"为仁辨他"的逻辑判断有效结合起来,将"德性"与"慧性"结合起来。如此结合之后,道德悖论将被怎样消解呢?我们不妨再结合前面的案例做一次思想实验:有 A、B 两位友人一同出游,A 带了 3 个饼,B 带了 5

---

① 参见钱广荣:《道德悖论研究需要拓展三个认知路向》,载《安徽师范大学学报》2007 年第 5 期。
② 钱广荣:《道德悖论的基本问题》,载《哲学研究》2006 年第 10 期。

个饼。野餐时,游人 C 与他们共同进餐,并给了他们 8 个金币。现在,A 与 B 就如何公平、道德地分配这 8 个金币产生了意见分歧。A 认为,应该 4∶4,因为是他们两人共同招待了 C。B 的意见是:3∶5,应该按照各自所带饼的量来分配——A 带了 3 个,B 带了 5 个。这里 A 和 B 为维护各自的利益都提出了"充分理由"。依据美德伦理,双方都没有主动"谦让",都难言其德性;依据规范伦理,双方提出的规则都有合理性,无法给出"理由"优劣之序。从道德解悖的角度论,"道德智慧"中的逻辑判断应该是能够澄清这里的"公平"内涵:三个人每人吃的饼量为 8/3。A 的贡献量是 3 − 8/3 = 1/3,B 的贡献量是 5 − 8/3 = 7/3。因此,以贡献量为标准,其公平的分配方式是 1∶7。作为"道德智慧"的价值判断,应该鼓励和倡导 B 出于友情的考量,从其 7 的分量中拿出若干给 A。在"明算账"的基础上,B 自愿给出的"帮助",显然是德性的。

当代社会是以市场经济为物质保障的现代社会,是以理性和规则为基本保障的民主、法治社会,又是一个思想文化受到"后现代"浸润的社会,在这样的社会中,解决"失范"、"失序"、"滑坡"、"沦丧"问题,只关注行为主体内在的善恶品格、而非以行为的对错为核心的美德伦理已被边缘化了,强制地、简单地回归美德伦理是难以实现重新整饬社会秩序之初衷的。但是,社会中的人毕竟是处于历史境况之中的人,是纠缠着复杂的社会关系、有其历史延续性和继承性的人,人们已经省悟,过分强调规则和义务而缺少对道德人格的关注是会丧失美德传统、损害人们的善良意志的。所以,在社会高效运行的时代,必须对人们的行为予以合理的约束,要求人们通过遵循规范而满足底线道德,同时又应该对人们的行为予以必要的引导,在理性的基础上倡导向善的高级道德的追求。唯有如此,才能在道德悖论洗礼之后重塑一种新的伦理精神——"有理性的美德"。

3. 以逻辑论证审议民主法治

民主(democracy)一词源于希腊字"demos"(人民)和 kratos(统治)。通俗地理解民主,就是人民做主。作为一个政治学概念,"民主"的"标准化"定义并不难寻求。《大不列颠百科全书》说明:"在当代的用法上,民主有几种不同的意义:1. 由全体公民依照多数裁决程序直接行使政治决定权的一种政体,通常称为直接民主;2.公民不是亲自而是通过由他们选出并对他们负责的代表去行使同样权利的政体,称为代议式民主;3.一种通常也是代议制、多数人在保证全体公民享受某些个人或集体权利诸如言论自由或宗教信仰自由的宪法约束的架构内行使权利,称为自由民主或宪政民主。"①当代文明社会所追求的"民主",显然属于作为前二者之发展的第三类"民主"。《中国大百科全书》在一再强调社会主义民主与资产阶级民主之差异的同时,也以"辩证矛盾"的思想为指针,明确指出:"民主作为与专制相对立的统治形式和国家形态,具有一些共同的基本价值和基本原则。民主是一个复杂的、多层次的结构,充满辩证的因素,是许多矛盾的统一,其中最重要的有:自由与平等的统一;多数裁决与允许保留少数意见的统一;选举、监督国家公职人员和服从国家公职人员依法管理的统一;民主与法治的统一"②。民主政体的良性运行就在于"如何"达到这些"统一"。如当代民主理论所公认,民主社会应当奉行容忍、合作和妥协的价值观念。民主国家认识到,达成共识需要妥协,虽然时常无法达成共识。也就是说,真正的民主并不容易实现,而且是要付出努力和代价的,但破坏民主却易如反掌。印度圣雄甘地有一句名言:"不宽容本身就是一种暴力,是妨碍真正民主精神发展的障碍。"但甘地没有看到更深一层的问题:"宽容"不仅仅是心态或信念,"宽容"还有着太多的内涵,它需要参与民主协商的各方都要遵守"规则",都要具备必要的逻辑素养,都要讲逻辑,这样才能将有效的协商建立在令人信服的逻辑分析和论证的基础上。

有一个讨论"民主"问题的经典案例,说的是5个外出旅游的人,现在决定下一步是去游泳还是打球的问题。5个人中有4个人想去游泳,1个人想去打球,一般人认为,民主既然是代表大多数人的意愿,那么民主的决策就一定是去游泳。如果最后的决策是去打球,那就变成专制了。但把上面的内容稍微改变一下,我们会惊愕地发现,这种"民主"方式中隐含着十分可怕的后果。比如,5个人中有4人认为其中1人该死,那么民主的决策就可以"合法"地把那个人处死! 也许有人会说,这没什么错,如果大家都认为那个人该死,那他怎么可能没罪呢? 不幸的是,的确有这种可能。智

---

① 《大不列颠百科全书》第5卷,中国大百科全书出版社1999年版,第227页。
② 《中国大百科全书(简明版)》第6卷,中国大百科全书出版社1998年版,第3389页。

慧而廉洁的希腊城邦牛虻苏格拉底就是这种"简单"民主方式的牺牲品。

有人可能会认为,虽然民众的选择有时不一定正确,但那毕竟是民众自己的选择,即使付出代价,比如处死了不该处死的苏格拉底,这样的代价也只能由民众自己去承受。但是,这种认识中却蕴涵着一个逻辑错误,因为付出代价的主体并不是占多数的民众,而是那个或那些处于少数的弱势个体或群体。如果一个人因为别人的错误而被迫接受惩罚,那这种"民主"又如何能够让人信服?它对推动社会文明进步的优势又在哪里?这种打着"多数"幌子的民主,实际上是在施行"多数暴政"。

为了探究真正民主的本质,人们将前面的案例作了必要的修正:5个外出旅游的人,现在决定去游泳还是打球的问题。5个人中有4个人想去游泳,1个人想去打球,民主的决策的结果还是去游泳,但要加上限制性条件——想去打球的那个人,有权利说"不",而且那4个想去游泳的人,必须学会尊重这个"不"。但是,真正的民主并不只是允许少数人说"不"就功德圆满了,它还有许多附加的要求和条件。那4个想去游泳的人虽然不反对另一人去打球,可是1个人怎么打球呢,得有个对手陪他一起打。这时候问题又来了:有人可能认为,4个要去游泳的人,不强迫另一人去游泳已经很不错了,怎么可能让他们陪着另一个人去打球?不是民主吗?怎么能变成多数服从少数?如果民主仅仅表示尊重少数人的意见,而不为少数人提供一个公平的环境,显然离真正的民主还差得很远。

尊重少数人的意见,不过是一个民主的空洞口号,想要让少数人真正享受与大多数一样的权利,大多数人是要付出代价的。为此,这个案例只能进一步被修正:5个人中有4个人想游泳,1个人去打球,要让那一个人能够打球,必须再雇1个人来陪他去打球。至于雇佣的费用,则由大家一起分摊。这可能让处于"多数"那边的人深感不公平,但是,这次你也许处于在"多数"一边,说声"拜拜"就跑去游泳了,不愿意付出那份雇佣费,可谁又保证在下次的行动中就轮不到你是"少数",到那时的你又将如何?所以,为了下次你也能找到别人陪你一起打球,为了让真正的民主的得以实现,这一次,你必须付出代价。可见,所谓民主,不只是多数人意志的体现,也不仅仅是尊重少数人的意见,而是赋予每个人平等的权利。这里的"平等的权利"并不是一句口号,而是隐含着诸多的附加条件和要求的。

知道了民主是什么,并不等于已经实现了民主。了解一件事情与真正实施它、实现它,这中间还有很多事要做。让我们再回到前面那个经典案例:5个人中有4个人想去游泳,1个人想去打球,民主的决策的结果是4个人去游泳,然后再雇1个人来陪另一个人去打球。这只是一个决策。仅有决策是不够的,还要有人去执行这个决策。于是,大家决定把钱交给4个人当中的某一个人(假定是小A),由他去雇人。这时候问题又出来了,虽然大家都明白为什么要出笔钱去雇人陪打球,可是真的到了行动的时候,不是每个人都有那么高的觉悟,也不是每个人对这笔钱都无动于衷,小A心里可能会想,你们几个舒舒服服地坐享其成,让我一个人东奔西跑,这不公平,况且钱在我的手中,这是个千载难逢的机会,"有权不用过期作废",谁不利用谁就是傻瓜。经验告诉我们,凡是牵扯到钱的问题,指望某个人的道德和良心往往靠不住,要是大家把自己的钱都交给某一个人,怎么保证这个人一定会按照大家的要求去雇陪伴打球的人而不是中饱私囊呢?这个问题倒也不难解决,让我们来试试下面这个办法:大家一致同意把钱给小A,让他去雇人。不过,在给他钱之前,先要由小B预算一下应该给多少,再把数字对大家公布,然后分文不差地交给小A。如果雇人的过程中出现了中饱私囊或其他的问题,那就该由小C来负责审查,并且,其他人绝对不能干预他的审查。这种兼管实施的方法就是所谓的"分权制衡"。小A负责做事,他代表行政机构;小B负责计算大家出的钱应该是多少,代表立法机构;最后要是出了问题,就由小C负责审查,他代表司法机构。到这里,问题似乎已经解决了。但现实并不这么简单,如果小A想私吞大家的钱,他不会笨到让大家发觉自己做了手脚。不要忘记,当人们把自己的希望都托付给某个人时,他就拥有了一定的权力,拥有了可以任意支配的权力。一旦他拥有了这种权力,谁也不能保证其中不出问题,而现实中出现这样的问题多得不可胜数。比如,他可以利用大家的钱来贿赂,以形成以他为中心的"大多数",如果是以"大多数"为原则来投票,他不仅可以确保自己"不出事",甚至还可以"独裁";或者,他干脆用这笔钱来雇一个保镖而不是雇陪打球的人,因为保镖的凶悍,其他人在暴力面前不敢再理直气壮地讨回本属于自己的钱……手边就一个现实的例子:据《南方农村报》2009年8月2日报道,广东南海上尧村小组组长陈康耀对着100多位村民宣布了自己的辞职决定。陈称,他之所以选择辞职,是因为在他两年的组长生涯里,挨打两次,被恐吓多次,儿子也受连累遭殴,因此"不敢再干下去了"。同时宣布辞职的,还有其他6名小组干部。① 事情的起因就是因为这一届村干部在调查历史遗留问题,包括前村组长多占用的土地问题。

有人可能说,真正的民主实行起来实在太麻烦,而且还无法保证其中不出问题,于是干脆彻底放弃了民主,"管他民主不民主,谁能让我们过上好日子就选谁"。这样,又产生了一个让古往今来所有的政治思想家都十分头疼的话题,那就是,在生存都不能得到保障的情况下,你是要自由还是要面包?要了面包,没有自由,专制者随时可以剥夺你的面包甚至是生命,用胡克的话说,那是"给人一种监狱中的安全——被监禁的人们在其中以自由来换取那一类的食物、衣着和住所……在这样的一种社会中,'安全'的条件是接受官僚主义的专断命令为生活的规律。"②要了自由,可是挨饿的自由并不好受。那么,能不能既要面包又要自由呢?这种两全其美的选择在现实中还有其存在的可能性吗?

答案是肯定的,那就是制定并遵守保障民主的制度,在国家层面,这些制度就是具有强制性的法律。法律制度的提出,是人类理性思维的结果。在法治和非法治之间的明智选择,本身就是依赖并表明了人的理性。这种理性"意味着法律是由一般性规范所控制,有合乎逻辑的安排,并合乎逻辑地被适用于具体案件。法官运用推理来判决案件,而不是对具体案件或情况作出个性化或情绪化的反应来判决"③。法律可分为若干具体的法。依据各种法实施的权威性强度和范围的不同,可以把法分为三个层次:第一个层次是具有最高权威性的母法,即宪法,宪法是国家的根本大法,它是其他部门法的基础和立法依据;第二个层次是各种专门性法律。在实体法中有刑法、民法、经济法、劳动法、教育法等,在程序法中有行政诉讼法、刑事诉讼法、民事诉讼法等。这些法律均不能和宪法相抵触。由于宪法是人们通过他们的最高权力机构制定的,它代表了全体人民的共同利益和心愿,所以享有最高、最大的权威性;第三个层次是国家各级行政部门依据宪法和法律制定颁布的法规或条例,是享有临时性法律权威的规章制度。

---

① 刘杰、林博逊:《广东南海上尧村官集体辞职,因遭黑社会毒打》,载《南方农村报》2009年8月2日。
② 胡克:《理性、社会神话和民主》,金克、徐崇温译,上海人民出版社1965年版,第290页。
③ 弗里德曼:《法治、现代化和司法制度》,载《程序、正义与现代化》(宋冰编),中国政法大学出版社1998年版,第114页。

作为一种理性的社会制度,当代法律制度的建设总是十分严肃和慎重,由于人类知识日益专门化,参加立法的人,或所谓的"民意代表"不一定对某些专门知识相当了解。因此,为了保证立法的合理性,在我国的人民代表大会和西方的议会制度中,往往在会后,再请与立法议案相关的专家学者,甚至各种利益团体的代表,发表他们的看法,这便形成了所谓的"听证会"和"政治协商"。可见,在真正的民主政治中,政治权威将被平凡化、平民化、平等化,不会形成偶像,也不会被神化。法治,取消了任何纯粹个人的权威性,在法治社会,不再有、也不应该有传统的"德政"之说。这就是说,在民主的政治体制中,如果有权威的话,那并不是人,而是法律,任何人都必须服从法律。有位学者在谈到中国文化批评的当务之急时指出,文化批评需要建立起公认的游戏规则,如同足球场上每名球员都不能指望依靠犯规来取胜一样,规则是游戏双方共同遵守的,不会偏袒任何一方,破坏了游戏规则,真正的赢家是不可能存在的。①

　　法治社会的人,必须有法律意识,所谓法律意识就是一种制度意识和超然的处置方式。这里的超然有两个方面,其一,是超然于相应主体对自身利害得失的考虑;其二是超然于主体自身的个人偏好。如果将自己的利害得失纳入自己的认识,包括判断、推理之中,将无法进行真正理性的认识。每一个主体都有自己的偏好,这种偏好常常是反理性的。作为法律事务的处理,司法官员必须排除其个人偏好,否则,在一个痛恨小偷的法官那里,就可能将他审理的每一个小偷都处以极刑;在一个有洁癖的法官那里,就可能让他审理的每一个身着脏衣服的当事人败诉。所有的司法官员都必须随时警醒自己,警惕自己因缺乏超然而缺乏理性,因缺乏理性而导致缺乏公正,玷污法律,危害法治。"在现代成熟的法治国家,法律理性不论是在重成文法形式的国家还是重判例法的国家都得到足够重视,并发挥着有效的作用。"②

　　在中国,法律至上与道德至上之间往往会发生冲突。这是因为中国是一个有着悠久尚德传统的国家。提倡道德,非常容易得到社会的普遍认同,相反,法律至上却难以得到这样的礼遇。因此,在中国坚持法律至上,

---

① 祝勇:《文化批语的游戏规则》,载《时代潮》2000年第1期。
② 葛洪义、朱继萍:《法治·法治化·法律理性》,载《法治研究》,杭州大学出版社1998年版,第37页。

反对道德至上就更为困难。在现当代西方国家，政策与法律相比较总是处于下位的，但在我国，人治的传统悠久，政策往往比法律具有更大更高的效用。改革开放几十年，尽管情况有了很大的改观，但人民法庭的审判，特别是一些特殊性的案件，依然有领导的批示和政策的左右，而不是完全依法审判。这种怪异现象背后隐含着什么样的根端呢？我们能否从"五四"运动及其影响中得到些许启示呢？

"五四"运动引入了令国人心仪的"德先生"和"赛先生"，近一个世纪过去了，"德先生"是否已经植根于我们的国土了？美国人R.M.基辛在比较政治制度时，就曾这样说到中国台湾地区乡村民主选举的一种怪异现象：

> 台湾的新兴村（Hsin Hsing）有大约600名中国人。他们的传统社会结构围绕着几个父系世系群（族tsu）建立起来，其中两族最有影响力。每个族的家庭均以村落中一个小小的邻里为中心。新兴村虽然没有显著的财富集中现象，也没有社会不平等的鸿沟，但为首两族内的重要家族却掌握了村落的政治事务，并通过通婚和亲属关系控制与邻村的联盟。
>
> 在"台湾政府"引进普选制度以后，村选出的职位和乡选出的部分职位都由这些带头的家族控制。实际上，选举结果的安排都符合各族和族内为首家族的传统势力，并维持族内和村内的民意及对外的一致性。乡长由村民代表大会选出，这也是遵照了亲属和传统势力关系。民选的官员都是乡绅，他们是受过教育和有地位的人。
>
> 但到了20世纪50年代末期，村中大家族外的机会主义者开始和这些"受敬重"的领袖竞争，他们运用买票以及其他手段争取当选，因此获得钱财和权力。获选的昂贵代价和贿赂的一面使得传统领袖越来越想置身于这些竞争之外。
>
> 到了1959年和1961年，"政府"将乡长的选举改成普选，并重新区分乡民代表大会的选举区，使代表不再限于一村一个。同时，执政的国民党也侵入地方政坛。
>
> 结果，出现了横断各族各村界限的政治派系（faction），和谐一致的政治局面逐渐消失，而变成以转移为主要动力，将乡绅、穷人和文盲都卷进派系的竞争。因此乡的农协会和公务派也分别在新兴村展开

派系的竞争,宗族和家族之间的联盟因此而分裂。在一次竞选中,一位村长候选人雇车从台北运回36位选民以争取选票。乡的派系领袖进入地方政坛,需要为他的支持者提供保证并防止他们背离,根据需要,他支持宗族统一,或加以拆散。传统的体系没有破坏,但却被彻底改变了。①

为什么经历近百年而我们的民主仍然初步？有人可能归因于封建专制。的确,在有几千年封建专制史的国度上新建民主制度,需要比有民主传统的国度付出更多的努力,花费更长的时间,去逐步培养民众的制度意识、规则意识。这种看法,其实只是看到了问题的表面,没有深入了解问题的本质。如果不对中国传统的思维方式进行变革,民众的制度意识和规则意识是难以真正培养出来的,即便培养出来,也是事倍功半。

审思民主历程较为久长的西方发达国家的民主程序,他们都有一个共同的特征,那就是其国会或议会议事规则中多有尊重论证的明确规定。在英国,论证"是议会主要的、最常用的议事方式。现代英国议会平民院的全院大会上,政府、各反对党、各党后座议员正是通过辩论来陈述各自的主张,批驳对方,形成决定的"②。在美国,国会也用论证方式来制定法律或公共政策。美国辩论学家弗里莱(Austin J. Freeley)指出:"民主社会里的许多决策都是由辩论促成的。我们的法院和立法机构都是特别用来创造和保持辩论作为决策方法的。实际上,任何议会体制指导下的组织都选择辩论作为其方法。辩论渗透于我们社会的各个决策阶层。"③在德国,联邦议院全体会议的核心内容就是论证。一般来说,联邦议院全体会议主要由一系列的辩论组成。④ 在法国,国民议会也要花大量时间用于辩论。"在1993年,会议时间累计为860小时,其中立法工作515小时,预算辩论202小时,政府陈述和质询用去40小时,全面的政府政策的阐述用去16小时,质询时间为73小时,14小时用于决议的辩论。"⑤可以说,在一些重大公共问题的解决方面,西方一些较为成熟的民主政府大多是致力于论证方式来

---

① 基辛:《文化·社会·个人》,甘华鸣等译,辽宁人民出版社1988年版,第361—362页。
② 蔡定剑、杜钢建:《国外议会及其立法程序》,中国检察出版社2002年版,第39页。
③ 弗里莱:《辩论与论辩》,河北大学出版社1996年版,第3页。
④ 蔡定剑、杜钢建:《国外议会及其立法程序》,中国检察出版社2002年版,第346页。
⑤ 同上书,第206页。

解决问题的,比如,政府在制定能源环境政策、堕胎政策、社会福利政策乃至外交政策等问题时,都是通过论辩、论证方式产生的,论证已被用来当作一种有效的制定公共政策的方法。① 由于论证与民主基本原则,诸如理性主义原则、合法反对原则、平等自由原则等两相契合,所以,"民主的真正目的是为了给开放性讨论建立一个框架,并反过来判断民主的特质"②。就是说,只有当论证成为一种社会制度、尊重论证成为一个社会的基本风尚的时候,这个社会的公共决策乃至社会生活才能真正回归社会理性。反之,如果一个社会失却了逻辑精神的基础,不论多好的民主设想,在实践中也会"走样"。

随着社会科学文化水平的日益提升,现代民主生活中的逻辑理性精神也在日益凸显,但我们仍然要警惕那种无视逻辑和误识逻辑的民主论调。斯坦莱·鲍尔温就为我们提供了一个典型的反面代表。他在就任爱丁堡大学监督时,曾对学生作了题为"真理和政治"的就职演说,其中说过:"民主的意思是通过讨论来管理。"③可他并不认为选民是能够通过讲道理而赞成一种政策的。作为英国的一位首相,在1937年的帝国日,在格罗斯文纳大厦,在各帝国会社联合举行的宴会上,他竟然发表了一篇蔑视逻辑理性的《宪法和逻辑:对一种桎梏的警告》的演说。

> 现在我,作为一个不怎么样的历史学者,说一句关于我们的宪法的话。……我们的宪法史有一个非常有趣的特点,就是,它不是逻辑学家搞出来的。英国宪法成长为现在这个模样是通过像你和我这种人的工作得来的——仅仅是些普通人,他们修改国家政治组织以适应他们生活于其中的时代的环境,他们一直保存足够的灵活性以便进行不断的适应。
>
> 这是极其重要的,因为照我看来,为什么我们民族能够兴旺发达,能够避免降临在不如我们幸运的国家身上的许多苦难,原因之一就是因为我们在过去任何一件事情上都没有受逻辑的指导。
>
> 只要你像我一样研究一下从内战时期到汉诺威王朝登基这一段

---

① 参见苏向荣:《三峡决策论辩:政策论辩的价值探寻》,中央编译出版社2007年版,第264—266页。
② 费希尔:《公共政策评估》,中国人民大学出版社2003年版,第235页。
③ 斯泰宾:《有效思维》,吕叔湘、李广荣译,商务印书馆1997年版,第2页。

时间内我们的宪法的发展,你就会看出来,不借助于逻辑而借助于常识,一个国家能取得多大成就。所以,我的第二点就是:让我们不对我们宪法的任何部分加上紧身衣,因为那样最后一定要憋死。

我还有一件事要说——不要热心于下定义。我想提醒诸位,如果像今天这样有教养的听众还要我提醒的话,正是这种热衷于下定义使得基督教会诞生不久就四分五裂,并且一直未能恢复,所以我推论出来——我希望这是合乎逻辑的——如果我们试图给宪法下过多的定义,我们也许会把我们的帝国撕裂成碎片,再也聚合不起来。政治上,如果有一句话是真理,那就是:"杀之者文字,活之者精神。"①

正如斯泰宾所指出的,鲍尔温不信任逻辑是因为他误解了逻辑的性质。他所理解的"逻辑"主要有二:"不以学会遵循三段论式为满足,完全知道光会遵循三段论式是走向无底深渊的捷径,除非你能够察觉藏在路边的谬论";其二,逻辑学者必然要求下定义,而这个定义必然要列举可以精确分辨的特征。可是谁要是给缺少可以精确分辨的特征的事物下定义,他就是不按逻辑行事。鲍威尔显然是把完全可以归之于逻辑的东西归之于常识,虽然他也还希望他的推论有时候是合乎逻辑的。

4. 以逻辑素养支撑科技人文

人们经常将"科学"和"技术"放在一起,称之为"科学技术"。其实,"科学"与"技术"之间是有区别的。"科学"是一种知识体系,其目的在于揭示现实世界各种现象的本质和规律。"技术"是人类在实践活动中直接应用的知识、技能、工艺、手段、方法和规则的总和,其目的在于为技术使用者谋取"利益"。当然,在现代科学技术的有些领域,科学与技术是难以给出明显界分的,计算机科学领域便是如此。但是,不论是"科学"还是"技术",它们的健康发展都离不开逻辑的支撑。

列宁曾经援引黑格尔的话说过:"任何科学都是应用逻辑。"②恩格斯的如下话语,更是被人们广泛引用:"一个民族想要站在科学的最高峰,就

---

① 转引自斯泰宾:《有效思维》,吕叔湘、李广荣译,商务印书馆1997年版,第5—6页。
② 列宁:《哲学笔记》,人民出版社1974年版,第216页。

一刻也不能没有理论思维。"因为如果"没有理论思维,就会连两件自然的事实也联系不起来,或者连二者之间所存在的联系都无法了解"。① 从恩格斯的论述语境看,他所说的"理论思维",就是遵循他所谓"逻辑与辩证法"要求的思维,也就是形式逻辑思维方法与辩证逻辑思维方法相结合的"逻辑思维"。

　　无论是研究科学发现的过程,还是研究科学表达的形式,我们都不难发现无所不在的逻辑身影。从科学发展史的角度看,科学是从哲学中分化出来的,直到近代,经验自然科学才从零碎的知识点提升为真正意义上的知识体系。这个质的"转身"是与科学方法的发现和运用分不开的,其中最重要的就是实验归纳的逻辑方法的大量运用,及其与逻辑演绎方法的相互结合。从科学理论的角度说,任何一种科学研究,无论是自然科学还是社会科学,都不可能摆脱逻辑方法的制约;任何一种科学理论的表达,无论是基础理论科学还是应用技术科学,都不能不考虑其逻辑结构及其逻辑的准确性。逻辑方法是科学理性和思维规律的体现,是求知过程中整理经验材料,提出科学假说,构造理论系统,进行推理证明的工具。所以说,逻辑思维能力是科学家的基本素养。"作为一个科学家,他必须是一位严谨的逻辑推理者。科学家的目的是要得到关于自然界的一个逻辑上前后一贯的摹写。逻辑之对于他,有如比例和透视规律之对于画家一样。"②

　　恩格斯说:"只要自然科学运用思维,它的发展形式就是假说。"③科学假说综合了多种逻辑方法。"假说—演绎法"更是长期以来被认为是构造科学理论的理想方法,也被一些学者看作是科学知识增长的基本模式。假说就是针对具体的科学问题,立足于已有的科学知识和新发现的科学事实,通过归纳、分析经验证据和类比、综合以及非逻辑的直觉、顿悟而做出的猜测性、试探性说明。假说具备一定的说明力,但又是有待于进一步的观察、实验和证明的理论形态。以猜测性假说为前提,运用逻辑方法演绎出可以与经验事实相比较的结果,由实验来检验推论,这就是科学理论的"假说—演绎法"的模型。比如,爱因斯坦的广义相对论就是基于如下两个假说构建的,其一是广义协变性原理——所有参考系对于描述物理定律的

---

① 《马克思恩格斯选集》第四卷,人民出版社1997年版,第285、300页。
② 《爱因斯坦文集》第三卷,许良英等编译,商务印书馆1979年版,第204页。
③ 《马克思恩格斯选集》第四卷,人民出版社1995年版,第336页。

等价性,其二是依据精确的厄缶实验而提出的等效原理——引力质量与惯性质量等价。他据此演绎地得出引力场中水星近日点运动、光线经过太阳附近弯曲、光线红移这三个推论,并为实验所确证。谈到广义相对论,爱因斯坦说道:"这个理论主要吸引人的地方在于逻辑上的完备性。从它推出的许多结论中,只要有一个被证明是错误的,它就必须被抛弃;要对它进行修改而不摧毁其整个结构,那似乎是不可能的。"① 这个说法也同样适用于狭义相对论。

科学的基本品质就是逻辑自洽性,即无矛盾性,存在逻辑矛盾的科学理论是有缺陷的科学理论,也是有待修正、创新和发展的科学理论。在欧几里得几何学中,"三角形的内角和等于180°"是一条定理,但人们发现,欧几里得的三角形内角和定理不适用于航海领域,也就是说,欧氏这条定理不能成为所有空间里的真理。既然不能适用所有空间,作为演绎推理的大前提就需要修正。1870年,德国数学史家克莱因解释说,在平面空间,适用欧几里得几何。在凹面空间,适用罗巴切夫几何。在凸面空间,适用黎曼几何。不同空间,适用不同的几何学。这样由平面几何一统天下的局面,变成了平面、凹面、凸面"三分天下"的局面。然而,整个几何学却因为发现了欧氏几何与现实的矛盾得到了全新的发展。

如果某种科学定理或原理已经被检验是正确的,在相关条件不变的情况下,它是具有普适性的。据此,可以帮助人们辨识一些推论或实验的可靠性,揭穿非科学和伪科学的骗局。制造"永动机",是不少人美妙的幻想。科学史上,设计"永动机"的现象时常重演。我们不妨列举两个典型案例。其一,美国人基利(1837—1898)曾宣布,他已经发明了"永动机"。一些资本家信以为真,投以巨资。10多名工程师受他的鼓动而参与开发。前后20余年,基利挥霍完了投资人的巨款,至他死时,也没有把"永动机"开发出来。后来,人们发现,他的"永动机"模型的地板下面藏有机关。这是一场彻头彻尾的骗局。其二,一盆水,上面漂浮着一个架子。架子下方是一个叶轮。用一条毛巾搭在架子上,一端浸在水中,另一端悬于叶轮上方。由于毛巾可以吸水,这样就可以产生虹吸现象。浸在水中的一端吸水,而悬着的另一端必然会滴水。水滴打在叶轮上,便会运转起来。这样,不需

---

① 《爱因斯坦文集》第一卷,许良英等编译,商务印书馆1976年版,第113页。

要任何外在能量而又能自动运转下去的"永动机"就制造出来了。

面对这样的骗局或设想，如果我们了解热力学的基本定律，运用演绎逻辑的基础技术，就并不难以给出其可行性和可信性的判断。热力学第一定律，即能量守恒定律告诉我们：机械、热、电、光等种种形式的能量，可以相互转化，但不能自行消灭和产生。因此，想发明一种不吸收能量就能够做功的永动机是不可能的。热力学第二定律则排除了制造另一种永动机的可能性，这类永动机并不违反能量守恒定律，它把某个热源提供的能量全部转化为机械功，并永久传递下去。

怀特海说过，没有逻辑，就没有科学。逻辑渗透在科学研究的每一个环节，失却逻辑的分析性和精确性，科学研究就可能误入歧途。有一个十分有趣但教训深刻的例子：荷兰曾经一度出现脚气病蔓延的问题。荷兰政府拨出巨资请著名科学家们攻关，探究"脚气病是由什么细菌引起的"。科学家们耗费了大量的人力、物力和财力，寻找那种导致脚气病的细菌。在种种努力失败之后，有人发现，脚气病并不是由细菌引起的，而是缺乏维生素 B 引起的。在人们不禁哑笑之后，反思这个重大科研项目失误的缘由，终于发现，原来这里存在着一个逻辑问题，其出错的关键环节就在于问题的提法不当！从逻辑的角度看，每个问题语句往往都包含着预设，即事先的肯定性假设。比如，"中华大学在哪里？"，这个问句包含一个本体论假设，即"存在一个中华大学"，同时，还包含一个方法论假设，即回答者只要回答"在哪里"即可。一个问句中本体论预设是否恰当，将决定这个问题是有探究价值的真问题，还是没有探究价值的伪问题。一个问句的方法论预设则直接决定了这个问题的探究视域，即在什么范围内寻求、沿着什么方向或方面探索，等等。比如"善是什么颜色的？"，这个问句就预设了"善是有颜色的"，而且回答者的回答视域就被圈定"颜色"范围内，回答者只能沿着"颜色"这个方向去考虑"善"的本质。从荷兰科学家的研究情况，"脚气病是由什么细菌引起的？"就预设了"脚气病是由细菌引起的"，而科学家们的工作就是要找到那种细菌，然后对症治之。实际上这是一个伪问题，对伪问题进行研究只能是浪费财力和人力了。

可见，科学离不开逻辑，需要逻辑的强有力支持，那么，技术是否可以脱离逻辑呢？回答也是否定的。技术同样需要逻辑。从学理上说，技术是通过演绎使科学原理实现在实践中的应用的，这种演绎必然需要以逻辑为工具。更为重要的是,技术的使用者更需要有逻辑的观念和逻辑的理性精神。有人常说,"科学也疯狂"。科学是对事物现象的本质和规律的探索,科学研究无禁区,也不应该有禁区,所以,"科学"不存在"疯狂"还是"不疯狂"的问题。但是,技术的应用有可能给人类带来福音,却也可能是打开了潘多拉的盒子,给人类带来灭顶性灾难,所以,应用科学原理开发和应用技术是应该有限制的。这种限制来自于两个方面,一是外在的规则限制,即通过制定一些强制性规则,限制某些技术的开发和应用;二是内在限制,主要提供增强技术使用者的逻辑理性精神,使其能够合乎逻辑地推导出某种技术使用之后可能导致的种种后果,而不是凭借激情使用技术,等到恶果显现之后才"想"到有这样的结果。那种"先污染后治理"的路线,那种到处寻找因技术使用不当的"后悔药"的做法,显然是不合乎逻辑理性精神的,在实践中也是要吃苦头、付代价的。所以说,通过逻辑推理而"瞻前顾后"是技术发明和应用的基本素养。1939年8月2日,爱因斯坦出于对人类命运的极大关注,应其他几位科学家的请求,签署了一封给美国总统罗斯福的信,强调有必要进行大规模实验,加速制造原子弹。但是,即使是第一枚原子弹爆炸之前,他就曾经公开警告过核战争的危险,并提议对核武器进行国际控制。爱因斯坦是明智的,也是有强烈的逻辑理性意识的,因为以当今的科学技术水平,人类足以毁掉地球成百上千次。即便在当下,如果不作限制,技术狂人很快就可以克隆人。如果那些技术使用者丧失了逻辑理性,其对社会造成的不良后果是不可设想的。

科学和技术需要逻辑工具的支持和逻辑理性的支撑,人文领域是否就是没有了"逻辑"规约的随意想象呢?不然,它们同样需要"逻辑"。"人文"一词的中文,最早出现在《易经》中贲卦的彖辞:"刚柔交错,天文也。文明以止,人文也。观乎天文以察时变;观乎人文以化成天下。"北宋理学家和教育家程颐在其《伊川易传》卷二中解释说:"天文,天之理也;人文,人之道也。天文,谓日月星辰之错列,寒暑阴阳之代变,观其运行,以察四时之速改也。人文,人理之伦序,观人文以教化天下,天下成其礼俗,乃圣人用贲之道也。"人文,原指人的各种社会传统属性。广义的人文与自然相对应,自然是原始的、天然的,人文就是人类自己创造出来的文化。《现代汉语辞海》对人文的解释是:"人文旧指诗书礼乐等,今指人类社会的各种文化现象。"①作为"人之道"的人文是与文化紧密地联系在一起的。"文化"是一个外延极为广泛的概念，不同的学者有不同的见解，比如，英国人类学家泰勒认为："文化是由人类创造，再经历过程塑造而成之观念及事物的'复杂整体'"②，而文化人类学家哈里斯却认为，文化就是"社会成员通过学习从社会获得的传统和生活方式"③，等等。其实，要给文化下一个精确的、公认的定义是很困难的。但是，作为与"人文"紧密相连的文化，与人们的人生观、价值观是分不开，特别是与人们的生存信念和信仰分不开的。一旦说到信念和信仰，首先给人们的感觉就是各取所信，无所谓"逻辑"。这种认识是有失偏颇的。其实，创造文化的主体是人，支配人的实践活动的则是思维方式。在我们的思想政治教育中，就有这样的教育原则，即所谓的"动之以情，晓之以理"。这里的"理"是道理，道理如何为人所信服，需要有逻辑论证，也就离不开逻辑说服的力量。一群探究思想政治教育有效性问题的青年学者，在"大道理"的逻辑力量中敏锐地发现："如果说改革开放之初，解放思想需要人们打破一些僵化教条的限制，那么时至今日，当社会的无序现象成为主要的社会问题时，我们现在需要的确实应当是规则的建立和贯彻。"④试想，没有逻辑，没有逻辑理性精神，能够建立和谐的人文环境、贯彻保障社会运行的必要规则吗？

　　除了那种极端的信仰主义者，很多人对于信仰都力图有一个说服自己和他人的理由，而说服必然需要逻辑，而且只有在严密的逻辑论证下才能彻底地俘虏己心和人心。曾任复旦大学辩论队顾问的王沪宁从辩论的角度指出："逻辑，是辩论中的核心部分，没有清晰的逻辑设计，遇到一支强大的队伍的时候，是不能战而胜之的。逻辑设计，是一个骨架，本身没有太多的内容，不如理论那样高雅，不如事实那样多样，不如价值那样感人。但它却是辩论中的灵魂"⑤。所以，西方的经院哲学家的一项重要工作就是逻辑论证上帝的存在，试图借助逻辑论证的形式，凭借逻辑的力量去维护基督教教义的合法性。尽管经院逻辑的论证的漏洞为康德等人所揭示，但在当

---

① 翟文明、李冶威：《现代汉语辞海》，光明日报出版社2002年版，第961页。
② 《大美百科全书》(第8卷)，外文出版社1994年版，第126页。
③ 哈里斯：《文化人类学》，东方出版社1988年版，第6页。
④ 凡奇等：《"大道理"的逻辑力量》，高等教育出版社2006年版，第56页。
⑤ 王沪宁、俞吾金：《狮城舌战》，复旦大学出版社1993年版，第199页。

代模态逻辑研究兴起后,这种论证又在"分析的宗教哲学"中得到了复兴。这就是信仰中的逻辑。反之,如果宗教没有逻辑理性的规约,就可能变成危害人们信仰福祉的邪教。正如波普尔指出:"多少宗教战争都是为一种爱的宗教和仁慈的宗教而进行的;多少人由于拯救灵魂免受永恒地狱之火的真诚善意而被活活烧死。只有放弃在意见上以权威自居的态度,只有确立平等交换意见和乐意向他人学习的态度,我们才可望控制由虔诚和责任所激起的暴力。"①

"海纳百川,有容乃大。"人文精神中最为根本的属性当是包容,是对不同的人和事的最大可能性的接纳,是在容纳"不同"的基础上力求达成的"和谐"。胡适先生有一句名言:"宽容比自由还要重要。"他说:"我们若想别人容忍谅解我们的见解,我们必须先养成能够容忍谅解别人的见解的度量。至少我们应该戒约自己决不可以吾辈所主张者为绝对之是。我们受过实验主义的训练的人,本来就不承认'绝对之是',更不可以'以吾辈所主张者为绝对之是'。"②所以,我们以为,"道不同,不相为谋"是不可取的,而应该倡导求同存异,"和而不同",让不同的"道"并行不悖,这才是合乎人文精神的本义的。但是,如果我们不明白如何去包容,又将如何实现包容,达致"不同"之"和"呢?诚然,我们可以直接去信仰它,或用勉为其难的方式容忍它,不过,这样的包容和容忍是将诸多分歧、矛盾和冲突作暂时搁置,是内蕴着巨大危机的表面的"和谐"。一旦出现了"八佾舞于庭,是可忍也,孰不可忍也"③的历史境况,那种基于信仰的包容是不可能持续下去的。波普尔曾经警告人们:"你切莫不加限制地接受宽容一切褊狭的人的原则;否则,你不仅会损害自己,而且还会损害宽容原则。"④萨托利的如下论述亦颇具启发价值:"宽容并不是漠不关心。如果我们漠不关心,我们就会置之不理,仅此而已。宽容也不以相对主义为前提。当然,如果我们持相对主义观点,我们就会对所有观点一视同仁。而宽容之为宽容,是因为我们确实持有我们自视为正确的信念,同时又主张别人有权坚持错误的信念。……(宽容)有三个相关的标准。其一是,对于我们认为不可宽容的

---

① 波普尔:《猜想与反驳》,傅季重等译,上海译文出版社1986年版,第508页。
② 胡适:《容忍与自由》,载《胡适:告诫人生》(欧阳哲生编),九洲出版社1998年版,第141页。
③ 《论语·八佾》。
④ 波普尔:《猜想与反驳》,傅季重等译,上海译文出版社1986年版,第508—509页。

事情,我们一定要说明理由(教条主义是不能允许的)。其二是遵守无害原则,我们不能宽容伤害行为。第三个标准是相互性,我们实行宽容,或恪守宽容,也期待着得到宽容作为回报。"①

因此,现代人文精神中的宽容、包容,应该是对社会问题、矛盾、冲突等情况作相对精确的逻辑分析,辨析其错误、误解和不当偏好之所在,找出其生成的条件及其因由,在辩证"扬弃"的基础上给出其具有创新意义的化解方案。这种化解了分歧、矛盾和冲突后的"容"与"包",不仅是美德的,更是理性的。基于上述,可以认为,没有逻辑支撑的人文思想及其精神,只能是远离现实可能性的乌托邦幻相。

---

① 萨托利:《民主:多元与宽容》,冯克利译,载《直接民主与间接民主》,三联书店1998年版,第62—63页。

附　　录

关于开展逻辑社会学研究的构想[①]

张建军

近年来,遵循逻辑教学与研究现代化和与国际逻辑研究水平接轨的战略目标,我国逻辑事业取得了历史性的重大进步,这是有目共睹的。然而,逻辑学在我国社会中的趋冷状况却日益严重。即使在当前人文学科研究的社会气候普遍有所回升的情况下,逻辑学的境况也并没有改观。如何改变这种状况,成为近来逻辑同仁关注的一个焦点问题。大家一方面在思考如何使全社会特别是各级决策者重视逻辑学研究,一方面思考逻辑同仁如何既同舟共济坚守阵地,又探求适应现实社会需要的发展途径。这样,研究逻辑与社会发展的关系问题自然就提上了日程。

作为逻辑学与社会学之边缘学科的逻辑社会学,旨在运用社会学的观点与方法研究逻辑学的发展。它把逻辑的产生与发展作为一种社会现象和社会过程,把逻辑学教学与研究作为一种社会职业和社会活动,把逻辑组织和逻辑学派作为一种社会建制和社会系统来加以考察和探讨。依循科学社会学的范例,逻辑社会学研究可分为"界外研究"和"界内研究"两大部分。所谓界外研究,就是关于逻辑与社会之间双向互动关系的研究,又可区分为逻辑的社会功能研究和逻辑发展的社会条件研究两个方面;而所谓界内研究,则是关于作为一个社会系统的逻辑界内部诸要素之间的关

[①] 本文原载《哲学动态》1997年第7期,《光明日报》1997年8月2日理论版摘要刊登;曾提交1996年中国逻辑学会第六次代表大会并作学术报告,收入会议论文集《逻辑今探》(社会科学文献出版社1999年版)。

系及其运行机制的研究,特别是逻辑学家、逻辑组织和逻辑学派的行为模式与行为规范研究,逻辑教学与科研的社会分层与发展战略研究等。当然,上述区分都是相对的,各方面研究都是相互关联,相互渗透的。

不言而喻,在我国开展逻辑社会学研究,有关第一部分第一方面的探讨,即逻辑的社会功能研究乃是当务之急。笔者认为,这种研究似可主要围绕如下几个方面展开:

1. 逻辑与社会发展的基本关系研究

"逻辑学的发展与社会的理性化程度密切相关"的命题即隶属于此方面的研究。近年来,社会各层面的"失范"、"无序化"问题是学术文化界讨论的一个持续性热点,人们为此提出了各种各样的诊断治疗方案。实际上,社会的规范化、有序化的深层底蕴是社会的理性化,而逻辑正是人类理性的最重要的支柱性学科之一。逻辑学既是一门工具性学科,又是支撑人类理性思维大厦的基础性学科,它的作用决非仅仅局限在"工欲善其事,必先利其器"意义上"器"的层面。以往强调逻辑作为说话写文章的工具的功用,近年许多学者又强调逻辑对于计算机科学与人工智能技术的作用,强调逻辑作为现代哲学研究、语言学研究基本工具的作用,乃至强调在管理决策、公关谈判、刑事侦查等具体的社会实践活动中逻辑的实用价值,这都是十分正确和非常必要的,但这些都不是逻辑最重要的价值所在。由逻辑学的性质所决定,它并不能立竿见影地给人们带来直接的效益。如果不从社会理性化支柱这样的层面认识其固有的功用,逻辑学就很容易被人视为因时因事制宜的,可用可不用的一门普通的工具性学科。

2. 逻辑与科学

随着科学社会学的发展,人们对自然科学与技术的社会功能的把握由表层认识逐步提高到了较为系统的深层认识。其实,由于当代自然科学与逻辑学的天然联系,科学真理的力量绝不仅仅来自各学科的具体内容,也来自其所依托的逻辑的力量。离开逻辑谈科学精神,所谈的必是残疾的、畸形的科学精神。要想在全社会弘扬科学精神,形成崇尚科学的社会风尚,就应以真正造成有利于逻辑学发展的浓厚的社会氛围为基本条件。在撇开逻辑学的现代发展的情况下谈论把科学精神和科学思维方式引入社会人文学科研究,必使之大大扭曲或变形。因此,在科学技术的社会地位日益巩固的今天,从社会学角度研究逻辑与科学在社会发展过程中的互动关系,是探讨逻辑的社会功能最方便的途径。

3. 逻辑与教育

除少数学校外,逻辑教学的萎缩是目前一个遍及全国的普遍现象,与逻辑研究现代化的进程形成了强烈反差。显然,这已不是逻辑教学如何改进的问题,而是究竟如何认识逻辑学在整个教育体系中的地位和作用的问题。周礼全先生最近再次强调逻辑知识特别是逻辑能力在哲学教育中的重要作用,并指出:"有不少在哲学教学机构担任领导工作的同志,竟然忽视逻辑的重要性,这实在是令人十分遗憾的。"[①]哲学教育如此,整个教育系统亦复如此。实际上,不同层面的人才都有不同程度的逻辑知识和逻辑能力的需求,具备这样的知识和能力是适应当代社会发展需要之才的最基本素质之一。没有较高的逻辑思维素养,非逻辑的直觉思维的创新功能根本无法得以发挥,这是现代创造学、人才学的一个基本结论。而接受各层次的逻辑教学,是社会成员获得逻辑思维能力训练并使之上升到自觉状态的捷径,这个道理是不言自明的。这也是当今世界发达国家的历史已证明了的道理。据联合国教科文组织的统计资料,由 50 多个发展中国家的 500 多位教育家列出的 16 项最重要的教育目标中,"发展学生的逻辑思维能力"高居第二位。[②] 显而易见,不大大加强逻辑教学(在现代逻辑思想指导下的多层次逻辑教学),特别是不能确立现代逻辑基础教学在高校文科教学中作为重要基础课、工具课和导论课的应有地位[③],我国整个教育事业与国际先进水平接轨就难以实现。

4. 逻辑与文化

近来,我国社会各界已有越来越多的人认识到,要想达到建立良性的规范化市场经济体制的宏伟目标,没有一个良性的文化环境是不可能的,而要形成这种良性文化环境,一定的人文背景又起着不可或缺的甚至核心的作用。因而,人文精神又成为文化界的热门话题,并由此造成了文化热的复兴和人文学科的气温回升,"古今中西"之争亦以新的形式再一次展

[①] 《繁荣逻辑科学,促进哲学发展——访中国社科院哲学所逻辑室五学者》,载《哲学动态》1995 年第 12 期。
[②] 《教科文组织教师手册》,中国对外翻译出版公司 1987 年版,第 141 页。
[③] 参见宋文坚:《中国逻辑的历史命运》,载《哲学研究》1995 年增刊(纪念金岳霖百诞专辑)。

开。然而,迄今为止的讨论却令人不可思议地撇开了逻辑尤其是已获得长足发展的现代逻辑在整个文化建设中的地位问题,从而与世纪初年严复、王国维等大师关于逻辑学在中西文化会通中的地位与作用的认识形成了一种显著差别。① 严、王等大师把逻辑学之不昌作为近代中国落伍的根本原因之一的认识,并没有在今天的讨论中得到应有呼应。

当然,在世界走向文化交流与融合时代的今天,否定民族传统文化之价值的观点已无立足之地,但毋庸讳言,尽管中国古代无逻辑的论断已被中国逻辑思想史研究的丰硕成果所证伪,但中国逻辑学(非指"逻辑思想")在相当长的历史时期内"中断",致使民族文化传统中的逻辑意识有欠发达,却是不争的事实。冯契先生所指出的"经学独断论和权威主义"与"相对主义和虚无主义"在我国数千年封建社会历史上的长期肆虐及其在现当代披着各种新式外衣的沉渣泛起②,无不与民族文化传统中的这个弱点相关。无疑,在伴随转型期社会变迁的文化建构与重构过程中,只有真正地克服这个弱点,传统文化中的精华才能得以弘扬,与现代市场经济相适应的良性文化环境也才能真正形成。③

5. 逻辑与法治

正如在人类整个学科体系中逻辑与自然科学有着天然联系一样,对社会的上层建筑来说,逻辑与法治之间也具有天然联系。遵守基本的逻辑法则是形成一种良性的法律体系的必要条件。在法治社会中,违反逻辑的法律必导致法律体系的混乱,从而导致社会的混乱。执法、守法也都以遵循逻辑法则为前提。因此,若欲建立与市场经济体制相配套的法律体系和法治秩序,竟忽视社会成员的逻辑思维能力的训练,则这种目标的真正实现显然是大可怀疑的。因此,逻辑学的发展对社会法治建设的影响,也是论证逻辑的社会功能的一个十分重要的方面。

逻辑的社会功能研究当然不只上述五个方面,但它们无疑是几个最重

---

① 参见董志铁:《20世纪初西方传统逻辑的引进与启示》,载《哲学研究》1995年增刊(纪念金岳霖百诞专辑)。

② 参见冯契:《智慧的探索》,华东师范大学出版社1994年版,第624—625页。

③ 笔者认为,正是文化传统中的这种弱点,决定了在当代中国更需要开展逻辑社会学研究。在西方,逻辑学的重要地位和作用已深嵌于其文化传统之中,从某种意义上说已成为一种牢固的社会共识或社会心理定势(只要我们看一看那些非理性主义者为其学说建构的逻辑论证大厦,就足可见到这种传统力量之强固)。

要的方面。如能在这几个方面开展研究,作出较为深入的有说服力的分析和论证,当可凸显逻辑学发展的社会价值,从而有助于唤起全社会对发展逻辑事业的热情。

逻辑社会学的界外研究的另一重要方面,就是研究逻辑发展的社会条件问题。比喻说来,就是研究逻辑学的"生态环境"。我们呼吁全社会重视逻辑学,那么逻辑学究竟需要怎样的重视,逻辑学的发展需要有怎样的物质、精神、体制各方面的条件和社会氛围,我国逻辑学的发展面临哪些应由社会来解决的问题,这都是需要在总结逻辑发展历史经验的基础上,结合我国逻辑发展的现状,加以研究和论证的。当然,只有在充分表明逻辑的社会功能的基础上,这种研究才能引起社会的关注,起到其应有的作用。

逻辑社会学的界内研究,实际上在我国已有所发展。例如,几乎贯穿于新时期以来历次大型逻辑讨论会的关于各层次逻辑教学改革的研究,关于我国逻辑学发展方向和发展战略研究以及关于逻辑学队伍建设的研究等,都可以作为逻辑社会学研究的子课题。但显而易见,若将它们统摄于逻辑社会学领域并且与前述界外研究密切结合,应能促使这些研究更加系统化、深化并富有成效。此外,作为界内研究核心课题的逻辑学家、逻辑组织与逻辑学派的行为模式和行为规范的研究,在我国基本上尚属空白。不过,从目前情况看,只有在比较充分地展开前述两方面界外研究的条件下,该课题研究的展开才会成为可能。

如上所述的逻辑社会学,显然并不是像已经出现的物理社会学、化学社会学那样的小学科,而是可与科学社会学相并列的大学科,正如逻辑哲学是可以和科学哲学相并列的学科一样。尽管研究对象的不同决定了在研究方法上必定有所差别,但现在已日臻完备的科学社会学的一系列行之有效的研究方法,均可为逻辑社会学的研究拿来或借鉴。与科学社会学一样,随着逻辑社会学研究的开展,各种社会学研究方法都能在其中起到不同程度的作用。笔者认为,如果经过学界同仁的努力使逻辑社会学研究在我国兴起,那么在促使全社会提高对逻辑事业的关注与重视程度的同时,也将有助于鼓舞逻辑队伍本身士气,有助于吸引更多的有识之士和高素质人才投入到逻辑事业中来。

真正重视"逻先生"
——简论逻辑学的三重学科性质①

张建军

逻辑学具有基础学科、工具学科和人文学科三重性质,这是逻辑学在当代科学体系中独有的特征。数学既是基础学科又是工具学科,语言学既是工具学科又是人文学科,但它们都不具有逻辑学这种"三位一体"的学科性质。

逻辑学发展成为与数学、物理学、化学、天文学以及地球与空间科学、生命科学等相并列的基础学科,是20世纪科学系统演化的重大进展。联合国教科文组织早在20世纪70年代已对此予以确认。后来在该组织发布的"科技领域国际标准命名法"中,更把逻辑学列为一级学科之首。然而,要真正形成发展逻辑学的良好社会文化氛围,实现我国逻辑学所应有的繁荣,还需要进一步深刻认识逻辑学的另外两重学科性质。

逻辑学是一种系统性工具。亚里士多德曾视逻辑学(他本人称之为"分析学")为纯粹的工具性学科,虽然在其学科分类体系中未给逻辑学一席之地,但亚氏已经认识到,逻辑绝不仅仅是说话辩论之利器,更为重要的是,逻辑乃一切科学研究的必备工具。这个认识是亚氏创建逻辑学的基本动因,《工具论》中的《后分析篇》开了把逻辑转化为方法的先河。而作为一种系统性工具,逻辑的价值也绝不仅仅体现在对一些零星规律与规则的运用上。现代逻辑达到形式化、系统化的极致,是逻辑得以在现代哲学、数学、计算机科学与人工智能、语言学、心理学、量子物理学、信息科学、生命科学以及经济学、社会学、政治学、法学等领域得到广泛而卓有成效的应用的重要原因。现代逻辑的系统应用,需要一批既精通现代逻辑基本工具又能把握具体学科领域前沿知识,从而能把逻辑工具得心应手地运用到具体

---

① 本文原载《人民日报》2002年1月12日理论版,人大复印资料《逻辑》2002年第2期转载。曾在首届"两岸逻辑教学学术会议"(2002年6月,台湾大学)做大会报告。

学科中去的"系统转化型"人才；同时也需要当代逻辑工作者继承《后分析篇》传统，对逻辑工具在科学领域综合运用的元理论与方法论问题进行全面深入的研究与把握。在后一方面，我国学者在"科学逻辑"的名义下做了大量工作，取得了一些重要成就。

逻辑学具有人文学科性质，这是指它不仅作为一种人文存在（任何学科都是如此），而且学科对象本身即具有人文内容。对逻辑学的这种性质的指认，可追溯到古希腊斯多亚学派和中世纪后期逻辑研究高峰时期的学者，这也是近代唯理论者和经验论者的共识。现代逻辑基础理论的发展，曾一度使消除逻辑的人文性质的观点占据西方学界的主导地位。我国学界也有不少学者迄今仍坚持这种观点。然而，纵观20世纪后半叶西方逻辑学科的发展历程，随着逻辑语用学研究的迅速崛起、符号学研究人文层面的蓬勃发展、社会语言学和文化语言学研究的兴盛、科学社会学研究的拓展和法兰克福学派对"形式理性"的批判等诸多因素直接或间接的作用，人文内容已在逻辑学研究中实现了回归。即使在纯粹的"哲学逻辑"研究上，当代西方逻辑学界也基本上遵循 P. F. 斯特劳森的划分，从形式—系统研究和非形式—哲学研究两个方向上展开，而正是后一个方向上的发展，提供了分析哲学语境中的"逻辑研究"与胡塞尔型现象学语境中的"逻辑研究"（这是当代人文主义哲学的重要基石）的对话途径。著名科学社会学家 B. 巴伯在其名著《科学与社会秩序》中，在从"理性在人类社会中的位置"的角度阐述了科学的社会功能的同时，强调指出了逻辑的基础地位。逻辑学是"社会理性化的支柱性学科"，逻辑的缺位意味着理性的缺位，这是逻辑学最根本的人文性质。"逻辑精神"既是科学精神的基本要素，也是民主法治精神的基本要素。建立在逻辑基础之上的形式理性是科学体系与民主政治的共同基石。严复曾有如下断言：逻辑"为一切法之法，一切学之学"。在"德先生"与"赛先生"的旗帜在我国飘扬了近一个世纪之后，我们应该真正重视"逻先生"，在国民教育体系中加大健全的逻辑意识和逻辑思维素养的培育，使之成为新世纪营造与社会主义市场经济发展相适应的良性文化环境的重要内容。不妨开展逻辑社会学研究，因为在克服社会转型时期所带来的一系列"失序"、"失衡"、"失范"现象，实现社会发展的动态平衡和有序化、规范化方面，"逻先生"有着基本的、不可替代的作用。

21世纪我国逻辑学科发展战略应为"一体两翼"：以基础理论层面研

究为体,以工具层面和人文层面研究为翼,努力形成有利于"逻先生"茁壮生长的社会文化生态与氛围,使各种不同风格的学者各展所长,优势互补,共同振兴逻辑事业。这也有利于逻辑学在我国充分发挥其应有的社会文化功能。

从"逻先生"看"德先生"与"赛先生"
——关于逻辑的社会文化功能的对话①

张建军　张斌峰

张建军(南京大学现代逻辑与逻辑应用研究所所长、哲学系教授、博士生导师):2002年1月12日,我在《人民日报》理论版发表了《真正重视"逻先生"——简论逻辑学的三重学科性质》一文,呼吁"在'德先生'与'赛先生'的旗帜在我国飘扬了近一个世纪之后,我们应该真正重视'逻先生',在国民教育体系中加大健全的逻辑意识与逻辑思维素养的培育,使之成为营造与社会主义市场经济发展相适应的良性文化环境的重要内容。"由于"逻先生"这个提法比较新鲜,在学界产生了一定的反响和回应。在"五四"运动85周年纪念日即将来临之际,赵虹先生约我在《社会科学论坛》谈谈这个问题,并最好采用与学界同仁对话的形式。斌峰兄,在逻辑学界同仁中,你长期致力于五四精神研究并发表过许多重要见解,同时我们在以往的研究成果中也已表现出了在逻辑的性质、功能与作用等问题上的一些不同意见,我想,我们就此话题展开对话会更有味道。

张斌峰(南开大学哲学系教授、博士生导师):很高兴接受你和杂志社的邀请。首先我要表示非常赞同在当前中国文化语境中明确打出"逻先生"的旗帜,同时我也很欣赏大作中的如下论断:"逻辑学是'社会理性化的支柱性学科',逻辑的缺位意味着理性的缺位,这是逻辑学最根本的人文

---

① 本文发表于《社会科学论坛》2004年第5期,人大复印资料《逻辑》2004年第4期转载。

性质。'逻辑精神'既是科学精神的基本要素,也是民主法治精神的基本要素。建立在逻辑基础之上的形式理性是科学体系与民主政治的共同基石。"这样的论述很精辟,指出了逻辑与科学、民主之间的内在关联,也就是"逻先生"与"赛先生"、"德先生"之间的内在关联,而这一点在中国学界还远不是"公共知识"。五四精神的核心无疑是民主与科学,而只有深刻正确地认识与理解逻辑才能深刻正确地理解民主与科学。但我主张对这里的"形式理性"应作广义理解。随着理性多元化时代的到来,逻辑学不仅要覆盖科学的事实世界,而且还要覆盖价值的规范世界,我们不仅要继续关于事实世界的科学的逻辑构造,更要展开对生活世界、价值世界、交往世界、情感世界的逻辑构造,逻辑学不仅是科学精神、科学理性精神的体现,而且也应当是沟通理性(交往理性)、心性理性、价值理性、实践理性的体现。所以,我很赞赏大作中关于逻辑学是基础学科、工具学科和人文学科"三位一体"的认识,特别是其中对逻辑学人文学科性质的强调。我也赞赏你关于开展逻辑社会学研究的倡议,因为在克服社会转型时期所带来的一系列"失序"、"失衡"、"失范"现象,实现社会发展的动态平衡和有序化、规范化方面,"逻先生"的确有着基本的、不可替代的作用。

张建军:其实我原来的文章的题目就是现在的副标题,正标题是《人民日报》的编辑从文中提炼出来的。文中重点强调的是逻辑学的人文学科性质,但其另外两重性质同样至关重要。逻辑学发展为与数、理、化、天、地、生相并列的一大基础学科,是20世纪科学系统演化的重大进展。而这一点在国内学界远未得到足够的认识和充分的体现。在逻辑学的工具学科性质方面似乎分歧不大,但在国内学术语境中对于逻辑的方法论功能也存在诸多误视与错解。只有全面把握这三重学科性质及其相互关联,才能完整地认识现代的"逻先生"。不过,你的上述谈话也已显示出我们有所分歧之处:我所使用的"形式理性"概念恰恰取其狭义,即由演绎逻辑所揭示的基于演绎结构的推理理性,或者如皮亚杰和沙青先生所称谓的"分析性理性"。① 这个问题我们放在后面再谈。你作为主攻中国逻辑思想史方向的

---

① 这个提法曾被误解为回到"小逻辑观"——只承认演绎逻辑是逻辑(见马佩:《也谈逻辑的社会文化功能——与张建军先生商榷》,载《广州大学学报》2004年第11期),这是不符合笔者原意的。此处所强调的是演绎之于"形式理性"的决定作用,由此并不能推出"只有演绎逻辑是逻辑"的结论。本书导言中的"逻辑史话",即可视为"大逻辑视域中的简明逻辑史"。——作者补注

学者,还是请你先谈谈五四时代国内逻辑学的状况吧。

张斌峰:五四作为新文化运动,其宣传民主与科学思想的主要平台首推《新青年》杂志。《新青年》上发表了许多引介西方逻辑的论述,如吴勤著文所称,介绍西方逻辑之学,"莫如候官严氏所译名学。约翰·穆勒原著,为逻辑学空前佳作。"张崧年发表介绍罗素的"新学"和"新方法",其"新学"就是数理逻辑,新方法就是"逻辑的和解析的方法"。王星拱《罗素的逻辑和宇宙观之概说》,胡适的《新思潮的意义》等文,俨然像"新文化运动"的"宣言书"一样,他们认为新文化运动致力于"新学术"之再造的"新思潮"精神,乃是一种评判的态度,再造的手段就是研究问题与输入学理,而所谓"学理"就是科学的方法。

张建军:那么,他们说的"科学方法"是指什么呢?它和逻辑有什么关系?

张斌峰:科学的方法的实质就是逻辑和逻辑方法。逻辑无疑是五四时代的宠儿。王星拱的《什么是科学方法》一文明确指出,"自孔德实证主义,穆勒实现逻辑革命以来,科学方法之重要,渐渐所承认了。科学方法是什么呢?换一个名字说,就是实质的逻辑"。这种实质的逻辑,就是制造知识的正当方法,这种正当方法,既不是纯演绎性的,也不是纯归纳性的,而是基于事实的分析与选择,经过合法的推论和对推论结果进行试验。王星拱本身是科学家,他对科学的拥护,直接根据于其科学研究的实践。他强调科学是学问,不是艺术;科学的本质是研究自然事实,不是在文字中打转。胡适则特别强调科学中的"实证"精神,把科学同坚强的证据联系在一起。不过,他们承认有许多东西并不根据于实证,逻辑推理也能为我们提供可靠的结论。对胡适和当时的陈独秀等人来说,自然科学的方法,可以运用到一切社会领域中,可以用来解决我们所面对的一切问题。

对于根本上缺乏近代科学和科学精神的中国来说,大力倡导科学,接受西方的科学遗产,使中国科学获得发展,实现知识领域的变革和转型,是确立"现代性"所必须具备的东西之一。从这种意义上说,《新青年》高举科学的旗帜,强烈拥护和传播科学观念和精神,无疑具有充分的正当性和合理性。

但是,他们对科学本身缺乏某种检查的态度。也就是说,他们不能对科学本身的"有限性"有所自觉,而是把科学方法膨胀为无所不适、无所不能的"万能之药"。"科学精神"包括着怀疑精神、批判精神,并不仅仅是一个信仰的领域。但是,《新青年》知识分子,却把科学神圣化、偶像化,使之成为一种新信仰的对象,这就产生了这样一种悖论:怀疑的、合理的、批判的、非信仰的科学,却向非怀疑、非合理、非批判、信仰的深渊沉沦。一切都被"科学化":"科学工作"、"科学生活"、"科学态度"、"科学安排"、"科学指导"、"科学人生"等等。人们就像中了魔一样的张口"科学"、闭口"科学"。可是,真正的"科学"就在这轰轰鸣鸣的一片噪声中隐去或消失了。

五四时代将逻辑视为科学的权威形象,并使之承担其价值系统的功能,"科学万能论"就自然导致"逻辑万能论",视"逻辑"为点石成金的"金手指",这反而妨碍和限制了"后五四时代"逻辑学的发展。因此,我们纪念五四运动,弘扬五四精神,就必须要突破五四时代对逻辑的理解,对逻辑的本质、地位、作用和功能进行深刻的反思和反省。只有这样,才能进一步地促进逻辑学科的发展,使逻辑学在中国社会现代化、民主化进程中充分发挥其应有的作用,这是我们完成五四未尽之任之必须。

张建军:你这番话讲得很精彩,但我觉得尚需对问题做细致的辨析。如你所说,把逻辑与科学神圣化、偶像化,恰恰是与逻辑精神、科学精神相违背的。但我对五四时期有"逻辑万能论"存疑。与其说有"逻辑万能论",不如说有"万能逻辑论",这个"万能逻辑"就是杜威的实验逻辑,或者王星拱所谓"实质的逻辑"。这种逻辑只是表面上与逻辑经验主义之后的"科学逻辑"类似,实际上与后者有着根本的不同:后者是建立在演绎逻辑而且是现代演绎逻辑基础之上的,而前者却是以批判演绎逻辑的面目出现的。胡适曾明确断言:"两千年来西洋的'法式的论理学'(现通译'形式逻辑'),单教人牢记 AEIO 等等法式和求同求异等等细则,都不是训练思想力的正当方法。思想的真正训练,是要使人有真切的经验来做假设的来源;使人有批评评断种种假设的能力;使人能造出方法来证明假设的是非真假。"这种直接来自杜威的观点,显然是历史上的归纳主义者对演绎逻辑的批判的一种呼应。而你刚才提到的在五四时期影响颇大的严复所译《穆勒名学》,包括他的另一译本《名学浅说》,都是归纳主义的代表作。而张崧年对数理逻辑的介绍在当时几乎无人理睬。即使罗素本人的来华讲学也未能起到什么作用。因此,当时中国学界在学崇逻辑的同时,却到处弥漫着对演绎逻辑的批判与轻蔑。这是逻辑学东渐过程中的一个极大的不幸,造成了国人对逻辑的认识上的极大扭曲,对逻辑学在中国的发展产生了重大的负面影响。因此,我认为,逻辑学不仅在五四时期没有真正成为时代的宠儿,而且迄今为止它在中国也从来没有上升到这样的地位。

张斌峰: 这使我理解了你强调将形式理性作狭义理解的原因。的确,演绎逻辑在中国的传播可谓命途多舛。这在很大程度上是由于它与中国传统思维方式是不相融的。在中国的文化传统中,对感观不能证实的事物,常常不能把它看作是可用某种逻辑解决的问题,于是,最可靠的方法就是诉诸历史,这似乎是中国传统文化中唯一表现出纯粹理性的地方,它要求一切形式的推理都要同物质世界的实体直接有关,要求一切可靠的方法都应在实用的层面上生效。这种诉诸历史和经验论的传统,使得五四时代的中国知识分子对科学作了归纳主义的理解。如你所说,无论"拿来证据"还是"大胆假设,小心求证"的方法的实质就是归纳主义。这也当然导致了对西方逻辑的片面理解,甚至误读。

如果我们以西方逻辑及其所代表的思维方式作为反观中国传统文化与中国传统思维方式的一面镜子,就不难发现,中国传统哲学和文化发展中,的确缺少西方那样的逻辑与知识论的思考方法,认知与抽象的思考不足,偏重于道德价值的判断与评价,从而导致了中国文化中科学与知识论的不发达。可以说,正是五四新文化运动促使我们以西方的科学、逻辑去反省中国传统文化和民族思维方式的缺陷与不足。

但是,如果你把形式理性定位在"演绎理性",这是否会导致对"逻先生"的另一种片面的解读呢?

张建军: "逻先生"的概念是相对于德、赛两先生而提出的。我的基本观点是,要改变国人在德、赛两先生的认识上的诸多扭曲与变形,关键在于重新认识和深入把握演绎逻辑的社会文化功能。任强在今年《社会科学论坛》第2期发表的《殉道与升华——从苏格拉底之死解读民主与法治的流》一文很值得一读,苏格拉底这位能够娴熟地运用归谬法论证知识相对性的"绝代圣人",却是"智者为王"的专制政体的鼓吹者,到柏拉图更发展为"哲学王"统治的理想国。然而,他们的学说传到亚里士多德来了一个大逆转,亚氏主张现实中的最佳政体是由多数人统治的立宪—共和制。虽然他留了一个师承的"尾巴",认为最"理想"的政体是这样的君主制:公民被一个在各方面都是最卓越的人统治,并被他当作自由人来统治。但他认为这样的政体很容易蜕变为暴君专制，绝非现实的最佳政体。这种逆转的原因何在，我认为，以推理与论证的有效性研究为核心的演绎逻辑的创生是一个非常根本的原因。至于赛先生，众所周知，除亚里士多德创立的演绎逻辑之外，第一个真正的科学系统——欧几里得几何学就奠基于演绎推理的基础之上。

张斌峰：但我们所说的赛先生主要指近代经验自然科学，而没有归纳逻辑和实验方法就没有近代科学。

张建军：诚然如此，但中世纪经院哲学所蕴育的演绎逻辑的恢复与发展构成了近代科学的必要基础，这一点今天已成为西方学界的共识。反观你刚才谈及的中国传统文化，无论我们能从中找到多少精华与优长，但演绎逻辑传统的缺乏，无疑是一个必须补救的文化缺陷。冯契是长期致力于挖掘中国传统文化精华的哲学家，但他也精辟地概括了我国传统文化的两大固有缺陷，那就是"经学独断论与权威主义"和"相对主义与虚无主义"，这两种思潮的共同特点就是不讲逻辑，在这一点上可谓两极相通。其实，这两种思潮在西方文化传统中也都存在，但是被演绎逻辑传统给予了强有力的制约。

张斌峰：你的观点与自称"五四之子"的殷海光的观点本质上相通，他在其学说的成熟时期一直只承认演绎逻辑是逻辑，并主张运用演绎逻辑从根本上改造中国的传统文化。但我记得你曾经在《哲学研究》发表《简论殷海光的逻辑观》一文，其中批评殷海光的逻辑观过于褊狭，这篇文章曾收入我主编的《殷海光学术思想研究》论文集之中。你现在的观点与你以往一再表示赞同和提倡的大逻辑观是否矛盾？

张建军：我的认识是，演绎逻辑乃"逻辑之本"，有本必有末（拓展与应用），但不能本末倒置。任何大逻辑观之"大"都是在演绎逻辑基础上的拓展，这已被20世纪逻辑学的大发展所证明。其实，殷海光本人也并非不知道各种广义的逻辑观，但他在其成熟期的研究中愈益深切地感到，只有认清逻辑的"本格"对象为演绎推理，并且把演绎推理训练作为"逻辑养成教育的主体"，才能纠正盛行于中国学术界并造成许多不良后果的对于逻辑学与非逻辑学科的混淆，特别是把逻辑学混同于心理学、文法学、知识论及形而上学（玄学）的倾向。他认为，这些混淆阻碍了现代演绎逻辑在中国的发展，从而也阻碍了现代逻辑分析方法在中国学界的引入和广泛运用。你是殷海光研究专家,对此一定非常清楚。

张斌峰:的确如此。我感到,你的"逻先生"概念的提出是直接受殷海光影响的结果。

张建军:殷海光是系统阐述演绎逻辑的社会文化功能的第一人。他关于演绎逻辑乃"天下之公器"的论证对我影响很大。他把演绎逻辑作为"跟反理性主义、蒙昧主义、褊狭思想、独断教条作毫无保留的奋战"之利器的论述,可以使人深刻地感受到逻辑之于德先生的不可替代的价值。关于赛先生,他给出了如下著名的假言连锁推理:"中国要富国强兵必须发展工业;中国要发展工业必须研究科学;中国要研究科学,必须在文化价值上注重认知特征;中国在文化价值上要注重认知特征,最必须而又直截的途径之一就是规规矩矩地学习逻辑。"从大家都关心的富国强兵出发展开论证,可谓用心良苦。

张斌峰:这在很大程度上也是殷海光对五四新文化运动中的逻辑思想之缺陷加以反思的结果,的确弥足珍贵。但殷海光本人的论述中也不乏"褊狭思想",比如他对于辩证法和辩证逻辑向无好感,经常予以痛斥。而据我所知,在目前所有逻辑学博士点中,你是唯一招收"辩证逻辑研究"方向博士生的人。那么对此你如何评论。

张建军:殷海光的确对辩证法特别是唯物辩证法存有偏见,这在相当长的时间内影响了整个台湾学术界。不过这在很大程度上也是辩证哲学界本身存在的问题所造成。唯物辩证法最初是以最彻底地反形式逻辑的面目传入的,这又是历史上的一个大不幸。这种局面直到50年代才得以改观。一个典型的象征是毛泽东的《矛盾论》原文有7000字是对形式逻辑的批判,在50年代再版时全部删掉了。但这种批判造成的问题迄今还根深蒂固地影响着我国学术文化界。我所主张的当代辩证逻辑研究,是建立在20世纪逻辑大发展基础之上的一种重塑。实际上,并没有辩证哲学背景的哥德尔所证明的不完全性定理,恰恰可视为"辩证法的代数学"(哥德尔本人晚年也研究了辩证哲学),而霍金正是通过研究哥德尔定理而放弃了物理学的"终极理论"追求。这些事实彻底驳斥了关于演绎逻辑与辩证法相排斥的观点。

我知道你的上述诘问都是问我是否陷入在你的著作中一再批评的"演绎中心主义",我看我们还是少谈些主义,多讨论问题。我在2002年参加在台湾大学举办的首次"两岸逻辑教学学术会议"时,有一次值得一提的遭遇:在我宣读了关于"逻先生"的论文后的讨论阶段,有一位台湾学者发言对这个提法表示赞同,但他提出,这个"逻先生"不应是形式逻辑,而应是辩证逻辑,这使我深感意外。我回答说,我作为中国逻辑学会辩证逻辑专业委员会的一员,对于台湾学者关心和研究辩证逻辑感到很高兴,但我这里指的"逻先生"首先还是形式演绎逻辑。这个发言和台湾学者提交会议的一些论文表明,台湾学界已经在一定程度上克服了对于辩证法和辩证逻辑的傲慢与偏见问题。但在大陆学界特别是哲学界,要解决长期形成的对演绎逻辑的傲慢与偏见问题,尚属非常艰巨的任务。

张斌峰:那么,你认为我们应如何设法解决这个问题呢?

张建军:应充分展开演绎科学方法论的研究与普及工作。20世纪逻辑学的重大发展首推演绎逻辑的长足进步,形式系统方法的广泛使用和元逻辑研究的充分开展,使演绎科学方法的功能及其固有局限都得到了具有彻底性的澄清。运用形式系统方法,现代逻辑学可以彻底严格地区分一个理论系统的语形、语义和语用并严格地研究它们之间的相互关系,由此才能获得像哥德尔不完全性定理、塔尔斯基形式语言真理理论、可能世界语义学乃至新近出现的情境语义学这样的重大理论成就,才使得一系列非经典演绎逻辑的系统建构和广泛应用成为可能。然而在国内学界,对于演绎逻辑和形式系统方法都存在一些有着广泛影响却似是而非的观点。比如,不少人把演绎逻辑视为促成与维护思维定势和僵硬教条、阻碍创新思维从而应当超越的"逻辑箱",而实际上,演绎逻辑恰恰是我们对任何既有教条进行"合理怀疑"的工具:若从某些前提经有效演绎推导得出逻辑矛盾或与经验事实不符的结论,那么这种推导本身就构成人们从这些前提的束缚中解放出来的有力杠杆;而现代演绎逻辑所提供的这类杠杆,在规模与效能上都是传统逻辑所不可比拟的。

张斌峰:然而不可否认的是,以数学方法为特征的现代演绎逻辑是远离人们日常思维中的实际论证的。正因为如此,近二十多年来,西方学界才兴起了"非形式逻辑"研究。所谓"非形式逻辑"显然是对"形式逻辑"的突破、超越和补充,它面向生活世界,交往世界,关注社会的交往行为活动,如法律论辩、人际交往、道德规范,日常论证的逻辑问题构成了非形式逻辑的中心。

我们知道，在一个具有健全的民主与法治机制的社会里，许多决策都是通过辩论促成的，或者说辩论应当渗透在社会的各个决策阶层。辩论有广义和狭义之分。广义的辩论是指，针对某一特定的论题，持有多种不同立场和意见的人，以有系统、有条理的言辞，陈述各自的立论与反驳；狭义的辩论，则是针对某一特定的主题，在一定的规则和程序下，持有正反立场的人，以有系统、有条理的言辞，当面陈述其立论与反驳。掌握论辩的逻辑规则、技巧与智慧，是我们进行有效决策的基本素质。公民如果没有有关论辩的逻辑知识与素养，那么在合理地运用选举权，或有效地使用言论自由权利方面，都会受到限制。而理性的谈辩，平等的对话，有效地沟通、理解，都离不开非形式逻辑的论证理论。受过非形式论证训练的公民，才有希望真正有效地参与到一个民主与法治社会中去。

因此，我认为当前的当务之急在于，我们必须大力加强非形式逻辑研究——这不仅是振兴逻辑学科的需要，而且更是推动社会进步的需要。

张建军：这的确很重要。如果说用最短语言概括德、赛两先生的共同特点，那就是"尊重论证"。这在赛先生那里不言而喻，任何科学发现要被科学共同体所接受，都必须经过充分的论证。"德先生"的要义绝不只是多数人说了算，而必须是在充分论证的基础上由多数人说了算。须知多数暴政也是暴政。任何真正的民主政体都要保护少数人自由论证的权利。当然论证不只是演绎论证，但首先是演绎论证。演绎逻辑正是对演绎论证有效性的评估提供普适性法则。而现代逻辑所把握的这种普适性法则，是传统演绎逻辑所远远不可比拟的。在同等条件下，人们把握的演绎逻辑法则越多，其评估论证的有效性的能力越强，而决不会相反。因此，决不应将现代逻辑中的形式论证和实际思维中的非形式论证对立起来。实际上，不但人们日常论辩中的论证是非形式的，科学研究中的绝大部分论证也是非形式的，而逻辑的任务，就是要为判定这些论证的有效性建立理性的法庭。

因此，我认为，与其说"非形式逻辑"研究的兴起是对形式逻辑的突破与超越，不如说是研究如何把形式逻辑已经把握到的逻辑法则更好地运用到实际的论证中去，同时在这些运用中不断地提出新的问题，促使形式逻辑去把握更多的逻辑法则。当然实际的论证绝不仅仅是逻辑问题（不论在多广的意义上理解逻辑）。成功的论辩不仅要以理服人，还要以情动人，还有幽默、气质、风度问题，也有把握论辩对象的个性的问题。但是，决不能把所有这些问题都汇集到"逻辑"的旗下，这种汇集会阻碍人们对真正的逻辑的认识与把握。当然不是说逻辑工作者不去关心这些问题。在当今学科交叉与融和的时代，更需要跨越层次的思考。但真正有成效的跨层次研究的前提首先是分清层次。尽可能严格地区分研究的不同层面，才能尽可能严格地把握不同层面之间相互作用的机理与规律，这正是20世纪"逻先生"的巨大发展留给我们的基本经验。实际上，深入把握逻辑学与相关学科的互动关联，把握现代逻辑成果的方法论价值，进一步展开多层面逻辑应用研究，尤其是在德、赛两先生实际论证中的应用研究，正是摆在中国逻辑学界面前的重要任务。

张斌峰： 看来你是把"非形式逻辑"定位在形式逻辑的应用研究，但在西方学界，很多人将之视为一个独立的学科，甚至有人给它起了另一个名字，即"批判性思维"，不过也有人将二者视为有很大的交叉部分的两门学科。无论怎样，都肯定了其独立的学科地位。

张建军： 应用研究也并非不能作为独立学科。比如"科学逻辑"就可视为演绎逻辑和归纳逻辑（乃至辩证逻辑）在"赛先生"那里的应用研究，它完全可以以独立学科而存在，但又必须承认以逻辑基础理论为先行学科。"批判性思维"的确是个很好的名称，它可以提示逻辑的一种重要的方法论功能。假如不确立批判性思维的诉求，我们很可能对逻辑的这种应用价值视而不见。我举个简单但并非不重要的例子。毛泽东主席有一个大家耳熟能详的著名论断："我们的事业是正义的，正义的事业是任何敌人也攻不破的。"迄今还经常被人引用。这是一个省略式三段论推理，省略了结论"我们的事业是任何敌人也攻不破的。"我们的许多讲逻辑的教材都把这句话当作一个正确的省略式三段论的范例。然而，如果我们开动批判性思维，按照三段论理论所阐明的逻辑结构进行认真评估，就会发现这不可能是一个前提真实并且形式有效的正确推理。为什么？因为如果这个推理的大前提"正义的事业是任何敌人也攻不破的"是一个可以加"所有"量词的全称命题，那么这不可能是一个真命题，因为其矛盾命题"有的正义的事业已被敌人攻破"显然为真，这是用不着多说的；如果不把它看作全称命题，而把这里的"正义的事业"看成集合概念，那么这个推理就典型地犯了"四概念"错误，就类似于说"群众是真正的英雄，我是群众，所以我是真正的英雄"一样。无论如何,这都不会是一个正确的推理。可是,为什么能很熟练地掌握对当关系与三段论理论的人也把它当作一个正确推理呢?这就是由于缺乏批判性思维的自觉所致。其实这段话的错误并不难以识别,实际上是"是"与"应当"的混同,二者之间有许多条件中介,涉及你所提到的事实世界和价值世界的相互关系问题。新中国历史上发生的许多悲剧是否和这个问题有内在关联呢?

张斌峰:这的确是一个貌似简单但沉重的话题。如果有真正的尊重论证的机制,我们可能避免一些不该发生的悲剧。

如学界所公认,毛泽东的历史建树及其悲剧均与他深受中国传统文化的熏陶有关。要真正在中国发挥"逻先生"的社会文化功能,完全的拿来主义肯定行不通,而必须实现中国传统思维方式的创造性转化。这就必须在中国传统文化中寻找一切有利于"逻先生"生长发展的资源。实际上,五四新文化运动的显著特点不只是西学东渐,还有对中国传统学术的检讨、反思,促成了中国传统非儒家思想的复兴,中国逻辑思想、中国本土逻辑的研究也粉墨登场,导致中国古代逻辑名学与辩学研究的复兴。

当然,视西方逻辑为唯一的逻辑,就自然会否定中国古代"人文思维的逻辑"(或融入人文价值系统的非"对象化"的逻辑)。因此,反思和总结五四以来西方逻辑学输入的历史经验与教训,并不难发现,我们必须对中国传统的"人文思维逻辑"加以挖掘和开发,使逻辑学不仅发挥科学思维的工具功能,也能成为"人文思维"的逻辑工具,能够成为促进人际交往、人文诠释、心性反思、情感沟通和行为互动的工具。

现代逻辑学与多学科的交叉产生了许多重要成果,尤其是主张从语言使用者,从语言使用的情境出发去研究问题的语用逻辑的兴起,不仅为逻辑学面向认知科学,而且为逻辑学面向人际交往和心性情感沟通提供了知识合法性的空间,同时也为中国传统思维方式的创造性转化提供了新的条件。其实,你在近几年的逻辑悖论研究中所倡导的"语用学转向",就可提供一个很好的研究平台。我们的许多见解可谓殊途同归。

张建军:确有许多殊途同归之处。近年来逻辑学研究中出现的"认知转向"和"语用转向"(用"转折"翻译 TURN 一词似更好),也使得我们可以期望逻辑研究与建基于社会实践理论的马克思主义辩证哲学、试图改变主客二元割裂图式的现象学乃至以"实用理性"为特征的中国传统思维方式研究以及其他方法论资源之间建立密切的互动关联。但应当指明,这两大转向都是在20世纪演绎逻辑大发展的基础上,为解决一些其自身产生(如经典悖论)和应用中提出(特别是人工智能研究中提出)的问题而自然出现的,决不应视为对逻辑之本——演绎逻辑的反动。

张斌峰:要适应这两大转向的要求,中国逻辑学者应变革传统的逻辑学研究方式,走出逻辑学之外,在其他领域寻求对话和合作,不断地扩展自己知识的范围。要能够与不同的思想背景和学科背景实现相互理解和相互对话,对不同的思想、观点持宽容的态度,善于从不同的思想的碰撞中激发出新的火花和灵感,以多种范式、不同风格、多层次地开展逻辑学研究。"开放的胸襟"正是逻先生的本质要求。

此外,我们既要充分认识逻辑学的社会文化功能,又要使逻辑研究与政治、文化保持应有的距离,使之沿着学术轨道发展。我们作为逻辑工作者思考和发扬五四精神,当化为自己的专业意识、敬业精神,以真正的逻辑精神、科学精神和民主精神,共同促进中国逻辑科学的繁荣发展。

张建军:非常赞同上述意见。我最后想说的是,今年也是我国现代逻辑事业的开拓者和奠基人金岳霖先生逝世20周年。金岳霖早年是从事政治学研究的,其硕士论文、博士论文做的都是政治学课题。正是在政治学研究过程中,他深切地感受到中国文化中演绎逻辑传统的缺乏所带来的种种严重问题,在中国学界最早提出并论证了"我们的信念一旦建立在理性的基础上,那么逻辑的有效性就成为最重要的问题"的思想。他在逻辑研究中所体现的高度的历史使命感和责任感深刻地影响了他的许多学生,上面我们提到的殷海光和冯契都是他在西南联大时期的研究生。我想我们的这次对话也可作为对金先生一种纪念。希望我们的讨论既有益于人们认识逻辑的社会文化功能,也有益于逻辑学界同仁更深刻地认识我们所肩负的历史使命。

逻辑精神与和谐社会的构建①

张建军

当代逻辑科学分为演绎逻辑、归纳逻辑和辩证逻辑三大基础理论分支,又有科学逻辑、非形式逻辑(论证逻辑)、认知逻辑、语言逻辑、决策逻辑(博弈逻辑、公共选择逻辑)、法律逻辑、人工智能逻辑等应用理论分支。逻辑理论与应用的历史发展所锻造的"逻辑精神"可概括为"一求四讲",即"求真、讲理、讲规则、讲条件、讲系统"。其核心是"讲理",即"尊重论证"。逻辑精神既反对一切迷信、盲从与偏执,也反对一切相对主义、虚无主义与"无特操"(鲁迅语)。显而易见,在当前构建社会主义和谐社会的实践中,逻辑科学及其精神底蕴可以发挥独特而重要的功能与作用。可以结合和谐社会的基本目标特征对此加以探讨。

一、逻辑与"民主法治"

如果用最简短语言概括"德先生"(民主)和"赛先生"(科学)的共同特征,那就是"尊重论证",而为合理论证提供"理性法庭"正是"逻先生"(逻辑)的基本职能所在。逻辑精神既是科学精神的基石,也是民主法治精神的基石。民主制度的要义并不只是各种多数决策机制,而必须是在充分论证基础上的多数决策机制,同时要在制度上保护少数自由论证的权利。逻辑与法治之间具有天然联系:违反逻辑的法律必导致法律体系的混乱,从而导致社会的混乱;立法、执法、守法都必须以遵循逻辑基本法则为前提条件。以逻辑系统的精神视之,法治社会决不能允许更不能鼓励"闯""冒"法律禁限的违法行为,但应当允许并鼓励就法律的合理性在不同层次上展开充分论辩,以利于适时改进法律与法律体系。不能不分层次地倡导"不争论",而应给"争论"与"不争论"划分恰当的适用畛域。显然,民主法治社会的构建呼唤社会成员逻辑意识与素养的普遍提高。

---

① 本文系作者在 2005 年 12 月"江苏省哲学社会科学界学会学术成果展示会"上所做大会发言。

二、逻辑与"公平正义、诚信友爱"

"依法治国"与"以德治国"相辅相成,而"德"与"法"均属社会"规范"。社会规范化的深层底蕴是社会的理性化,而逻辑正是社会理性化的支柱性学科,这是逻辑学最根本的人文性质。和谐社会本质上是以理性精神处理人与人之间、各种社会共同体之间及人与自然之间的相互关系的社会,而逻辑精神的缺位即意味着理性精神的缺位。在当前我国利益关系和社会矛盾呈现出多元交织、错综复杂的情境下,对于公平正义的多层次、多视角梳理,对于建构各种利益表达论证机制和容纳利益表达论证的制度安排,对于社会信用体系中理性因素与非理性因素相互作用机理的把握,均需要形式理性与辩证理性相结合的逻辑智慧。

三、逻辑与"充满活力、安定有序"

既充满活力又安定有序,是和谐社会的理想状态。"活力"的核心是"创造",而各种逻辑知识与方法都是思维创新的基本工具。演绎逻辑与归纳逻辑的程序化、合理化与宽容精神,辩证逻辑以"动态平衡"为特征的方法论,以及各种相关应用理论,在建设安定有序的社会体系方面的功能都是不言而喻的。中华辩证思维传统经过现代转型亦可发挥至关重要作用。

四、逻辑与"人与自然和谐相处"

善待自然,建设环境友好型、资源节约型社会理念的确立,正是基于对人类社会可持续发展的基本条件的深刻把握。各种逻辑理论均重视"条件"分析,形成了系统而丰富的条件理论。多思"如果—那么—",系统地"统筹"各种条件链条,增强思维的整体性与前瞻性,人们对自然环境的态度就会更趋理性化。

五、逻辑与构建和谐社会理论建设

上世纪70年代末关于实践标准的讨论和90年代初"要警惕右,但主要是防止'左'"的理念的确立,起了极其重要的解放思想的作用,极大地推动了我国改革开放和社会发展。长期危害我国社会发展的以极端化"斗争哲学"为标志的"左"倾思潮,在其思维方式上就是以反科学、反理性为特征的。而在我国社会转型时期出现的各种不讲条件、践踏规则、无视社会整体利益的行为,其反理性实质是与极左思潮一脉相承的。科学发展观特别是构建和谐社会理念的提出,是对发展理论进行深刻理性反思的重大成果。与之相应,在当前和谐社会理论建设中,应当进一步深刻认识实践究竟"如何"检验认识的真理性,进一步深刻把握"如何"建构克服反理性思潮之危害的长效机制。这两个"如何"都离不开逻辑思维的支撑。

逻辑科学本质上就是服务于如何在实事中"求"是,并且在系统关联中把握所求之是,增强人类分辨是非之能力的学问。在科学发展观指导下从事和谐社会理论研究,需面向新的时代要求更新、改善思维方式,以建设理性化和谐社会为基本诉求,在复杂多变的社会矛盾运动中深入把握规律、勇于并善于创新。在此过程中,"澄清概念、分辨层面、清理矛盾、追问可能、揭示预设、辨析共识、合理推导、严格求证"等逻辑分析方法,演绎与归纳统一、分析与综合统一、从抽象上升到具体等辩证思维方法,都有重要的方法论功能。现代逻辑的长足发展,为发挥逻辑学的社会文化功能提供了许多新工具,例如:现代道义(规范)逻辑、亚相容(次协调)逻辑、博弈逻辑等新型逻辑系统的发展,可以为在多方价值、利益冲突中寻求均衡性出路提供重要启发;逻辑悖论研究可以为社会摆脱各种进退维谷的"悖境",变恶性循环为良性循环提供方法论启迪。

因此,逻辑科学及其锻造的逻辑精神在构建社会主义和谐社会实践中大有用武之地;同时,实践的需要也呼唤在国民教育体系中加大健全的逻辑意识与逻辑素养的培育,进一步营造有利于社会理性化和谐发展的文化氛围。

逻辑与宗教对话[①]

张建军

经济全球化与信息化时代的到来,使得人类文化交流与融和的需求比

---

① 本文原载《江苏社会科学》2006年第4期,曾在第二届"两岸逻辑教学学术会议"(2006年10月,南京大学)做大会学术报告。

历史上任何时期都更为迫切,开展文明对话、构建和谐世界,已成为时代强音。在各种形式的文明对话中,宗教对话无疑居于至关重要的地位。德国著名天主教神学家、宗教对话的倡导者之一孔汉思(Hans Küng)被广为引用的名言:"当今世界没有宗教的和平就没有世界的和平,没有宗教之间的广泛对话就没有宗教的和平",可谓醒世至理。所谓"宗教对话",可分为两个明显有别但又相互作用的基本层面:一是宗教之间的对话,二是宗教与各种无神论之间的对话。细分起来,又有宗教间双方对话与多方对话,某宗教内部各宗派间的对话,各大宗教传统与各种世俗思潮或理论体系的对话、宗教伦理与政治、经济、生态伦理的对话等多种交叉重叠的形式。"宗教对话不仅范围广泛内容复杂,而且实属一种跨宗派、跨信仰、跨文化、乃至跨意识形态的艰难尝试。"[①]然而,无论是哪个层面、哪种形式的对话,既然都抱有"从冲突到对话"的基本诉求,就必然要历经通过辨析共识而"求同存异"的过程。显而易见,在这样的过程中,无论以"别同异"为特征的形式逻辑,还是以"合同异"为特征的辩证逻辑,都应当而且能够发挥重要作用。至于宗教对话的理论研究,诸如宗教对话的前提、模式、方法、目的、价值等方面的研究,逻辑工具的作用更是不言而喻的。

考察逻辑与宗教文化的相互作用,可从20世纪西方分析哲学对待宗教之态度的重大转折上,获得一些基本启示。众所周知,建立在真值函数论基础上的现代逻辑的创立与发展,使得逻辑学最终从哲学母体中独立出来,并成为在当代学科体系中与数、理、化、天、地、生相并列的基础学科。但逻辑学毕竟具有比其他基础学科更强的"人文性",作为一种崭新的分析工具的现代逻辑反作用于其母体,即形成了声势浩大的分析哲学运动,导致了哲学研究的"语言论转折"。以罗素和逻辑实证主义学派为代表的前期分析哲学家,以现代逻辑的理论与方法作为解构一切独断教条的犀利武器,大多对宗教特别是基督教信条采取了拒斥态度,宣布它们只是一种主观情感或体验的产物,属于不可能得到合理辩护的无意义命题,"连假的资格都没有"。逻辑实证主义者更是打出了"拒斥一切形而上学"的旗帜,所有导致"本质主义"的学说都被宣布为虚妄。但是,时至20世纪后半期特别是70年代之后,事情发生了重大变化。为解决现代模态逻辑难题而创

---

① 张志刚:《宗教研究指要》,北京大学出版社2005年版,第335页。

建的可能世界语义学,为本质主义在分析哲学中的复活提供了可能。在此背景下,以普兰廷加(A. Plantinga)和斯温伯恩(R. Swinburne)为代表的一批新生代英美分析哲学家,发起了一场遵循逻辑分析基本范式的新型"护教"运动。他们娴熟地运用现代演绎逻辑与现代归纳逻辑的成果,重新论证了基督教的一系列基本信条,并围绕上帝存在的证明、上帝的基本属性(全知、全能、全善)、恶的问题与神正论辩护、宗教经验(神秘体验)与神迹、死亡与不朽及理性与信仰的基本关系等核心问题,以及启示、救赎、三位一体、道成肉身等基督教的具体问题,展开了一场旷日持久的论辩。论辩既在他们与无神论者之间进行,也在其内部"基础论者"与"证据论者"之间展开,其规模可与中世纪经院逻辑学者之间有关"唯名论"与"唯实论"的长期论辩相媲美。"如果说,中世纪的经院哲学家使用传统逻辑的方法(即他们所谓的辩证法)把信仰加以系统化和深化,(当代)英美基督教哲学家使用现代的逻辑和语言分析的方法,也起到了同样的作用。"[1]长期论辩的结果,从根本上改变了分析哲学与宗教之间的紧张关系,许多具有分析哲学背景的学者纷纷加入了"护教"行列,其中从属于"美国哲学协会"的"美国基督教哲学家协会"的成员就达一千多人,甚至连20世纪最伟大的逻辑学家哥德尔也加入了用现代逻辑方法论证"上帝必然存在"的行列[2]。

由于种种历史条件所造成的特定的学术背景和理论范式,我国学界对于当代西方分析哲学的这种重大转变及上述论辩长期缺乏关注,只是近几年才有所改观,比如在2001年北大《未名译库》"哲学与宗教系列"中出版了上述论辩的一部译文集《当代西方宗教哲学》和几部有关译著,这是我国学者与"美国基督教哲学家协会"学术交流的产物,但相关研究仍非常初步。纵观这场持续几十年、参与者众多的论辩,可以看出其具有如下特点:

一、论辩参与者从最坚定的排他主义信仰者、宗教多元论者到最坚定的无神论者,具有各不相同的立场,但都努力掌握与运用现代逻辑工具,普兰廷加等人本身就是颇有成就的逻辑学家。

二、论辩者所使用的逻辑分析工具各有侧重,有的侧重于演绎逻辑,

---

[1] 赵敦华:《〈当代西方宗教哲学〉中文版前言》,载《当代西方宗教哲学》,北京大学出版社2001年版。
[2] 参见王浩:《哥德尔》,上海译文出版社1997年版,第270页。

有的侧重于归纳逻辑,有些参与论辩的具有欧陆哲学背景的学者则体现了一定的辩证逻辑思想。

三、尽管论辩难免"唇枪舌剑",但大多数论辩参与者都对论辩对手的信仰特别是其逻辑论证给予了充分尊重,并努力"同情地"理解对方的思维方式,"揭示预设、辨析共识"的方法在论辩中得到了充分运用,明显的求同存异的诉求使论辩取得了"螺旋式上升"的丰硕成果。

四、论辩既显示出现代逻辑工具的普适性效力,同时也暴露出了现有逻辑工具的许多重要局限,显示了进一步丰富与发展逻辑工具的必要性与重要性。有些学者在论辩过程中同时从事现代逻辑的发展工作,并取得了关于宗教学这样的人文学科与经验科学在方法论上的差别与关联的一些新的规律性认识。

实际上,这场论辩可视为逻辑在宗教对话中的作用的一次集中体现。尽管争论主要是围绕基督教(包括天主教与新教)而展开的,但无神论者和宗教多元论者的参与,使其具备了在"宗教对话"上的典型价值。通过论辩,在澄清概念、分辨层次、清理矛盾、严格推证的基础上,透过看上去"不可通约"的信仰体系之间的多重冲突,有关"终极关怀"、"永恒追求"及与之相关的多层次共识性信仰与价值规范(包括正向规范和负向规范)得到了进一步澄清与确认。宗教多元论者、当代宗教对话理论的主要开拓者希克(J. Hick)曾就此总结说:"在其最根本的道德共识,伟大的传统都运用了一个共同的标准。因为它们都赞同给予我们称之为爱或同情的对别人的无私关怀以核心的和规范的地位。这在珍视别人正如珍视我们自己并相应地对待他们这一原则上得到了共同表达。"就所有主要宗教的共性而言,"我们的宗教经验,受到我们的宗教概念套数的多样化塑造的,是对终极神圣实在的普遍临在的认知回应,这实在本身则超出了人类的概念化能力。这实在显现给我们的方式是由诸多种类的人类概念形成的,宗教史上的神圣位格与形上非位格都见证了此点。每一主要传统,围绕着它自己的思考及体验实在的独特方式建立起来,都发展出了它自己的对我们的起源及命数的永久问题的回答,构成了或多或少综合的和逻辑上一致的宇宙论和末世论。"①这些共识性信仰与规范在不同社会文化情境中的不同表现及其差异之缘,信仰体系间的"不可通约性"及其历史根源,在论辩中也得到了不同程度的呈现与深入探讨。这种同与异不仅体现在不同宗教之间,而且也体现在同一宗教的不同流派之间;不仅表现在不同信仰之间,也表现在不同思维方式之间。经过多层次辨析与整合,各种宗教思想之间可以形成一个既有连续性又有间断性的家族谱系,而逻辑分析可以使这种谱系得到比较清晰的呈现。

这场论辩所提供给我们的另一重要启示,是如何正确把握逻辑思维在宗教对话中的角色定位。逻辑是人类理性的支柱,但不可由此推断,在理性主义与信仰主义的争论中,逻辑必定站在理性主义一方;正如不可由此推断,在理性主义与经验主义、理性主义与意志主义的争论中,逻辑必定站在理性主义一边一样。就后两者而言,现代科学与哲学的发展已经充分表明,逻辑并不是理性主义的附庸,而是在理性与经验之间、理性与意志之间维持必要的张力的工具;同样,逻辑也是在理性与信仰之间维持必要的张力的工具,这个道理在上述论辩中得到了比较充分的确证。此外,逻辑之于不同信仰的相对"中立性",在这场论辩中也得到了明显的体现,不同的信仰体系可以使用相同的逻辑工具展开论证。但是,对这种"中立性"切不可做绝对化理解。对论辩的深入辨析可以见得,人们所侧重使用的逻辑工具不同,有可能对其认知与信仰体系产生深刻的影响,因而会表现出非常不同的特征。

如果我们运用上述启示来看更大范围乃至全球范围的宗教对话,可以获得关于逻辑在宗教对话中所可能发挥的作用的一些基本认识。

首先,由于逻辑工具(无论是形式逻辑还是辩证逻辑)所具有的相对中立性与普适性特质,置诸宗教对话之中必定具有分辨同异、把握同异关联的基本方法论功能。诚然,从根本上说,展开宗教对话的可能性乃缘于历史唯物论所揭示的不同信仰共同体所处社会历史条件方面的同异,然而,如果不尊重逻辑、不尊重论证,则良性的建设性对话就不可能展开。近年来,有的国内学者遵循历史唯物论的大思路,主张应从人类的实际生存处

---

① 希克:《宗教多元论与拯救》,载《当代西方宗教哲学》,北京大学出版社2001年版,第682、690页。

境入手把握各种宗教体系之"同",从而探讨宗教对话的可能性与现实性,并据此批评希克等人的多元主义理论脱离了宗教的历史形态和历史发展,具有明显的抽象性、非历史性或超历史性,因而具有明显的乌托邦性质,与之相关,这种理论混淆了哲学理论与宗教信仰,忽视了宗教对话的层次区分,特别是宗教信仰层面和宗教文化层面的区分,因而不可能指明良性宗教对话的现实道路;进而颇具见地地指出,如果清楚地区分上述层次,从而把握对话中的"文化中介"和"生存体验中介",就可以找到宗教对话的现实途径和基本模式。① 实际上,这样的探讨已使得逻辑工具的作用呼之欲出。帮助人们清楚地辨析各种不同层面,进而清楚地把握各层面间的系统性、规律性关联,正是逻辑的一种基本职能,对于任何学科研究都是如此,对于一种"对话"理论则更为至要。但迄今在国内宗教对话研究中,尚没有获得关于这一点的公共意识。

其次,开展宗教对话必须注意各种信仰共同体之间在思维方式上的差异。恰如费尔巴哈所言:"每一特点的宗教,每一种信仰方式,都同时又是一种思维方式。"②思维方式的不同源于历史地形成的逻辑思维主导类型的不同。我们已注意到上述论辩中不同参与者在思维类型上的差异,不过从总体上说论辩中仍以形式逻辑思维占主导地位。正如有些学者所言,如果把这场论辩置于欧陆哲学语境中,同样是关于基督教信仰的争论,其面貌就会发生一定变化,辩证思维方式就可能发挥更大作用。就大尺度来说,比如就基督教、佛教和我国的道教的思维传统的比较而言,可以明显地发现演绎思维方式、归纳思维方式与素朴辩证思维方式在思维主导类型上的有序化过渡。可以说,这种思维方式上的差异对各种信仰系统的内在气质和风貌都有着很大的影响,是在宗教对话中必须予以高度关注与深刻把握的。因此,深入考察各种不同的思维方式与宗教文化互动发展的历史进程,应作为把握逻辑在宗教对话中的作用机理的基础性工作。同时,我们也要强调指出,逻辑思维工具毕竟是具有普适性的,所谓"人同此心、心同此理"。不同思维方式之间的沟通、理解、交融与互济,正可为开展宗教对话搭建"逻辑之桥"。可以期待的是,我国以"和而不同"为基本特征的辩

---

① 参见段德智:《试论希克多元论假说的乌托邦性质》,载《基督宗教研究》第4辑,宗教文化出版社2001年版;《试论宗教对话的层次性、基本中介与普遍模式》,载《武汉大学学报》2002年第4期。
② 转引自赖永海:《宗教学概论》,南京大学出版社1990年版,第303页。

证思维传统以及这种传统在宗教对话与融和方面的历史经验,必定在当今宗教对话与和谐社会、和谐世界建设中发挥独特的作用。

再次,宗教对话不是单个人的孤立信仰之间的对话,而是信仰共同体信仰系统(必附之以知识系统)之间的对话。而逻辑不仅是认知共同体的公共知识系统化的工具,也是信仰共同体的公共信仰系统化的工具。如何在理性与信仰之间维持必要的张力,是人类社会文化良性发展的永恒主题。逻辑作为维持这种张力的基本工具,既是反对一切盲目迷信与宗教极端思想的利器,也是反对一切信仰霸权主义,促进信仰共同体之间的良性对话与互动,维护人类文化多样性和谐发展的基本思维装备。不过,这种装备虽然在20世纪获得了长足发展,但从当代社会实践的需要来看已经显示出其多方面局限性。我们说要为宗教对话"搭建"逻辑之桥,而不是简单地说"提供"逻辑之桥,正是因为现有逻辑工具本身还需要不断发展与完善。在近年来产生的一系列新型逻辑理论中,对宗教对话的逻辑研究可能发挥独特作用的当推"非形式逻辑"、"情境语义学"、"公共选择与行动逻辑"和"亚相容(次协调)逻辑"。其中非形式逻辑致力于系统考察形式逻辑在实际的非形式论辩中的应用机理,亚相容逻辑直接试图刻画人类在"由冲突走向对话"中"求同存异"的逻辑机理,公共选择与行动逻辑有益于把握公共信仰与群体行动的选择与改进的逻辑基础及在此过程中理性与非理性相互作用的实在机制,情境语义学则是试图把历史—现实情境因素引入逻辑系统的崭新理论,被称为"社会实践论的代数学",已经在解决人类理性思维的古老难题——逻辑悖论及一系列类悖论二难问题上显示出其强大功能,凡此种种,都为发挥逻辑在宗教对话中的作用,提供了新的有利条件。同时,这些工具也必将在应用中获得新的发展,从而更好地适应宗教对话等社会实践的需要,这也是当代逻辑学者所肩负的历史责任。

关于普通高中实验课程"科学思维常识"①

张建军

各位老师,很高兴能有这样的机会,与大家共同探讨"科学思维常识"这门课程的讲授问题。关于本课程的指导思想、教学目标、内容安排和教学技巧,我们在《教师教学用书》中已做过说明与讨论,老师们可以参考。今天,我主要就本课程教学中一些需要准确把握的问题谈谈自己的见解,希望对大家有所帮助。

一、正确把握本课程的教学目标

在新课标所规定的高中思想政治课程中,"科学思维常识"是一门新课,它是与"生活与哲学"直接衔接的一门课程,是对"生活与哲学"课程中认识论和辩证法等方面内容的拓展。在"生活与哲学"课程解决了"为什么要求真、创新"的前提下,本课程着眼于从思维方法方面引导学生如何善于求真、善于创新。其基本教学诉求,就是通过科学思维方法的学习和训练,进一步培养学生的科学精神和创新能力。

相对于"生活与哲学"课程的有关内容而言,本课程侧重于教给学生一些具体的科学思维方法,更具有技能性和应用性。但作为思想政治课的一部分,本课程也要努力发挥思想教育的功能,要通过教学使学生进一步深刻体会到马克思主义世界观和方法论的科学真理性和力量。《科学思维常识》②教材编写过程中,在体现这一点上下了很大功夫,希望在教学过程中也能使之得到体现。

"科学思维常识"之所以能够纳入思想政治教育系列,是由于马克思主义意识形态与其他意识形态相比有一个根本差异,那就是它的科学性,它

---

① 本文系教育部"2007年高中新课程实验省(市)思想政治学科骨干教师国家级培训班"辅导讲座,收入《普通高中思想政治课程导论》,人民教育出版社2007年8月版。全文由教育部普通高中思想政治课程标准实验教材编写指导委员会及特约审读专家共同修改定稿。
② 张建军、王习胜(主编):《科学思维常识》,人民教育出版社2007年第2版。

的意识形态性与科学性是统一的。实际上,我们所谓"科学思维"的"科学"概念,与"科学社会主义"、"科学发展观"的"科学"概念,具有本质上的相通性。马克思主义发展史上各个阶段的重大理论创新,都是科学思维的结晶。因此,"科学思维常识"的教学,可以和其他各门思想政治课的教学密切结合、相互为用。其他各门课程的内容都可以作为"科学思维常识"课程的素材,而科学思维方法的自觉运用,无疑有助于加深对其他课程内容的理解与把握。

值得强调指出的是,"科学思维常识"课程的开设,对于全面推进素质教育具有重要价值。从当前我国社会文化发展大背景来说,无论是以科学发展观为指导构建社会主义和谐社会,还是建设创新型国家,都对学校素质教育提出了更高的要求。显而易见,在社会成员适应当代社会发展需要的综合素养中,科学思维素养具有举足轻重的地位。胡锦涛同志在关于树立社会主义荣辱观的讲话中,再次强调"要在全体人民中大力弘扬科学精神、普及科学知识、树立科学观念、提倡科学方法,努力在全社会形成学习科学、相信科学、依靠科学的良好氛围,促进全民族科学素质的提高。"2006年6月在两院院士大会上的讲话中,他又全面阐述了加紧培养造就创新型科技人才的重大意义,其中明确地把"严谨的科学思维能力"作为创新型科技人才的六大"主要素质和品格"之一。在高中开设以培育和提高学生的科学思维能力为宗旨的"科学思维常识"课程,对实现上述目标具有重要意义与价值。因而,开好本课程,是值得大家投入精力做好的一项重要事业。

二、如何理解"科学思维"?

目前学界并没有关于"科学思维"的统一定义,但要教好这门课,就不能不对"科学思维"有一个比较明确的理念。

"科学思维"的"科学"概念是一个性质概念,指的是思维的"科学性",这种性质在科学研究(包括自然科学研究和人文社会科学研究)中有典型体现,但决不局限于此。社会生活的任何领域的思维都有科学性的问题,都需要社会成员提高科学思维素养。

从广义上说,"科学思维"就是"正确思维",就是正确反映客观事物及其规律,从而能为社会实践服务的思维。"生活与哲学"课程所阐述的马克思主义实践观和能动的反映论,对此做出了说明。

任何"正确思维"都有一个思维方法层面。思维方法研究具有相对独立性，一种思维方法可以遍及所有思维领域。正确的思维方法就是合乎思维规律的方法。思维方法正确与否，对于思维内容的正确把握，即对于正确反映客观事物及其规律，具有至关重要的意义。

显然，《科学思维常识》所说的"科学"，指的就是思维方法的"科学性"，即思维方法的正确性。但思维方法与思维内容是不能割裂的，正确的思维方法是为把握正确的思维内容服务的。因此，《科学思维常识》教材把"追求认识的客观性"作为科学思维的首要特征。所谓"认识的客观性"，就是认识与客观实际相符合。这体现了马克思主义认识论的本质要求，是把握任何思维方法的科学性的基本出发点和落脚点。教材中所阐释的科学思维的其他总体特征，诸如追求"精确性"、"可检验性"、"预见性"、"普适性"等，都是由客观性诉求所派生并为之服务的。

为实现思维的客观性诉求，人们进行了长期的求索，在探求人类思维规律的基础上，提出了一系列旨在把握客观真理的科学思维方法。这些方法的提出及其应用，是"生活与哲学"课程所阐发的人类在认识与改造世界的过程中主观能动性作用的生动体现。课程标准所概括的形式逻辑思维方法、辩证思维方法以及思维创新方法，都是人类科学思维活动的概括和总结。学好本课程，就可以对科学思维方法有一个初步的系统把握，提高科学思维的自觉性，提升思维的品质。

正确理解"科学思维"的概念，还需要正确把握"规律"与"规范"之间的相互关系。正如"生活与哲学"课程所阐明的，规律是客观的，是支配着事物的发展过程而不以人的意志为转移的。我们平时讲的应当遵循客观规律，违反客观规律就要受到惩罚，这里的"遵循"或"违反"，实际上指的是对于与客观规律相符合的认识与行动规范的"遵循"或"违反"。"遵循"或"违反"都是就主体行为而言，并不是给规律本身找到了什么"正例"或"反例"。我们说某种行为"合乎客观规律"，就是指遵循与客观规律相符合的某种行为规范。之所以要建立这样的规范，是由人类实践活动的合规律性与合目的性的辩证关系所决定的。人们要想获得实践的成功即达到实践的目标，就必须按照客观规律的要求规范自己的认识与行动，否则就会在实践中失败。这个道理在自然规律和社会规律的把握上比较容易理解。但在对思维规律的把握上，鉴于思维可以"反思"的特点，需要对此给予更细致的辨析。

尽管任何思维都是人的思维,但任何思维规律都是客观的,也是不以人的意志为转移的。正如《认识的反思》一书(人民出版社2000年版)所阐明的:"认识规律的客观性意味着,人的认识活动、认识的发展、认识成果的取得,是有规律的,是受客观规律支配的,不管从事认识活动的主体是否意识到了这些规律的存在,是否自觉遵循这些规律去从事认识活动,它们的认识活动实际上都受这些规律支配。"因此,我们所说的"遵循"或"违反"思维规律,就是指"遵循"或"违反"与思维规律相符合的思维规范。例如,不矛盾律是形式逻辑所揭示的一条思维规律,它是指任何相互矛盾的命题不可能同时都真,或者说一个判断不可能同时既是真的又不是真的;而"不能同时肯定相互矛盾的判断",或者说"对同一判断不能同时既肯定又否定",就是与不矛盾律相符合的不矛盾规范,"自相矛盾"的逻辑错误,就是对这条思维规范的"违反"。又如,三段论理论告诉我们,凡是有效三段论中项都至少周延一次,这揭示的是一条思维规律;而"三段论中项必须至少要周延一次"的规则,就是与这条规律相符合的规范,违反它,就会犯"推不出"的逻辑错误。再如,任何真理都是相对性与绝对性的对立统一,这是辩证思维理论所揭示的一条思维规律,而坚持以这种对立统一观点去认识与把握真理,就是与这条规律相符合的辩证思维规范,违反它,就会犯绝对主义或相对主义的错误。

因此,与任何认识与行动规范一样,科学思维研究的任务,就是要在系统把握思维规律的基础上,系统把握与它们相符合的正确思维规范。在这些思维规范中,既有演绎逻辑的刚性思维规范,也有归纳逻辑的柔性思维规范,还有辩证思维的刚柔相济的思维规范,以及关于思维创新的一系列示向性、启发性规范。遵守而不是违反这些思维规范,就是思维的科学性的要义之所在,也就是科学思维方法的要义之所在。

明白了这个道理,也就可以回答人们对《科学思维常识》教材中"思维需要逻辑"、"思维应该辩证"这样的提法的疑问。从规律层面说,逻辑规律当然是在所有思维中普遍适用的,任何思维也都是辩证发展的。我们这里所说的"需要"、"应当",都是从正确思维规范和科学思维方法的层面来说的,其所强调的就是学习与训练科学思维方法的必要性与重要性。

为更好地与"生活与哲学"相衔接,教材从"思维"概念切入,说明了

"思维"的广义与狭义。"生活与哲学"课程所使用的"思维"概念主要是从思维与存在的关系角度阐述的,它与"意识"同义,是广义的"思维"概念,而本课程使用的是狭义的"思维"概念,它指谓人的认识的理性阶段,是人脑对客观事物间接而概括的反映。

这里需要讨论一下思维和语言的关系。语言是思维的载体,没有语言材料的、赤裸裸的思想是不存在的。正如马克思所说:"语言是思想的直接现实。"就抽象思维而言,一定的思维形式都有一定的语言形式相对应。概念与语词相对应,判断与语句相对应,推理与复句或句群相对应。但思维和语言又有区别。思维是一种精神现象,而语言是一种物质存在。思维和语言各有自己的规律,它们之间的对应不是机械的。语言有民族性,思维没有民族性,全人类都要遵循共同的思维规律所决定的思维规范。

语言、思维和作为认识对象的客观实在的关系,可表示为如下认识三角形:

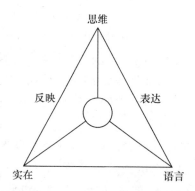

中间的圆圈代表认识主体。科学思维学的研究对象是思维,思维反映客观实在,同时思维又通过语言来表达,研究思维离不开研究语言,但又要时刻注意语言与思维的区别。要注意不同语词可以表达同一概念,不同语句可以表达同一判断;更要注意同一语词在不同语境中可以表达不同概念,同一语句在不同语境中可以表达不同判断。而在同一语境中一个语词必须表达同一个概念,一个语句必须表达同一个判断,这是科学思维的一个起码要求。始终注意分清认识三角形所表明的层次区分,是保持思维的科学性的一个必要条件,这在教材与教学用书中都有例证说明。

此外,为了说明抽象思维与形象思维的异同,教材引进了"思维形态"

概念,说明抽象思维和形象思维是两种不同的思维形态。科学思维以抽象思维为主,以形象思维为辅;文学艺术思维则以形象思维为主,以抽象思维为辅。这是一个在教学中应当阐明的观念。形象思维在科学思维中是辅助的,但并不是不重要的。特别是在思维创新中,形象思维往往能起到关键作用。尽管《科学思维常识》所讨论的创新,是隶属于科学思维的创新,即关于有所发现、有所发明两方面的创新,但形象思维在发现与发明活动中的辅助作用是不能忽视的。提高形象思维能力,也是提高科学思维素养的一个重要方面。因此,应鼓励学生加强文学艺术修养,不断提高形象思维能力。

对形象思维在科学思维中的作用机理的把握,迄今还是思维科学的一个前沿课题,还不像抽象思维的作用机理那么清楚,这一点也可向学生讲明,以激发他们的探索热情。

三、正确把握"思维创新"

细心的老师可能已发现,《科学思维常识》教材各专题没有直接采用"课标"中"遵循逻辑思维的要求"、"把握辩证思维的方法"、"培养创新思维的能力"这样的表述,而是把各专题的题目修改为"遵循形式逻辑的要求"、"运用辩证思维的方法"和"结合实践、善于创新",这是经教材编写指导委员会专家反复研讨后所做的微调。之所以做这样的修改,是为了避免造成把逻辑思维、辩证思维、创新思维三者平列起来的误解。实际上,这三者具有递进关系:辩证思维也要遵循形式逻辑规范,而在思维创新活动中都要运用形式逻辑思维与辩证思维的基本原理与方法,没有独立于形式逻辑思维与辩证思维的创新思维。

明确这一点是非常重要的。我们所讲的"思维创新",不是与形式逻辑思维、辩证思维相并列的另一种思维形态,而是包含着形式逻辑思维、辩证思维之应用的一种思维形态。思维创新理论既要探讨形式逻辑思维方法与辩证思维方法在创新中的应用机理,也要研究它们与人的意识活动中的非逻辑因素、非抽象思维的相互作用机理。某些流行的谈论"创新思维"或"创造力"的书籍,把"创新思维"与逻辑思维、理性思维对立起来,认为要创新就必须打破"逻辑箱",甚至把"创新"说成神秘的"灵机一动"和"点子术",这种观点是不科学的、有害的,这是在教学中应当着力加以澄清的。

如前所说，所谓思维创新可分为"发现"和"发明"两个基本的方面，也就是认识世界方面的创新和改造世界方面的创新。无论哪个方面的创新，都需以对客观事实、客观规律的正确把握，也就是以求真的理性思维为前提。认识的真假对错并不以认识的"新"或"旧"为转移。新的未必是对的，旧的未必是错的，一切以社会实践的检验为转移。思维创新的必要和重要，是由人类真理性认识的相对性和社会实践的不断发展所决定的。只有在实践的基础上坚持真理、修正错误，运用科学思维方法研究新情况、解决新问题，才能真正做出有价值的"突破前人"的创新性成果。这种"突破"，都是在研究借鉴前人已有成果的基础上，修正前人的错误认识，或者获得前人未能认识和把握的东西。因此，从宏观指导思想上说，解放思想、实事求是的思想路线，实际上也就是指导思维创新的基本指针；从具体思维方法上说，思维创新是多种思维方法综合作用的结果，它既不是一种简单孤立的思维活动类型，也不是思维活动类型的简单叠加，而是建立在实践基础之上并与实践能力相互协调的，多种思维方法相互协同、有机结合、整体涌现的一种综合效应。

我们强调树立正确的思维创新观，当然不是轻视具体的创新技法的价值。《科学思维常识》教材从创新技法角度具体介绍了发散思维、聚合思维和逆向思维的一般方法和技巧，也特别介绍了把握直觉、想象和灵感的一般方法。而在介绍这些方法的过程中，都注意通过生动的事例，阐明形式逻辑方法、辩证思维方法以及形象思维方法在其中的作用机理，说明真正的创新成果，无论是重大的认识与实践的创新成果，还是日常生活中有价值的发明创造，实际上都是求真的科学思维的结果，从而表明"功夫不负有心人"、"机遇只垂青有准备的头脑"的道理。

通过这样的教学活动，可以帮助学生树立起正确的思维创新观，也可以揭开"创新"的神秘面纱，激发学生追求真理、矢志创新的热情。教学用书中转载了《人民日报》发表的《论自主创新》一文，转载了《逻辑、科学、创新》一书中关于创新的不同种类和不同层次的讨论，其中有很精彩的论述，也有一些需要进一步探讨之处，大家可在教学中参考与研究。

当然，在树立正确的思维创新观的前提下，"创新思维"与"创造性思维"这样的术语完全可以继续使用，只要不将它们看作游离于基本的科学思维方法之外的一种神秘思维的表述，就可以作为我们所阐释的"思维创新"的同义词来使用。

四、正确把握形式逻辑思维与辩证思维的关系

学界对于"逻辑"一词的使用有广义和狭义之分,狭义的逻辑学只指形式逻辑甚或演绎逻辑,广义的逻辑学还包括辩证逻辑和逻辑应用方法论。课程标准中的"逻辑"是在狭义上使用的,为免歧义,教材将之明确称之为"形式逻辑"。对于《科学思维常识》课程而言,正确理解与把握形式逻辑思维方法与辩证思维方法在科学思维中的地位和作用是非常重要的,而这就需要正确理解与把握形式逻辑思维与辩证思维的关系。

关于这个问题的认识,首先要明确的一点是,与辩证思维方法相对立的是孤立地、静止地、片面地看问题的形而上学思维方法,而不是形式逻辑思维方法。历史上确有人把形式逻辑与形而上学混为一谈,特别是上世纪30年代苏联学界也一度这样认识,造成了一些理论混乱。许多西方学者就抓住这一点,批判马克思主义哲学是反科学思维的。例如,英国著名哲学家卡尔·波普尔就此专门写过一篇《辩证法是什么》,把辩证法混同于诡辩论。这篇文章收入了他的名著《猜想与反驳》。澄清这个问题,对于学生识别这种"批判"的不当之处,是有重要意义的。

在教学中澄清这个问题,可以从"矛盾"这个概念的分析入手。"生活与哲学"课程中讲的作为辩证法的核心的"矛盾"概念,是指普遍存在于客观世界中的对立面统一的"客观矛盾",反映到思维中来,就是辩证思维方法论所讲的"辩证矛盾",它和形式逻辑不矛盾律所讲的"矛盾"是根本不同的,后者是一切科学思维都要拒斥、都必须排除的"逻辑矛盾"。这是同一语词表达不同概念的一个典型。

逻辑矛盾与辩证矛盾的根本区别是:包含逻辑矛盾的判断即自相矛盾的判断都是直接或间接地既断定某事物具有某种属性,同时又断定该事物不具有这种属性;而辩证矛盾判断断定的是事物同时具有两种对立统一、相反相成的属性。

区分逻辑矛盾和辩证矛盾,也要特别注意语句与其所表达的思想之间既相联系又相区别的关系。

"运动物体既在这一点,又不在这一点",如果其所表达的是物体运动"既有间断性,又有连续性,是间断性与连续性的对立统一",则其所表达的是辩证矛盾思想,但若理解成物体运动"既有连续性,又没有连续性"或"既有间断性,又没有间断性",那就是逻辑上自相矛盾的思想。说"物体运动有间断性就不能有连续性",是一种形而上学的断言,并不是形式逻辑的断言。

再如,我们平时所说"雷锋是平凡的,又是伟大的"。其中的"平凡"指他的工作岗位和事迹;而"伟大"是指他的精神和价值。这种理解既符合辩证法,也不违背形式逻辑的要求。不能把这个断言理解为雷锋既具有平凡的属性,又不具有平凡的属性,既具有伟大的属性,又不具有伟大的属性。后面这种理解就属于逻辑上的自相矛盾,是为形式逻辑所排除的。

向学生讲解这个问题,可以利用韩非的"矛盾"故事,说明那个同时卖矛和盾的人的断言显然是"逻辑矛盾",其所断言的内容"不可同世而立";但如果我们研究矛与盾在武器统一体中的对立统一关系,形成关于进攻与防御的"辩证矛盾"思想,这根本不是自相矛盾。

马克思、恩格斯把逻辑矛盾称为"自我消灭的矛盾"、"荒唐的矛盾",并经常用"木制的铁"、"方的圆"这样的形象比喻揭露论敌的逻辑谬误。列宁则明确指出:"'逻辑矛盾'——当然在正确的逻辑思维条件下,——无论在经济分析中或在政治分析中都是不应有的。"显然,科学形态的辩证思维,必须自觉地把拒斥逻辑矛盾、保持思维的确定性,作为它的一条基本准则。这是保证辩证思维卓有成效的重要前提,也是它区别于相对主义与诡辩论的一个重要标志。

因此我们说,辩证思维与遵守形式逻辑法则的形式逻辑思维是相辅相成的互补关系。辩证思维必须遵守形式逻辑法则,而只有坚持辩证思维,形式逻辑才能更好地发挥其认识功能与作用。

形式逻辑思维与辩证思维的这种互补关系,实际上根源于"生活与哲学"课程中已经阐明的真理的绝对与相对的二重性。任何真理性认识都有其绝对性和客观性的一面,因为它们所把握的是不断变化的世界中的事实与规律,也就是"实事求是"中的"实事"和"是",它们都是"变中之不变"。"真理只有一个",一个关于事实或规律的判断绝不可能同时既是真的又是假的,既是对的又是错的。以不矛盾律、排中律和同一律为根本大法的形式逻辑正是用来保证求真思维的确定性和前后一贯性,反对颠倒黑白、混淆是非的基本工具;同时,我们又知道,任何真理性认识也都有其相对性和有条件性的一面，必须运用辩证思维把握"变"与"不变"的有机统一，从而保证求真思维的灵活性，避免思维僵化。形式逻辑思维与辩证思维的相辅相成，是求真的科学思维的本质要求。

马克思主义经典作家所取得的一系列重大创新成果，是形式逻辑思维方法与辩证思维方法相结合的范例。马克思的《资本论》无疑是运用辩证思维方法的典范，同时也是运用形式逻辑思维方法的典范。例如，马克思区分"劳动"与"劳动力"，提出劳动力商品论，是他获得剩余价值理论这一重大创新成果的重要步骤，而他对劳动不是商品的论证，就基于对如下逻辑三段论推理的分析：

一切商品都是在出卖以前就已存在的；
劳动是商品；
所以，劳动是在出卖以前就已存在的。

这个推理的结论，就资本主义生产条件下的工人劳动而言是一个假命题。按照我们教材第五章所阐明的道理，这个三段论形式结构显然是有效的。一个有效三段论的结论为假，那么其前提至少有一个是假的。这个三段论的大前提无疑是真的，那么它的小前提"劳动是商品"必定是假的。这个分析可转化为如下前提真并且形式正确，从而可保证结论真实性的三段论：

一切商品都是在出卖以前就已存在的；
劳动不是在出卖以前就已存在的；
所以，劳动不是商品。

通过这样的论证，马克思令人信服地揭示了旧的经济理论中存在"劳动既具有商品属性又不具有商品属性"这样的"自我消灭的矛盾"，第一次明确区分了"劳动"与"劳动力"（劳动力在出卖以前就已存在），并通对过商品、货币、资本的内在矛盾运动的辩证把握，创立了关于劳动创造的价值与劳动力价值之差额的剩余价值学说，揭示了资本剥削的秘密。

这样的例子还可举出很多。比如毛泽东在《中国革命战争的战略问题》中关于"战争"、"革命战争"、"中国革命战争"的论述，既是辩证的分析综合的范例，也是运用形式逻辑关于概念的属种关系的范例。

总之，那种把辩证思维看成反形式逻辑思维，或者认为形式逻辑思维妨碍辩证思维的认识是完全错误的。教学用书引用了马克思、恩格斯和列宁对形式逻辑思维与辩证思维相辅相成关系的一系列明确论述,请大家参照。

加拿大著名科学哲学家马里奥·邦格,是当代西方学界"科学的唯物主义"学派的主要代表,曾与各种唯心主义思潮进行了长期的斗争。但他也写过一篇《辩证法批判》,也是以辩证法反对形式逻辑为由,声言要进行科学思维"就必须同辩证法划清界限"。这篇文章是对辩证法误视与错解的一个典型文本。例如,文中批评辩证法的矛盾学说会导致非黑即白的"两极化思维"。实际上,恩格斯在《自然辩证法》中早已明确区分了"两极性"和"两极化",他用磁石两极相通等例子说明了辩证的两极性把握的实质,同时也表明,真正的辩证思维是反对那种拒斥过渡与中介的形而上学"两极化"思维方式的,他还举例说明了当时学界的一些两极化谬误。的确,形式逻辑是反对两极化的,正如《科学思维常识》教材所阐明的,如果把概念间的矛盾关系与反对关系混为一谈,就会犯诸如把"非马克思主义思想"与"反马克思主义思想"等同的两极化错误。但形式逻辑只是说明了两极化谬误的形式机理,而辩证的对立统一思维方法则揭示了把握两极之间复杂的中介与过渡关联的基本方法。因此,形式逻辑思维方法与辩证思维方法相结合,共同构成克服两极化思维的有力武器。明确这一点,对于我们在现实生活中拒斥形而上学的片面性、极端化的思维方式,运用科学思维探索构建社会主义和谐社会的道路,是有重要意义的。

邦格的这篇《辩证法批判》,也收入了他的名著《科学的唯物主义》之中,这篇文章与波普尔的《辩证法是什么》一样,由于都打着"科学思维"的旗号反对辩证法,在我国学界特别是青年学者中有广泛影响。我曾经写过一篇《评波普尔和邦格对辩证法矛盾观的批判》,发表在《马克思主义研究》1998 年第 4 期上,大家有兴趣的话可以找来参考。

这里还要说明的是,对于辩证思维必须遵守形式逻辑规范的原则要给予正确的理解。当在一种思想或理论中发现逻辑矛盾时,不能简单而轻率地抛弃这种思想或理论,而应当认真分析导致逻辑矛盾的诸多可能因素,寻找问题的症结,探寻排除逻辑矛盾的方法和途径。若问题出现在思想或理论的局部上,则可以局部地解决;若问题是关系到思想或理论之整体的根本性问题,则就意味着思想或理论面临深刻变革。实际思维中往往有这样的情形：在表面上难以消解的逻辑矛盾背后，隐藏着更为深刻的辩证矛盾。教材和教学用书中提到的狭义相对论、量子论的创立过程，都典型地显示了这一点。因而，在某些情形下，剖析所发现的逻辑矛盾，是把握辩证矛盾的一条重要途径；而这种辩证矛盾一旦被揭示出来，辩证综合便成为消除这里所出现的逻辑矛盾的基本方法。

逻辑悖论问题就是一种关系到思想或理论之整体的根本性问题，是把握上述道理的一个很好的切入点。教学用书中对悖论问题做了一些说明与解释，这是为老师们思考研究提供的，不是教学中必须讲授的。但由于悖论问题很有意思，学生学习过程中可能会问到，可以酌情做些解释，告诉学生这是思维科学中的一个前沿问题，可以在今后继续思考探索。

也是在《自然辩证法》中，恩格斯曾劝告科学工作者要同时提高"逻辑和辩证法的修养"，从而提高"理论思维能力"。并告诫人们："一个民族要想登上科学的高峰，究竟是不能离开理论思维的。"这个告诫是需要我们在培养新一代创新型人才过程中深入体会的。

当然，上述问题在实际教学中讲到什么程度，要视具体情况而定。但作为教师，对于这样的基本问题有一个明确的观念，是非常必要的。

五、关于教学方法问题

我没有中学教学经验，只能结合在大学从事有关逻辑与科学思维课程教学的经验，与大家交流几点体会。

（一）要从日常思维的科学性问题入手展开教学

这是我想着重强调的一点体会。

科学思维方法是"神奇"的。爱因斯坦曾经指出："西方科学的发展是以两个伟大的成就为基础，那就是：希腊哲学家发明形式逻辑体系，以及发现通过系统的试验可能找出因果关系。"他说的这两大成就就是《科学思维常识》教材中形式逻辑思维方法的主体，爱因斯坦认为这两大成就的取得，都是 astonishing thing，astonishing 这个词可翻译为"神奇的"、"令人惊奇的"。这是爱因斯坦作为一个伟大的科学家的深刻体会。如果说形式逻辑思维方法的发现和运用是"神奇"的，那么在当代科学思维中发挥着越来越大的作用的辩证思维方法的发现和运用也是"神奇"的。

但科学思维方法并不是"神秘"的，科学思维方法的基本原则，都是从日常思维中总结与概括出来的,因此,科学思维的教学,可以从日常思维的科学性入手而展开。例如,对三段论的有效性问题的认识,可用如下简单实例说明:

有同学认为:"班干部都要关心班集体事务,我们不是班干部,所以,我们不需要关心班集体事务。"另一个同学反驳他说:"按你的逻辑,班干部都要吃饭,我们不是班干部,我们岂不是不需要吃饭了?"

后一个同学的反驳表面上与前一个同学所讲的内容不相干,但实际上说明了前一个同学在推理结构上的错误,他为前一个推理找出了一个推理结构完全相同,但前提明显为真,结论明显为假的"反例",说明了前一个同学的推理是犯了"推不出"的逻辑错误。从三段论有效性理论看,前一个同学的推理是无效的、不科学的,而后一个同学的反驳揭示了这种无效性,因而这个反驳是有科学性的。这个反驳所揭示的无效形式,就是教材中用公式列出的形式:

所有 M 都是 P
所有 S 不是 M
所以,所有 S 不是 P

对这个形式,可以让同学们再举出一些"反例",比如"凡是铁丝都导电,铜丝不是铁丝,所以铜丝不导电"等。继而可再讨论一些更有实际认识价值的例子,如教材中所列"凡是资本主义经济都是市场经济,凡是社会主义经济都不是资本主义经济,所以,凡是社会主义经济都不是市场经济"。使学生认识到避免这种非科学性思考方式的重要性。

与无效推理不同,有效的推理结构不可能存在这样的"反例"。如前面分析劳动不是商品时所使用的第二个三段论的推理结构是:

所有 P 都是 M
所有 S 不是 M
所以,所有 S 不是 P

可以让同学们把这个结构代入各种各样的具体内容,如"凡是患肺炎的都发烧,这些病人没有发烧,所以,这些病人没有患肺炎",如此等等。再与劳动是不是商品这样的重大例子相对照,使学生把握追求思维的科学性的价值。

　　有些老师讲课可能喜欢从一些最无争议的例子讲起,比如用"凡人皆会死,我们是人,所以我们都会死"这样的例子来讲三段论,这可能引起学生对学习这些知识的价值的疑问。我的体会是,要抓住这样的例子的"无疑性",说明科学思维方法植根于日常思维之中,同时又通过一些有价值的例子说明,把这些方法总结出来,知其然并知其所以然,变自发使用为自觉运用,对于提升思维品质至关重要。比如,上面分析劳动不是商品所用的第一个三段论,与这个"无疑"的例子就具有同样的形式。而分析这样的有效推理的前提与结论之间的真假关系,可以具有重要的认识价值。与之具有相同形式的另一个例子是:

　　　　凡是哺乳动物都是非卵生动物;
　　　　鸭嘴兽是哺乳动物;
　　　　所以,鸭嘴兽是非卵生动物。

　　恩格斯曾经依据原来所学的知识(上述两个前提)和这个有效三段论反对过"鸭嘴蛋"的说法,但当他确认了"鸭嘴蛋"存在的事实后,立即修正了自己对这个三段论的大前提的认识,声明向鸭嘴兽"道歉",并为发现哺乳动物和卵生动物这两大物种之间过渡形态的动物而欣喜。这种"尊重事实、尊重逻辑"的风格,正是科学思维方法的生动体现。这样既有意义又有趣味的例子,在教学中要多加采用。比如学完三段论后,可用鲁迅的杂文《论辩的魂灵》中如下段落的解析进行辨谬训练:

　　　　你说甲生疮。甲是中国人,你就是说中国人生疮了。既然中国人生疮,你是中国人,就是你也生疮了。你既然也生疮,你就和甲一样。而你只说甲生疮,则竟无自知之明,你的话还有什么价值?倘你没有生疮,是说诳也。卖国贼是说诳的,所以你是卖国贼。我骂卖国贼,所以我是爱国者。爱国者的话是最有价值的,所以我的话是不错的,我的话既然不错,你就是卖国贼无疑了!

　　鲁迅这里所例示的逻辑谬误主要是违反三段论规则的无效推理。可请学生分析讨论,通过这样的反复训练,提高学生识别非科学思维方式的能力。

　　以上举出的都是三段论教学中的例子,实际上其他各部分的教学都可这样进行。教材和教学用书中都提供了许多这样的实例,在教学中也可根据学生思想实际"信手拈来"一些实例加以分析。比如教材"专题二"导语中所举出的一个谬误假言推理,就是曾经十分热门的网络文学作品《第一次亲密接触》中的例子,从以往教学实践看,分析这样的例子所反映的思维的非科学性,对于提高学生的学习积极性是很有帮助的。

总之,教学中要让学生明确意识到,科学思维常识的学习是富有趣味性和启发性的,学习后马上可在日常思维、在自己的学习与生活中加以运用。

(二)要在科学思维和非科学思维的正反对比中展开教学

《科学思维常识》教学的基本诉求,就是要使学生把握科学思维方法的基本机理,把科学思维与非科学思维区别开来,提高科学思维的自觉性和坚定性。因此,在各个阶段的教学过程中,无论是从辨谬分析切入,还是从正面实例的分析切入,都要注意在正反实例的对比中展开。教材编写始终贯彻了这种方法,大家可以在教学中进一步发挥。既要对教材中的正反两方面的实例进行对比解析,也可鼓励学生自己列举各种各样正反两方面的实例。既要运用简单的实例对比阐明科学思维原理,更要结合一些有重要认识价值的实例做好对比分析。我们前面的分析实际上已为此给出了例示。

(三)要紧密结合其他课程和学生的思想实际展开教学

如前所述,科学思维方法是普遍适用于所有学科领域的,因此,在《科学思维常识》教学中,把学生已经或正在学习的其他课程中的某些内容作为分析素材,不失为一种事半功倍的方法。实际上,这门课程的开设,对其他课程的教学与研究也很有帮助,这一点已为试验区开设本课程的一些老师的实践所证明。

老师们都在从事学生的思想教育工作,了解当代中学生的思想实际。学生中存在的一些典型的思维误区,一些逆反与偏激思想,往往与思维方法的非科学性相关。教材和教学用书中已列举了一些实例,大家可根据学生思想实际找出更多典型实例。在《科学思维常识》教学中有针对性地对学生加以引导,使他们能运用科学思维方法解决一些典型的思想问题,这是发挥本课程的思想教育功能的一个重要途径。从这个角度看,本课程在培养适应新的历史时期社会文化发展的、具备理性化科学思维方式的合格公民方面,也具有其独特价值。

(四)要精选一些富有多方面说明性的案例进行讲授

《科学思维常识》教材在教学案例的选择上下了较大的功夫。除了一些体现"日常思维切入"的例子外,在案例的选择上坚持了如下原则,即力避低俗,力求精粹,选择那些既耐人寻味,又具有正确的价值导向作用,经得起推敲,能够有效地帮助中学生理解基本原理,甚至对当下或未来生活和工作具有可援引性的案例。当然是否能够起到这些作用,还需要大家教学实践的检验。老师们如果在教学过程中发现一些更能体现上述原则的案例,可提出来与大家共享,也可在教材和教学用书进一步修改时采用。比如像教材中列举的爱因斯坦相对论的发现历程,从他作为16岁的中学生发现光速疑难开始,直到狭义相对论和广义相对论的发现,非常典型地体现了形式逻辑思维方法、辩证思维方法以及形象思维方法在思维创新过程中的综合效应。像这样的案例不必也不可能要求学生完全搞清其中所涉及的科学内容,只要明了各种思维方法在其中的应用机理即可。

至于如何搞好本课程的探究活动、各专题综合活动、教学评价等方面,《教师教学用书》中已提出了我们的一些意见和建议。大家在这方面比我们更有经验,这里就不多做讨论了。总而言之,如何在高中《科学思维常识》这门特殊的课程中取得良好的教学效果,还有赖于大家在教学实践中不断探索与总结。

六、关于教学内容的安排

前面我们已讨论了形式逻辑思维方法、辩证思维方法和思维创新方法之间的递进关系,《科学思维常识》教材的内容,就是按照这种思路设计的,可以说构成了一个比较严谨的教学体系。它以科学思维概要(专题一)为统摄,逐次分述有内在联系的形式逻辑方法(专题二)、辩证思维方法(专题三)和思维创新方法(专题四)。其中,形式逻辑方法是基础,辩证思维方法是深化,思维创新方法是各种科学思维方法的综合运用。

专题一"树立科学思维的观念",主要是明确"科学思维"的基本概念,阐释学会科学思维的意义。这是教材的绪论部分,也是为科学思维"立标"的部分。绪论的讲解,重在通过正反两方面的案例分析,使学生区分科学思维与不科学思维,明确自觉地树立起科学思维的观念、掌握科学思维方法的必要性与重要性。同时,也要使学生对科学思维方法的基本层面有一个总体性把握。对此,我们前面已做了多方讨论。

专题二"遵循形式逻辑的要求",介绍传统形式逻辑规律与方法的基本知识,目的是让学生切实掌握一些明确概念、恰当判断、有效推理、合理归纳的规则与方法,同时也是为了让中学生树立起正确的逻辑思维观念,即合乎形式逻辑法则的思维是科学思维的必要基础,是辩证思维和思维创新的基石。本专题的重心是推理理论,要通过推理理论的学习使学生明确遵守演绎逻辑的刚性规范对于科学思维是必要的,但又是不够的,由此可引出掌握归纳方法的柔性规范的必要性。在讲解归纳方法时,要注意阐明归纳与演绎的辩证统一,并由此引申出辩证思维方法的必要与重要。

在这一部分的教学中,难易适度的习题训练十分重要,在某个阶段学习结束后,要注意选择一些既有重要认知价值又有综合训练价值的材料进行训练,以巩固所学知识。例如,在讲解关于复合判断的推理之后,可以让学生讨论能够说明科学理论"证伪"的复杂性的如下形式:

如果 H 而且 C,那么 E
非 E
所以,非 H 或者非 C

这种复杂推理结构是对联言、选言、假言判断的逻辑性质的综合运用。由此也可理解实践标准和真理的相对性的形式逻辑基础。再如教材中列出了一道关于民警破案的综合推理题,这类训练可使学生融会贯通所学知识,提高学习兴趣。

专题三"运用辩证思维的方法",其内容是与"生活与哲学"的内容直接相衔接的,但现在的学习,是在学了形式逻辑知识之后,更加深入地把握辩证思维对于科学思维的价值。要运用我们上面所阐明的思维规律和思维规范之关系的认识,揭示辩证思维方法合乎思维规律的科学性,说明形而上学思维方法如何违背思维规律。《科学思维常识》教材在阐明辩证思维的整体性和动态性特征的基础上,分别从"分析与综合相统一"、"抽象与具体相统一"、"真理的绝对性和相对性相统一"三个角度介绍了辩证思维的三种基本方法。其中,每一种方法的讲解都是先论述思维的辩证规律,即上述三方面的对立统一规律,再论述基于这些规律的辩证思维方法。

本专题内容的特点是，所有方法都相互渗透，你中有我，我中有你，这是由辩证思维方法的整体性所决定的。教学中既要阐明各种方法的独特角度，也要说明这种相互渗透的内在机制，如从抽象上升到具体的方法中辩证的分析与综合的作用机制。实际上，整个辩证思维方法论的"牛鼻子"，就是辩证法的矛盾理论在思维方法领域的运用。这些辩证思维方法的深入把握，也会进一步加深对辩证法的矛盾理论的理解，进一步认识其在当代科学思维中不可取代的作用。

前面提到的经典案例分析，在本专题教学中尤为重要。教材中列举的马克思的商品—货币—资本理论、哈肯协同学理论、科学发展观的形成所体现的思维方法，都是多种辩证思维方法的综合运用的案例，可做多方面剖析。

专题四"结合实践，善于创新"，介绍思维创新的基本机理及一些重要方法与技巧，目的在于提高学生运用科学思维方法提出问题、分析问题与解决问题的思维创新能力。如前所述，思维创新方法既以形式逻辑思维方法和辩证思维方法为基础，同时又有非逻辑、非抽象思维因素的作用，是各种科学思维方法的综合运用。因此，在讲授本专题各种思维创新的基本方法时，都要注意贯彻和阐明这种基本理念，使学生树立正确的思维创新观。如讲授发散思维和聚合思维时要注意阐明演绎与归纳方法、分析与综合方法在其中的辩证作用机理，在讲逆向思维方法时要阐明逆向思维与正向思维的辩证互补机理。

本专题第五框介绍的直觉、想象和灵感，是抽象思维与形象思维相结合的典型方法，在教学实践中应作为"重头戏"讲授。在编写教材时，本框的题目曾几经修改，为避免"非逻辑思维"、"非抽象思维"等用词所可能产生的歧义，最后确定直接以三种基本"技法"为标题。实际上，这些技法中都有"逻辑因素与非逻辑因素"、"抽象思维因素与非抽象思维因素"乃至"理性因素与非理性因素"的对立统一。这些对立统一具体机制的把握，仍是当代思维科学的研究课题。这一点也可在教学中向学生说明，激发学生进一步探索的兴趣。

本专题最后一框"鸟瞰思维研究"，具有比较高度的开放性。与课程前面的内容不同，本框前两目"了解新型思维方法"和"多路探索思维真谛"，在内容和探究活动的设计上，都选择了一些学界尚在探索的前沿问题，特别是当代复杂性科学和脑科学研究中的问题,教学中可鼓励学生了解与思考这些问题。最后所设计的专题活动建议,也是以开放性为特征的头脑风暴法,旨在引导学生以开放的心灵与科学的思维方法,去面对实际生活与工作中所遇到的各种需要解决的难题。本框最后一目"培养求真务实的精神"是全书的落脚点,阐明了思维创新是一把"双刃剑",创新结果可以更好地服务社会,但也可能危害社会。这就提出了以什么样的价值导向学习和运用思维方法问题。只有正确把握"合规律性"与"合目的性"的有机统一,在科学的世界观、人生观和价值观的指导下,培养学生求真务实的精神,《科学思维常识》的教学和学习才能实现其预期的目的。

  以上体会和建议谨供大家参考,希望老师们根据自己的教学实践,对本课程教学体系、教材及教师教学用书的编写提出改进意见,使《科学思维常识》的教学得到不断改善,发挥其应有作用。

后记

讲授《逻辑学》课程20余年,早就有写一本通俗逻辑书的念头,但始终没有找到合适的切入点。一次读到张建军先生的大作《关于开展逻辑社会学研究的构想》,颇有醍醐灌顶的感受,却仍然没有能够动笔,一是那时忙于生计,二是当时也没有能力拿下这样的活。

2003年,蒙张先生厚爱,录取我为门生。张先生是南京大学文科公共基础课首席教授,给南京大学文科生开设逻辑学课程,我有幸给先生拎包做助教。那是一段令人难以忘怀的愉快时光。从南京大学鼓楼到浦口校区,要坐几十分钟的校车。我和师妹夏素敏总是早早赶到停车场,给先生找好座位,然后再离先生远远的地方找个位子坐下来。之所以不和先生坐在一起,是怕影响先生的思绪。

先生授课极为投入,三节课下来,总是很兴奋。在回鼓楼校区时,我们又要找一个大座位,和先生挤在一起,高谈阔论,开心异常,但说的内容仍然是逻辑。记得在一次回鼓楼校区的路上,谈到逻辑的社会文化功能问题,我斗胆向先生提出,我想以此方向作博士学位论文。先生告诉我,这个方向的研究很重要,也很有意义,但博士论文应该选择学理性更强的领域,要奠定你在某个领域未来的学术基础和学术地位。我信服先生所言,关于写作逻辑的社会文化功能的想法,再次放下来。

2008年秋，先生在给我的一封电邮中说，由于各种原因，"逻辑时空"丛书中的《逻辑的社会功能》一书的写作未能如愿及时完成，问我能不能接下该书初稿的写作任务。我欣然领命。一是我早想写这方面的书，二是能够为自己敬仰的导师分担一点工作，也是作为学生的我十分乐意所为的事。

在写作全国普通高中课程标准实验教科书《科学思维常识》时，张先生曾经给我这样的评价：经受住了艰难的考验，结果证明，你是合格的！但这次写作《逻辑的社会功能》，我想，先生不会再给我那么高的评价了。因为杂事缠身，书稿是一拖再拖，拖到参加逻辑学学术会议时，不敢面对先生。

在写作本书期间，张先生和从丛先生合编的《殷海光哲学与文化思想论集》由南京大学出版社推出。张先生多次与我们谈论殷海光的逻辑思想，能够读到精挑细选的殷海光代表作，兴奋之情自不待言。殷海光先生毕生关注"逻辑的社会文化功能"，他在20世纪50年代后期到60年代初期写作的《从有颜色的思想到无颜色的思想》、《正确思想的评准》、《论认知的独立》、《试论信仰的科学》、《论科学与民主》以及《民主与自由》等文章，对于今天的社会而言，仍然具有重要的启迪意义，仍然值得当下人们一读。

感谢天公眷顾。在我的记忆中，江淮之间的三伏天气还从来没有像2009年这样凉爽过，让我能够在难得的"大环境"中静心地研读资料、布局谋篇。当然，代价也是惨重的，因为低温，这里的水稻难以适时成熟，看来要歉收了。

感谢我的导师张建军教授的垂爱，在我毕业多年之后，让我仍有机会聆听先生教诲，接受先生的点拨，能够再一次与先生联袂出版著作，倍感幸运、幸福和珍贵！

感谢我的导师钱广荣教授的理解和宽容。因为接受了这本书的写作任务，而将我们此前商定的研究和出版计划搁置下来，延迟了我们总体任务的完成。

感谢我的硕士生左权和中国人民大学博士生赵冰先生帮助我收集了部分资料。

感谢丛书主编刘培育教授和北京大学出版社老师的接纳，让本书能够顺利出版。

王习胜
2009年8月2日

后记

作为"逻辑时空"丛书最早确定的选题之一,《逻辑的社会功能》一书迟至今日才以目前的形态面世,在此需要对书稿选题与研究历程向读者有所交代。同时,也可借此提供"逻辑的社会功能研究"的不同路径供读者参考。

2002年初,我在《人民日报》理论版上发表了一篇短文:《真正重视"逻先生"——简论逻辑学的三重学科性质》。这篇文章是2000年提交中国逻辑学会第六届会员代表大会的《论逻辑学的三重学科性质》一文的缩写稿。《人民日报》的编辑慧眼识珠,将文中"逻先生"的提法置于正标题,突出显示了文章所强调的基本思想。而正是这个醒目的提法,使本文得到了学界较多关注与讨论,对逻辑的社会文化功能研究在我国学界的兴起与发展,起了一定的推动作用,我为此深受鼓舞与激励。

此文发表之后不久,适逢首届"两岸逻辑教学学术会议"在台湾召开(2002年6月,台湾大学),我应邀出席并做关于逻辑悖论研究的学术报告。经大会主持人同意,我也向全体与会者报告了《真正重视"逻先生"》一文的基本思想,在会议讨论时段和会后学术交流中都获得了热烈反响。许多两岸学者都肯定了在当代历史文化语境中明确提出这一命题的必要性,并探讨了一些新的研究路径。特别是有的台湾学者由此反思了当时台湾"选举文化"显示的种种弊端及其对

"逻先生"的呼唤，使我深受启发；这也促使我转向对近现代代议式民主政治的一些深层次问题的思考，对"逻先生"在当代民主政治理论探索中的基础地位有了新的理解。

在这次会议期间还欣喜地看到，我在1997年发表的《关于开展逻辑社会学研究的构想》一文，已在台湾学界得到了呼应。台湾大学"国家发展研究所"陈显武教授指导其研究生陈世昌完成了硕士学位论文《中国大陆现代逻辑系统之观察》。这篇厚达200多页的学位论文，运用社会学的理论与方法，系统考察了中国大陆逻辑教学与研究现代化的历史进程，并展望了其今后发展的走向，实属难能可贵。作者概括总结出中国大陆学界关于如何"走出过去，走向未来"（即如何走出发展困境，振兴逻辑事业）的几个主要方案：一、改善研究环境；二、改革逻辑教学；三、加强讯息取得；四、加强互动交流；五，开展逻辑社会学研究。文中通过比较分析肯定了各方案的独特价值，同时又指出：

> 方案一至方案四都未将逻辑学的研究视为一个整体来观察、反省。换言之，就是它们尚未产生"逻辑学"的反省意识。研究者认为，其真正较具理论性架构，从而较为可能为CMLS（"中国大陆现代逻辑系统"的缩写，请注意，这里的"系统"不是指现代逻辑的理论系统，而是指"一群元素透过关系而被组织了的（社会）整体"——引者）的现代化给出一个恰当的诠释和建议，就是如方案五所述，先开展一个关于"逻辑社会学"的研究。透过将"关于ML（现代逻辑）的研究与沟通"当作一个论题，对之进行一个"社会学式的观察"；如此，建立在一个理论性够强的社会学基础上，对于CMLS的现代化的议题，才可能再制出新的问题提法，进入另一个不同的脉络再作观察，从而获得一些新的答案，取得一些新的成果。本论文不仅赞同方案五的见解，本论文其实就是对方案五的一个实践。

诚如论文作者所评述，我提出关于开展"逻辑社会学"研究的构想，起初是为了探索如何走出我国逻辑学发展的"困境"。上世纪90年代初，由于种种原因，我国逻辑学教学与研究步入低谷，而且多年未得到改观。在"科教兴国"战略已成为国家意志与社会共识之时，在当代科学体系中居于基础地位的逻辑学教学与研究竟趋于萧条，这是一个非常"奇特"的历史景观。一些富有社会责任感的学者(不限于逻辑学者)对此进行了多方面反思,并大声疾呼:对逻辑的忽视,不仅使得逻辑学科本身蒙受损失,也会影响到整个民族的素质!1995年,在纪念我国现代逻辑事业的奠基人金岳霖先生百年诞辰的过程中,大家也多方探讨了金先生的有关思想。金先生早年在美国留学期间先后获得了政治学硕士与博士学位。他之所以从政治学研究转向逻辑与分析哲学研究,正在于他深切地感受到,逻辑传统的缺乏构成了我国社会文化发展的重大制约。金先生有言:"我们的信念一旦建立在理性的基础上,那么逻辑的有效性就成为最重要的问题。"正是对金先生有关思想的研究,使我在此前所思考的"逻辑学的发展与社会理性化程度密切相关"的认识更为明确,并参照已获得长足发展的"科学社会学"的研究范式,于1996年中国逻辑学会第五次会员代表大会上提出了关于开展逻辑社会学研究的构想。构想的一方面是"界内研究",即关于作为一个社会系统的逻辑学界内部诸要素之间的关系及其运行机制研究;另一方面是"界外研究",即关于逻辑与社会之间的双向互动关系的研究,又可区分为逻辑的社会功能研究和逻辑发展的社会条件研究。陈世昌的论文中各方面都有所涉及,但以"界内研究"为主。而在我看来,在当前开展逻辑社会学研究,应以逻辑的社会功能研究为当务之急。

上述构想提出后,我首先试图到先贤那里更多地寻求理论资源。我发现,在现代中国学人中,以"五四之子"自励的殷海光先生,是长期自觉地研究与阐发逻辑的社会功能的"第一人"。在他看来,要使国人"从泛道德主义、泛情绪主义、泛权威主义及崇古主义的高压下解放出来,促成真正的科学态度与科学精神的昌明",就必须使作为"天下之公器"的逻辑学在我国得到大力普及与发展。他不仅鞭辟入里地阐述了逻辑在科学研究中的基础地位,而且也多方探讨了逻辑精神的光大之于民主政治的至关重要。这个思考维度贯穿于殷海光在台湾大学的逻辑教学之中,被公认为台湾民主化思潮的一个"动力源泉"。对《殷海光全集》的通读使我更为深刻地体会到,开展逻辑社会学研究的价值,绝不仅仅局限于为逻辑学本身的发展创造更好的社会生态环境,而且可以使逻辑学者深刻认识到自身在促进社会文化进步与发展方面所应肩负的历史使命。

考察当代西方学界的相关研究,也可看到一个堪称"奇特"的现象。在各种边缘交叉学科在西方学界繁荣昌盛的时代,迄今尚未出现"逻辑社学"这样一门学科,尽管有许多成果与之相关。若考虑到"逻辑哲学"学科早已与"科学哲学"学科并驾齐驱,而完全可以与"科学社会学"并驾齐驱的"逻辑社会学"却长期没有问世,这就更令人感到惊异。究其原因,一方面是由于上世纪前半叶现代逻辑的数学化发展不断剥离其"人文性",淡化了人们对其社会功能的关切;另一方面(或许是更为重要的方面),逻辑的社会文化功能在西方学界属于长期历史发展积淀而成的"集体无意识",具有"不言而喻"性。然而在我看来,正是这种"不言而喻"性造成了很多问题。在《真正重视"逻先生"》一文中所引述的逻辑"人文性"研究"回归"的潮流中,存在着许多亟待澄清的混淆和错解。例如,在"后现代思潮"对"形式理性"的抨击和对"逻各斯中心主义"的解构中,大多把柏拉图和亚里士多德绑在一起批判,而无视他们的根本差异,而这种差异与逻辑学的创生紧密相关。这些混淆和错解,造成了逻辑的功能与作用之认识上的严重扭曲。因此,在当代西方学界也有一个重新认识"逻先生"的问题。而开展逻辑社会学研究,也是解决这个问题的基本途径。

时至今日,关于逻辑社会学研究的系统性、整体性成果尽管尚未出现,但令人高兴的是,在我国学界已有不少学者致力于有关研究,并在史论两方面多有建树。2006年10月在南京大学召开的"第二届两岸逻辑教学学术会议",把"逻辑的社会文化功能"列为会议三大主题之一,使两岸学界有关成果得到了一次集中展示。这次会议也表明,虽然我国逻辑学的生存环境尚未根本改变,但已经有了较大改观,预示了中华逻辑事业振兴及其功能发挥的良好前景。同时,本次会议的热烈讨论中所显示的问题,进一步表明了系统展开逻辑社会学研究的必要与重要。(参见刘叶涛、夏素敏:《高扬"逻先生"旗帜,振兴中华逻辑事业——第二届两岸逻辑教学学术会议述要》,《社会科学论坛》2007年第6期。)

"逻辑时空"丛书主编刘培育先生,长期致力于逻辑的功能与作用研究,并着力推动国内逻辑学界增强"社会关怀"。他依托中国逻辑与语言函授大学,组织了多次推广与传播逻辑思想、促进社会的"逻辑关怀"的大型活动,对改变逻辑在我国社会的生态环境起了重要作用。上述关于逻辑社会学研究的构想一经提出,立即得到刘先生的肯定与支持。《真正重视"逻先生"》一文发表后,他即在中国逻辑与语言函授大学校刊加以转载,促进了该文思想的广泛传播。以"发挥逻辑的社会功能、推动全社会健康有效思维"为宗旨的"逻辑时空"丛书出版计划确定后,他与杨书澜编辑盛情邀请我加盟写作《逻辑的社会功能》一书,并将之置于丛书之首,使我备觉厚望之重。

关于书稿的写作内容,刘先生让我在丛书总体要求下自由处置。开始考虑按原有"构想"中的几个方面展开写作,但碰到两个难题:若按原构想展开系统建构,一是研究基础(特别是社会学方法所要求的实证研究)尚感欠缺,二是也不符合丛书的总体风格要求;若每个方面只是用正反实例说明逻辑的作用,因为丛书其他著作已多有体现,本书在丛书中的独特价值就要大打折扣。

本书写作的第二个方案,是通过对新中国建国以来一系列重大思想事件所涉逻辑问题,以及其对我国社会文化发展的影响,从正反两方面系统而连贯地说明逻辑在社会理性化中的支柱作用。这是我长期想做的一项工作,迄今我还清楚地记得与杨书澜老师谈论这个构想的兴奋之情。但在对多年积累的资料进行了艰难梳理之后,我感到,由于逻辑社会学研究尚处起步阶段,尚缺乏系统成熟的分析工具;加之当前社会文化背景的制约及从丛书全局考虑的因素,推出这样的文本的时机尚不成熟。

本书写作的第三个方案,试图重新回到原构想思路,但降低系统性诉求,从历史与现实两方面比较自由地进行理论探讨和案例分析。以下是当时商定的方案简述:

> 以史论结合、案例分析的方式,探讨逻辑在社会文化发展中的基本功能。首先通过历史考察说明逻辑学的创生和发展与东西方文明发展的深层关联,介绍在东西方文化会通过程中严复、金岳霖、殷海光等学者对逻辑的社会功能的探索,继而分别探讨逻辑在科学发展、文化建设、民主法治建设和公民社会建设中的基本作用机理,表明在当代中国大力发展与普及逻辑科学的必要性和重要性。

按照该方案整理资料、清理写作思路开始比较顺畅,但在写作过程中有点找不到感觉,写出来的东西颇有"散弹打鸟"的味道。恰在这时,我国政治哲学界对西方"审议式民主"(deliberative democracy,又译"协商民主")理论的引入引起了我的注意。"审议式民主"理论家们对近现代代议式民主的历史发展及其种种弊端进行了深刻反思,有人声言新型审议民主理论实际上是"一种向古代民主的复归的范式",有人又说是"向亚里士多德型德性政治哲学的复归"。然而,如果要使这两个论断相协调,那么第一个论断中的"古代民主"就不能是通常所理解的古希腊雅典民主制。那么,这样的"复归"究竟要"归"到何处呢?带着这个疑问,我阅读了大量关于审议式民主理论的文献。我发现,尽管审议式民主理论各流派之间有着诸多差异,但都不约而同地打起了"回到亚里士多德"的旗帜,认为亚里士多德是"审议式民主之父"。对文献的研读不仅使我深切地理解了在当代倡导审议式民主的必要,也使我找到了探索逻辑的社会功能的一条明晰的路径:首先做好"正本清源"的工作,探讨逻辑的创生与亚里士多德民主理论的内在关联,特别是厘清由柏拉图到亚里士多德的"完型转换",然后以把握中世纪与近代逻辑学说与民主理论的互动关联为中介,最后落脚到逻辑与当代审议式民主的关联之上。这条线索前后贯通且清晰易辨。按照这种研究路径,就将逻辑的社会功能阐述集中到了一个主题,即"逻先生之于德先生的功能"。这显然无法全面体现逻辑的社会功能的内涵,但我认为,无论从理论脉络还是从现实需要看,这都是逻辑的社会功能研究的首要主题。文本写作上可以上述路径为主体,再加上它对其他主题的辐射与启发作用,由此形成了本书写作的第四个方案。

　　按照这个方案搜集整理资料、清理写作路径,尽管工作量很大,但一直是非常顺利的,逻辑与宪政民主理论的逻辑—历史关联可以得到清楚呈现,没有遇到大的研究障碍。但是,文稿的写作却不想遇到了身体条件的实际困难:眼睛的毛病使我难以连续地从事写作工作。本来我的写作习惯跟不上潮流,"换笔"很晚,总是先在草稿纸上完成"手稿"再交付打印,后由于右手中指患病难以执笔,才从2004年起被迫改为电脑写作;但电脑写作一年有余,右眼上方就不时出现类似于"小太阳"状的黄色光圈,迄今仍然如此,经反复检查并未找出器质性原因,只是一再被规劝要少看电脑;然手疾又一直不愈,二者恰好构成"现实矛盾",被我的学生们戏称为"手眼通天","天命"就是"多思考,少写作"。这个奇异"矛盾"加之教学科研本职工作的制约,特别在主持承担教育部"985工程"二期项目"现代逻辑与当代资本主义研究方法论"的过程中,受到南京大学马克思主义哲学学科一系列原创性成果的启发与激励,我的学术思考的兴奋点长期集中于创立"逻辑行动主义方法论"方面,这些因素使得本书按第四方案的写作一直时断时续，未能成型。尽管刘先生和杨老师对等待我的书稿表现了极大的耐心，但我一直深感有负重望之压力。看到丛书规划中的其他书稿已陆续出版，而学界前辈与同仁亦对本书选题表现出多方关注，每每问及，备觉汗颜。及至2008年暑期，仍看不到书稿完工之期，只得商请王习胜教授帮忙。

王习胜教授曾于2003至2006年在南京大学逻辑学专业攻读博士学位。入学前，他已从事多年逻辑学教学并着力于"科学创造"理论研究，出版有《科学创造何以可能》等著作。入学后教学相长，彼此受益颇多。习胜对逻辑社会学研究有着浓厚的兴趣，曾提出在该领域中选择博士学位论文选题。但我考虑限于国内外学界有关研究尚缺乏足够的背景，做这样的博士论文的时机尚不成熟。基于南大逻辑学科自身的理论积累，并考虑他自身的研究优长，建议他选择"逻辑悖论与科学理论创新"的题目。读博期间，习胜不但出色地完成了博士学位论文（获得南大哲学系优秀博士学位论文），参与了我主持的国家社科基金项目"当代西方逻辑哲学最新进展研究"和教育部重点研究基地重大项目"逻辑哲学重大问题研究"，而且与我共同主编了教育部统编普通高中实验教材《科学思维常识》，并承担了主要撰稿人的任务。这个机缘，使得我们在逻辑科普及其社会功能的发挥方面做了深入交流，达成了许多共识。毕业后，习胜继续承担了《科学思维常识》的修订与教师培训工作，这也促使他在如何发挥逻辑的社会功能方面做了许多新的思考。故我请他不要受我原来写作思路的限制，可以考虑他能够得心应手的写作路径。

习胜不但愉快地接受了我的托付，而且不久就拿出了一种新的写作方案，即以我们共同认可的"大逻辑观"为基本指导，分别阐释演绎逻辑、归纳逻辑和辩证逻辑的社会功能，同时，在此前后以首尾相应的方式分别阐明发挥逻辑的社会功能的必要性、重要性及其基本途径。我感觉，这种"五段式"的写作路径或许与丛书的风格要求更加相合，材料处理的自由度也较大。这样，就形成了本书写作的第五个方案。经过近一年的努力，本书即以这一方案面世。

以上五个方案，实际上体现了逻辑的社会功能的多种研究路径。这也可以作为本选题研究与写作历程中的一种额外收获。用一句俗话说，逻辑的社会功能探讨仍"任重而道远"。唯愿与各位同道一起，为此继续做出不懈的努力。

除导言第二节"逻辑史话"之外，本书初稿都是由王习胜教授执笔的。根据刘培育先生对初稿提出的修订意见，我们共同对全稿进行了反复推敲、修订和增补，并增加了与本书研究主题相关的一些文章作为附录。尽管本书以"高级科普"定位，但也凝聚了我们在承担前述国家与教育部科研项目以及南京大学"985工程"二期项目研究工作中所获得的一些心得。对于书稿合作者之间不可避免地出现的一些学术分歧，我们在反复研讨的基础上做了共同认可的处理。希望本书的出版，能够对广大读者认识与把握逻辑的社会功能有所助益，并推动有关研究的进一步展开。

谢谢所有关心本书的学界前辈、同仁和各位读者！

张建军
2009 年 9 月 30 日